Hotel Planning & Design

酒店規劃設計學

郝樹人 編著

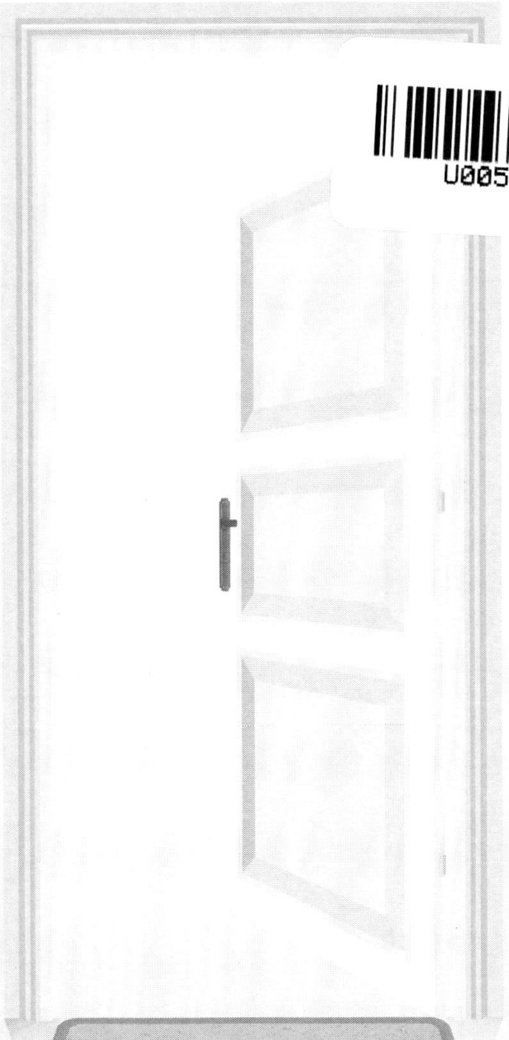

目錄

前言

酒店規劃設計不同於建築設計、裝修設計等設計範疇，它是一個獨立的、具有綜合學科性質的整體設計。它是由功能規劃、文化定位和建築裝修設計三項內容構成的。其中，功能規劃、文化定位是基礎、是靈魂、是奠定酒店未來成敗的根本要素；而建築裝修設計則是美化、是包裝，同樣也是不可或缺的要素。

新建或改造酒店，應全力提倡獨立的、完整的、專業化的「酒店規劃設計」理念，在中國國內現有的條件下，由專業酒店規劃設計公司負責酒店總規劃設計和總概念設計，再由建築設計院和裝修公司在土建和裝修階段，配合酒店的總規劃設計方案，配入結構、水、電、通訊及內部裝修施工設計。酒店規劃設計更應提倡「創造性思維」的原則，應該盡一切可能「與眾不同、獨出心裁」，堅決摒棄模仿、抄襲或者照搬一些「習慣做法」的俗套。因此，可以說個性、特色是酒店的生命。

總規劃設計方案首先從功能布局規劃開始。酒店是人的生存、生活空間，特別應該塑造成熟豐富和有節奏、有情調的個性化格局；同時，應該十分周到地、準確地將酒店客流、物流、服務流、車流、消防、疏散、垃圾、貨運等各項流程以及服務於這些流程的各項設施均考慮在內，將星級標準和酒店規範的各個功能區布置妥當，做到既完善、豐富，又莊重、活潑。

中國國內的酒店業在建設與改造方面，由於缺乏對酒店專業規劃設計科學的認識，沒有把這一專業科學擺到應有的位置加以重視，同時也沒有強制性規定，又不具備酒店專業規劃設計條件，再加上一些歷史原因和管理體制等深層問題，形成酒店業普遍存在的非專業規劃設計的種種問題。總之，非專業規劃設計從酒店內部的功能、布局、服務設施、文化藝術設計到酒店外部的環境、建築、裝飾、附屬設施的設計，沒有以現代酒店管理科學和其他相關科學為指導進行酒店專業規劃設計，所以給有上述問題的酒店業的經營管理帶來巨大的損失和浪費，造成酒店開業的同時就開始改造的局面。這深刻地揭示了非酒店專業規劃設計造成問題的普遍性。

《酒店規劃設計學》收集了大量本人採製的酒店規劃設計與建築的實例並參閱和引用了業界同仁這方面的圖例，給讀者以直觀的印象，從而對成功酒店的規劃設計，能有進一步深化的認知。作者也注意對中外著名酒店的有關規劃設計的案例，經過篩選、加工加以採用。同時，本書更多地融合了作者對規劃設計的研究、教學實踐活動的成果和經驗，力求使本書具有實用性、科學性、前瞻性和系統性。

《酒店規劃設計學》可作為高等院校旅遊與酒店管理專業本科學生的教材，也可作為該專業的研究生和酒店高層管理者拓展知識領域的參考書。

在《酒店規劃設計學》寫作的過程中得到了多位同仁的幫助和支持，在此表示衷心的感謝，也誠懇地企盼業界同仁對拙作不吝賜教。

郝樹人

第一章 酒店規劃設計概論

第一節 概述

一、酒店業規劃設計現狀

中國國內的酒店業在新建與改造方面，由於缺乏對酒店專業規劃設計科學的認識，沒有把這一專業科學擺到應有的位置加以重視，同時也沒有強制性規定，又不具備酒店專業規劃設計條件，再加上一些歷史原因和管理體制等深層問題，形成酒店業普遍存在的非專業規劃設計的種種問題：有些不懂酒店業市場定位與功能配置，使康樂設施面積大於客房、餐廳總面積，門廳面積大於客房總面積，餐廳面積大於客房面積；有些不懂酒店業服務設施與管理效率要求，使廚房遠離餐廳或廚房與餐廳不就近且不在同一樓層；門廳遠離客房或總台不在門廳；還有些不懂酒店服務與安全配套設施與規定，使辦公、員工設施，消防安全疏散、隔離設施的位置、比例不合理，或者缺件少項……當然，問題還不只這些。總之，非專業規劃設計從酒店內部的功能、布局、服務設施、文化藝術設計到酒店外部的環境、建築、裝飾、附屬設施的設計，沒有以現代酒店管理科學和其他相關科學為指導進行酒店專業規劃設計，所以給有上述問題的酒店業的經營管理帶來巨大的損失和浪費，造成酒店開業的同時就開始改造的局面，深刻地揭示了非酒店專業規劃設計造成問題的普遍性。

中國國內現有1萬多家星級酒店，雖然會有多種原因未進行專業設計，就以十分之一有類似問題計算，就會有近千家問題酒店，而實際情況遠比這個數字要大得多。由此可見，這些問題給酒店業乃至國家帶來不應有的經濟、財產、資源的損失和浪費，同時給酒店業投資人、旅遊行業管理部門帶來巨大的負擔和壓力。

早在1980年代，中國旅遊行業管理部門就開始注意到酒店專業性規劃設計的重要性，並組織制定了《旅遊涉外飯店星級評定標準》，迄今為止，該標準已修訂過四次，這是以行政手段推動旅遊酒店業進行規範服務質量、提高管理水準和酒店專業規劃設計。由於評星標準本身需要不斷完善，加之它還只是推薦性標準，不具有強制性；另外，因過去管理體制形成的一些結構關係，在現行酒店標準中還有一套商業部門的評級標準，兩套標準在社會服務業中，仍在相互並行，所以，就中國國內各類酒店的總量來看，星級標準收到的效果還是有限的。但是，在推動酒店專業規劃設計方面，中國旅遊飯店業協會做了大量不容忽視的工作。它利用各種機會和形式宣傳酒店業專業規劃設計科學知識，進行專業講座活動，使酒店專業規劃設計理念正在逐漸地被認識和接受，使酒店業在新建與改造實踐中已開始出現自覺地按科學規律行事的趨勢。

在酒店新建與改造方面，成功的酒店專業規劃設計大致有以下幾種類型：

（一）經濟效益型

有家受益酒店在年終工作總結報告中寫道：「酒店為全面達到星級標準和保證服務質量，對客務、客房進行了專業設計改造。改造後，酒店的客房出租率由去年的53%提高到68%，收入提高30%，取得了明顯的經濟效益。」由此看來，酒店專業規劃設計能夠提高酒店經濟效益是不爭的事實。

（二）投資成本型

有家不大的新建酒店，由非酒店業專業規劃設計公司設計，投資預算2500萬元，後經由酒店專業規劃設計公司設計，在不降低檔次又提高一個星級並改善部分設施檔次的市場定位下進行了二次規劃，為該酒店節約了總投資數百萬元。這個實例證明，酒店專業規劃設計可以為新建酒店節省投資是毋庸置疑的。

（三）經濟效益和社會效益型

有家新建酒店，不但由酒店專業規劃公司設計，而且總投資一次性投到位。該酒店開業一年多，不但經濟效益顯著，酒店申評星級還被評為高分星級酒店。不僅如此，當地酒店業還把該酒店業視為專業規劃設計的樣板，備受矚目。這說明，酒店專業規劃不只追求酒店業經濟效益的提高，而且追求經濟效益和社會效益的共同提高。它的最佳目標應該是經濟效益、社會效益和環境效益的完美統一以及服務效率、服務質量的全面提高。這裡也需要澄清一個簡單的概念問題，即酒店業經營管理的好壞，不是單純依賴酒店設計，更重要的還要取決於經營管理水準的高低。一個經營成功的酒店，既與專業規劃設計有關，也需要一支高素質的管理團隊、一個有利於酒店經營的環境和保障其成功的生存發展的一整套政策法規。

當前，中國尚沒有旅遊法和酒店法，特別在推動酒店專業規劃設計問題上急需健全配套法規，以盡早保證酒店建設不再繼續以往那種無序的、不科學的局面。這項任務應該由旅遊行業管理部門和建設部門共同完成。另外，亟待更多地建立和擴大酒店專業規劃設計隊伍。這既是酒店業發展的戰略問題之一，也是戰術問題，需要專門研究對策。當然，這個問題與整個酒店業發展比起來是個環節問題。可是，解決不好它卻直接影響到酒店業的整體健康發展。

總之，酒店成功的規劃設計應該是在給客人提供舒適、便捷、周到的服務的同時，又能使經營者獲得最大的利潤，如果能夠再具有鮮明的個性和特色，則可以視為一個優秀的設計。也就是說：以人為本、以業主為重的規劃設計理念。由此可見，重視酒店業的健康發展，最好先從酒店專業規劃設計開始。從長遠看，最理想的措施是，創建中國國內建築學教育的分支——「酒店規劃設計學科」，用這一學科理論來指導和規範酒店業的專業規劃設計。

二、酒店規劃設計的趨勢

投資新建的酒店無疑是給建築師和設計師們提供了展示才華、推出最新設計理念的最好舞台。有了這個舞台，隨之而來的便是為客人們帶來嶄新而完美的精神和物質的享受。設計師們用他們的智慧、創造力、想像力設計出了代表當今最先進的新思維、新觀念、新創意的商業及娛樂場所，經過技術性、理念性的創作，利用科學技術手段，採用先進的設施和裝飾材料，它們總能自然而然地產生美輪美奐的設計效果。無論旅遊者和投資者的要求怎樣，酒店的規劃設計都能給予充分的滿足。

搞好酒店的規劃設計首先要分清並確定酒店的類型，也就是說，要建成什麼樣的酒店，是純商務性的酒店，還是旅遊性的城市酒店，是旅遊勝地酒店，還是休閒旅遊度假酒店；要分析酒店所處地理位置，周圍的經濟環境、自然環境、文化、歷史；分析入住酒店的客源情況，得出各類客人所占客源的比例。由於客源的不同，對酒店的功能要求上、空間的使用上以及設施安排上的要求也就各有不同。設計是為經營者服務的，就是要方便酒店的管理經營。設計還要符合不同類型客人的需要，使環境與客人之間產生一種自然而然的親切交流感。在今後的數十年中，以休閒為主的度假類酒店將成為發展趨勢。特別是在發達國家，人們追求物質與精神享受的願望不斷增長，他們要求此類酒店不僅僅是要有健身、休閒、娛樂活動等設施，還關心對食物的選擇及各種旅遊項目的安排。他們要求度假村周圍應有許多新開發的具有鮮明地區特色的、充滿豐富歷史文化內涵的自然旅遊風景區。旅遊者越來越會關心生活質量問題，設計師，就是要為實現他們的願望而努力工作。

在歐美地區，城市酒店包括商務性酒店、會議性酒店、休閒旅遊性酒店。這些酒店中相當的比例是為從事商務活動的客人服務的。城市酒店正在發展得越來越像辦公大樓，一些大的公司把城市酒店當成了做生意的場所。這就要求我們不能沿襲過去的一些傳統設計模式，需要在每個客房中多安排一些具有裡外間功能的套房，安裝活門，這樣有利於室內功能變換空間的切割和安排辦公使用；同時，需要有更多的商業辦公設施，如安排方形的辦公桌、辦公椅、雙線電話、互聯網的介面、現代功能的傳真等設施。會議性酒店既要安排好會議中心，還要有中、小型會議室。另外，根據會議中心所接待的人員總數，安排好會議用餐的大、中、小型餐廳。

連鎖酒店和城市酒店是不可分割的。連鎖酒店過去通常出現在中低檔市場中，可是現在它也進入了高檔酒店的行列。遍布世界各地的連鎖酒店除要保持自己獨有傳統的設計模式、設施特點外，還要尊重所在國家、地區的風土人情、歷史文化，從而滿足公眾旅遊者的需要。

過去人們都習慣於商業旅遊，進住酒店的大部分客源是經商的商人。近年來由於各國旅遊業的發展，進住酒店的則更多的是為休假而旅遊的客人。這些休假旅遊者占整個客源的比重相當大。來自世界各地的旅遊者們，他們有不同的傳統觀念、不同的生活習慣和方式、不同的民族意識和宗教信仰，他們的需求各有不同，也各有側重。如何滿足這些旅遊者的不同需要並能設計出他們最為滿意的酒店，是設計師在規劃設計時要充分給予重視的。

對於酒店的翻新改造，在西方有一種思潮叫做古典酒店至上。西方的一些老酒店確實很輝煌、很漂亮，它們從某種意義上講代表著一個時代、一段歷史。經過翻新改造，可再現其傳統的無與倫比的效果。透過改造，老酒店可以得到一個不可估量的財產，像得到了一本古典書，將它珍藏起來具有收藏保護價值一樣。但是不論你是多麼偏愛古典酒店，也要面對一個現實，改造中要符合原有的建築尺寸和保持原有的建築及室內的裝飾風格，做得不好不但浪費了資金，而且還破壞了其原有的風貌。也就是應該看到，要使老酒店改造成功並盡快收回投資，對於設計師和建築商來講會面臨許多困難；同時也應看到，用於酒店翻新改造的巨額投入足足可以建造一個新的酒店，倒不如把資金投入到建立新型的酒店更具有現實意義。

設計建造一個好的酒店就相當於生產一種好的產品。不同的市場環境需要不同的產品，這是由市場規律所決定的。這個產品的製造過程需要設計師超前的設計、工程公司的精心施工、酒店業主的精明管理，只有這樣才能贏得市場。根據市場的變化，要及時調整設計的理念，積極地探索創新，為酒店贏得更大的市場空間，是設計師需要面對和解決的問題。對於投資者，如何將巨大的資金投入轉換成利潤並能把好的產品放到適宜的市場中去，是極其重要的。

從事酒店項目的投資者要使自己的酒店適應市場需求，就要深刻瞭解酒店的使用功能和發展趨勢。要保證項目定位準確，就要先做好市場調研，提出整個酒店設計的思路。對於每一個部位的設計要求都要心中有數，對設計公司要提出各個部位的設計要求，越細緻、越深入、越明確越好。在酒店規劃設計中，要選擇具有一定設計水準的設計公司，為其做好酒店規劃設計工作。這家設計公司一定要有設計過同類酒店的設計經驗與業績。要充分重視酒店規劃設計在建造一個好的酒店中的作用。沒有好的設計就沒有好的酒店，要與設計師進行深入的溝通，不能認為設計只是設計師的事情。然而，投資者先讓設計公司出一部分效果圖，實際上是存在於酒店規劃設計中的一個誤區。可以設想，一個需要投資數千萬元資金甚至上億元資金的酒店項目，如果不規範設計程序，不按照一定的設計程序有條不紊地進行設計，勢必會帶來不可彌補的損失，從某種意義上講這就是一種嚴重的浪費。用「效果圖」來判斷設計公司的設計水準是不科學的。另外，有些投資者為了節省開支，把設計工作包給了施工公司，由施工公司總承包，施工公司既設計又施工，這樣好像節省了設計費用，但並不能保證獲得高水準的設計成果。

事實上，一個好的酒店設計，絕不是設計師獨立完成的，它離不開一個精明投資者的積極配合和獻計獻策。酒店規劃設計是一項系統工程，在國外酒店規劃設計已形成專業化並由專業設計公司來完成。

當今的酒店規劃設計有以下幾種趨勢：

（一）規劃設計注重生活品味及設計風格

客源是酒店的資源，高客房率增加了酒店的餐飲及娛樂的收入。酒店內設計新穎的餐廳及酒吧，在媒體的頻頻出現，也帶來了不少光臨酒店的客人，使酒店有較高的投資回報。

（二）規劃設計迎合並滿足客人的需求

現今酒店業的情況有所改變，商務旅行有所減少，休閒度假市場正在上升。「生育高峰」時期出生的人們已成為其中主要的客源。人們把外出旅行看做是基本的生活權利而非奢侈的需求。為了讓酒店能更好地迎接這個新市場，去獲得更多的客人，酒店必須為他們提供更好的服務及房內高科技設備。

（三）提供最可靠的安全保證

客人要有賓至如歸的感覺，「九一一」事件後，安全問題已放在第一位，希望酒店的業主及管理方應重視設施的安全性。這對住店客人及酒店員工都很重要。

（四）規劃設計必須強化品牌效應

在注意力經濟高度發達的時代，酒店業作為服務行業，如其他一些消費品行業一樣，需要有很強的品牌效應。品牌效應不僅僅是簡單的標誌，而是一個系統工程，成功的品牌是巨大的無形財富，對酒店今後的發展至關重要。

（五）規劃設計重視酒店後台的功能布局

不言而喻，為客人提供優質服務是酒店的首要任務，而所有的服務都需要酒店後台工作人員的有效工作。因此，酒店後台功能的規劃設計，將影響員工的工作效率及客人的住店體驗。

（六）規劃設計有利於營造和諧的氛圍

酒店項目的協調需要一個好的總設計師。他把酒店的各項功能要求加以整合，制定出一個總體方案，並調動團隊成員去完善、實施整個方案，使酒店規劃設計更加完美。

（七）規劃設計是酒店多功能的開發過程

在酒店集住宿、購物及娛樂為一體的項目中，由於酒店的效應給住宿客人帶來了增值的空間，而住宿客人也給酒店帶來了潛在的消費群。購物、娛樂與酒店及住宿的互動效應也是巨大的。

中國加入世界貿易組織（WTO）後，旅遊業有了空前廣闊的發展前景；同時，也面臨著全球經濟一體化的嚴峻挑戰。現代酒店要在高度競爭中立於不敗之地，其最初的規劃設計階段具有特別重要的意義。無論是新的發展項目或是對現有酒店的擴展，在著手規劃設計之前，都必須對酒店的面積要求及經營方針有一個詳細的書面規劃；否則，建築師與設計師就無法從具體實際出發，靈活運用一般的設計原則，建成獨具風格且又符合某一具體市場要求的酒店。投資者也需要這樣的規劃，以瞭解項目本身，決定投資與否。隨著中國加入世界貿易組織和申奧的成功，中國國內有許多新建或改造酒店、度假村的計劃正在積極地籌劃和實施。

我們的問題是如何認識規劃設計這一概念，當前人們已經就規劃設計的主體達成共識，即主體是過程而不是實體。

第二節 酒店規劃設計的相關要素

一、規劃設計的概念

不同的學者給出了規劃設計的不同定義。

「規劃設計就是預期地達到某種目標，它是透過將人的行為有序化而實現的。」

「規劃設計是一系列我們可以實施的行為的安排，它能夠引導我們達到既定的目標。」

「規劃設計是這樣的一個過程，它在預期目標的指導下，為將來的行為提供一系列解決方法。」

歸納起來，可以認為，規劃設計是「一種特殊的決策和實施的過程」，它是「採用科學方法制定策略」，並且「包括採用科學知識來解決問題，達到某一社會系統的目標」。我們可以得到這樣的結論：規劃設計是由特定組織實施的、由規劃設計者完成的、以一定目標為指導的一種特殊類型的社會活動。

規劃設計需要科學哲學理論的指導，同時也需要其他學科的理論、觀念、方法和定律。在規劃設計理論發展過程中，吸收了其他科學的概念和原理，其理論核心包括了地理學、經濟學、政治學、心理學和社會學的內容。因此，儘管我們可以稱為規劃理論，但更確切地說，應該叫做規劃設計中的理論。規劃設計理論從其創立之始，為了使其自身更加科學，就不斷地從其他學科引進方法、概念以至整個理論結構，其中借鑑最多的學科是物理學和生物學，因為這些學科相對精確、客觀和中立。規劃設計理論主要透過兩種方式借鑑自然科學理論，一種方式是出於解釋目的借鑑其他學科的思想；另一種方式是直接引用其他學科的各種公式、模型、理論和方法來解決具體問題。

一個完整的規劃設計遠不止僅僅引出一系列酒店部門的面積要求，它要解決許多問題，包括店址選擇、市場需求、市場競爭、酒店等級、經營範圍、餐廳特色、人員配備、項目預算等。它要在城市規劃設計的原則下做到協調形體、量體、高度、風格、退紅線、材質、細部處理、色彩等一系列問題。一般先由酒店可行性研究專家就上述問題結合各種因素提出初步方案；然後由酒店管理公司或經理人員會同投資者和建築師進行修訂，並擬訂最終規劃設計。

一般地說，籌建中型以上酒店的規劃設計應包含下列內容：

（一）可行性論證

市場研究與財務預算是著手酒店發展或擴展計劃的第一步。市場研究是指對某一特定市場層次的酒店服務需求的調查研究。財務預測是根據市場競爭趨勢以及通貨膨脹因素預測5年或5年以上酒店的收支情況。

每一家酒店都有增加盈利的機會，如提高客房出租率，增加餐飲、零售、娛樂部門的收入，爭取承辦更多的會議、宴會等。酒店透過全面的市場研究，能夠發現並分析部門存在的機會，便於確定客人的具體需求與愛好，如客人喜歡什麼類型的客房、什麼樣的食物、愛好哪些健身項目等。可行性論證對於發展具有綜合設施的酒店尤為重要，因為它要根據整個環境的情況，決定經營方針與設施的取捨。例如，香格里拉和富麗華兩個酒店是大連市場的一部分。酒店規劃設計成以購物為主的外國遊客的駐留處。酒店內設不同風格的餐廳與酒吧以及很有規模的健身中心。

酒店的設施與服務項目應因地制宜。例如，大連希爾頓酒店辦公空間規模可觀，正適應了大連城市的國際化趨勢，並可容納外商駐連機構及國內各地的駐連商務處。

由此可見，酒店的投資者與建築師必須充分瞭解酒店所處的位置及基本市場。

然而，市場情況是在發展的，市場對酒店的要求也隨之變化，而且往往在短期內就有變化，酒店規劃設計如果僅僅停留在對當時市場的認識上，是不夠的。酒店規劃設計應具有適應市場變化與增長的靈活性，有眼光的投資者常會要求在最初的設計中就為日後的擴建留下餘地，擴建可以是另一幢客房大樓，也可以是增添健身設施。這些為適應將來市場變化的種種選擇，要在酒店規劃設計構思中充分考慮到並採取相應的措施。

（二）項目的確定

酒店建設需要各方面專家的共同努力，要充分明確酒店的長、短期的建設目標，這樣各方面才能統一認識。例如，酒店準備面向什麼樣的市場？建哪一種等級、類型的酒店？提供何種服務與設施？以哪種功能設施為主……對這些問題都要有簡要的說明和規定，才能擬訂項目範圍，並對項目的規模提出概略估計。這是規劃的第一步。下面的例子，明確闡述了項目的意圖。

「本項目擬建成一座豪華的高層建築，是會議兼度假型酒店，計劃500個客房。酒店坐落在某大城市市郊的某地段。在該地段內有居住區、商務區以及無汙染工業區。酒店的主要客源將是會議團體以及與該市的商業公司、研究機構聯繫商務的短期旅行者；此外，酒店還接待附近城市的週末度假者。酒店的公共服務設施還應面向附近社區和當地的商務及專業團體。」

規劃的第二步是制訂一份詳細的酒店公共設施總目。投資者作建設規劃和設計前，首先要有一份盈利部門的清單（即公共設施的清單），並據此列出後勤服務部門。後勤服務部門的設計完全要依據盈利部門。有了一份總目，就可以計劃酒店各部門的大概面積。例如，即使是一份匆匆擬就的餐廳、宴會廳設施計算清單，也會直接關係到廚房、食物儲藏、員工更衣區等部門的面積與設計要求。在此基礎上，投資者便可預測擬建項目營業的收支情況，設計師則對上述公共設施的初步計劃加以修正，以便更好地符合規劃的目標。酒店主要公共設施的總目包括：

1.客房

（1）出租客房數（可獨立出租的客房單位）。

（2）客房建築開間數（相同大小房間總數）。

（3）標準客房與套房的面積。

2.大廳與公共區

（1）建築形象。

（2）零售商店面積。

3.餐飲部門

（1）每個餐廳的客容量。

（2）每個酒吧的客容量。

（3）每個餐廳、酒吧的規格等級和特色。

4.功能設施

（1）舞廳面積。

（2）會議廳、宴會廳面積。

5.其他

（1）展覽場地。

（2）康樂設施數量。

（3）停車場車位數量。

對酒店面積的最初估計只是運用通常的酒店設計原則（如客房面積標準、平均每間客房所占酒店面積等），輔之以投資者、建築師及酒店管理人員的經驗做出的，僅僅為酒店的規模擬就了一個概貌。在詳細的計劃出來之前，表1-1的概算可作為所有成本核算的基礎。酒店各部門的面積會因酒店的類型、等級以及建築結構而變化。

表1-1 酒店面積初步概算主要數據表

（面積：平方米）

酒店類型	汽車酒店	商務酒店	會議酒店	豪華酒店
客房數（間）	150	300	600	250
客房使用面積	29	31	31	37
客房建築面積	39	43	45	54
客房區面積	5 850	12 820	26 755	13 470
客房面積佔酒店面積比例	80%	75%	70%	75%
酒店總面積	7 313	17 200	38 275	17 883
平均每間客房所佔酒店面積	49	57	64	72

（三）面積分配計劃

酒店各部門的面積分配不是一次就能決定的，決定之後也不是不可改變的。初期的設施計劃對酒店總面積只是一個概算，建築師按部門的面積進行分階段草圖設計，並在詳圖設計時不斷修訂。有關酒店的技術資料可從酒店管理集團那裡獲得。完整、全面的設計應由建築師、酒店管理人員和投資者合作完成。在設計工作已普遍採用電腦化的情況下，修改設計過程可由電腦完成，這就大大縮短了整個設計過程。

在階段設計時，一般先由酒店管理集團參照其公司的標準與經驗，並以可行性論證提供的市場情報為依據，分析初期計劃是否符合項目規定的酒店規格和規模，然後進而分析、調整各部門的初期計劃並決定各部門的面積分配。在這個過程中，各餐廳、酒吧的類型和大小配套，舞廳、宴會廳、會議室的面積平衡，都有賴於管理人員對當地市場的瞭解程度及其制定的經營方針。因此，管理人員應該具有必要的專門知識。

管理公司制定的各部門面積是酒店設施規模的基礎。面積計劃應包括客房與套房的數目比例，各餐廳、酒吧及功能設施（如會議、宴會、健身中心等）的客容量，行政辦公室的面積以及後勤服務區——廚房、收貨場地、儲藏室、員工區、洗衣房、客房管理區、工程維修區等的面積要求。但是，管理公司的計劃僅根據經驗及其標準，還不能確切地反映某一特定酒店的要求。為此，需要建築師與諮詢專家分析具體情況，在一般標準的基礎上，針對各部門的特點與要求對計劃做出調整。

首先，客房使用面積是決定酒店規模的主要因素；其次，客房建築結構形式也會影響客房使用面積與建築面積的比例（利用係數），利用係數最佳方案可達55%以上，差的只有35%左右。

下列因素對酒店面積有重大影響：

1.建築結構、外形。

2.酒店樓層數。

3.餐廳、酒吧等餐飲銷售點的位置（餐飲服務若處在不同樓層，除了大廚房外，可能需要若干小廚房）。

4.舞廳、宴會廳的位置（舞廳可能附設餐具間，大空間舞廳會影響客房分布）。

5.地下室。

6.整個項目的占地面積與酒店建築面積的比例（關係到大樓層數及每層樓的設計和停車場設計）。

（四）經營計劃

酒店規劃除了面積計劃外，還要包括詳盡的經營計劃。經營計劃應由管理公司或酒店經營人員負責擬訂。其主要內容應包括服務項目、員工職責、物資流通等情況説明，並有表示酒店各部門相互位置關係的圖示，供建築設計師使用。

酒店設計中最大的難題是，如何把酒店建成既符合經營管理要求，又能滿足市場上不同賓客的需求。這兩者往往是衝突的，而由於成本問題，任何酒店都不可能同時具備能滿足市場上各層次需求的所有設施。因此，建築師與酒店經營人員必須認真研究、反覆權衡，並最終決定經營方針。例如，酒店究竟以接待散客為主，還是面向團體客人？如何安排餐廳、酒吧的數目與等級？是否直接向小型會議室提供餐飲服務……

最基本的設計原則是將公共服務設施置於酒店大廳周圍，將後勤服務區設置在貨物驗收區周圍，並將餐廳、宴會廳等安排在廚房周圍。

值得一提的是，酒店的自動化和電腦化程度的提高，給酒店的經營和決策帶來了許多變化。酒店業勞動力密集型的特點迫使經理們利用新技術建立新的運行程序以減少員工的重複勞動，同時又能保證服務質量。這方面，酒店經理們面臨著許多選擇，而不同的選擇又會影響到有關部門的設計。

酒店的餐飲服務質量直接影響到客人對酒店的印象。酒店應聘請餐飲服務專家為每一個餐廳、酒吧做出十分詳盡的計劃，以便建築師、室內設計師、廚房設備專家等共同努力完成符合運行要求的完善設計。計劃中要包括餐飲運行的各個方面：餐廳客容量、平面布局、餐廳名稱及標誌、菜單、菜餚風格特色、營業時間、人員配備、制服及桌面服務要求等。

酒店經營還應包括完善的酒店人員配備：要求員工數及班次時間，它們直接關係到行政辦公室、員工更衣區和員工餐廳三個方面的面積需要。在一些度假村和國際酒店，可能還要考慮員工宿舍。此外，員工的配備情況在某種程度上還決定了一些辦公室及後勤服務區的工作系統與設備。

（五）項目預算

酒店設施計劃的最後一部分是擬出一個項目預算方案。建造一座酒店的工程投資差異很大，從平均每間客房25000美元到150000美元不等。在設計與建造的全過程中，嚴格的成本控制至關重要。但是由於它同時牽涉到建築公司與室內裝飾設計公司，給成本控制增加了困難。於是，投資者就有必要確定建築師、室內設計師及其他專門人員的設計任務與相應預算責任。例如，將總造價預算與設備預算分開，設備預算一般是總造價預算的30%。建築的總預算應由建築師負責，而家具、設備及營業前支出預算應是管理公司的責任。建築設計人員根據面積計劃及對各部門設施的大致要求提出建造預算；投資者、酒店經營者則可參考類似項目中的預算經驗判斷其預算是否合理。酒店設備預算由經營者或管理公司徵求室內設計師的意見後負責制定。整個項目的籌建經費以及貸款利息由投資者會同經營者做出估算，酒店營業前的開辦費則由經營者提出預算。

（六）酒店建設展望

酒店建設的原動力不僅僅來自於客房需求，各酒店連鎖集團間競爭、各經營者之間和投資者之間的競爭以及建築師和設計師的創造性的探索也強烈地推進著酒店業的發展。

酒店業的發展需要安定和諧的政治環境。例如，政治上如果出現像「九一一」那樣的事件，酒店業就會受到打擊甚至出現倒退。旅行自由和酒店發展的基礎是政局穩定和社會安定。許多國家政府大力發展酒店業和旅遊業，但也有一些地區不斷限制旅遊業和酒店業的發展。中國的變化是有目共睹的，現在已進入了旅遊業和酒店業大發展的新時代。

當然，由於過多投資者急於填補這一空白，結果會導致某一地區酒店客房過剩。一旦熱潮來臨，勢頭一時很難緩和，結果造成酒店經營不但無利可圖而且嚴重虧損。在這種情況下，需要幾年時間，等新的客房需求上升後，才能平衡供過於求的關係，並最終達到原先的財務預測目標。

由於市場會出現競爭，因此，在作營業收入預測時要留有較大的餘地。只有這樣做，週期性的供過於求問題就不難解決。從總體上講，一個較大的連鎖酒店集團允許在一個地區超前發展。從規模經濟角度來看，擴展可以使一個企業在競爭中取勝。規模大可以降低酒店集團的單位成本（如平均每間客房的廣告、預訂、採購、管理以及其他方面費用），從而提高推銷其所屬酒店的能力。一個連鎖酒店集團有了大型銷售網絡，客人一次預訂就可以保證旅途中各地的住宿，為客人提供了方便，酒店就容易留住客人。酒店形象往往與其規模相關聯，因此，規模大的酒店集團容易吸引高素質並希望在事業上有所發展的員工。

無論是單獨的酒店，還是連鎖集團經營的酒店，改進質量是其主要的競爭要素，每位酒店經營者都希望透過自己的服務風格和經營方法，盡可能地滿足客人的需求。由於各酒店的管理宗旨不同，使得部分酒店經營效果優於別的酒店。因此，設計師必須瞭解酒店的經營思想、營銷目標和經營方法。綜合性的設計指南和技術專業職員都能提供這方面的情況。但是，缺乏這方面情況的地方，設計師要與酒店主要管理者直接接觸以瞭解這些情況。我們可將一些海外酒店連鎖集團與一些汽車公司作比較。多年來，希爾頓國際酒店集團在裝飾上力圖與凱迪拉克汽車公司靠攏；喜來登酒店集團規模與林肯汽車公司看齊；凱悅酒店集團在高科技的現代風貌上與雪佛蘭汽車公司比高低；洲際酒店集團在經營方式和空間安排上與穆西茲汽車公司並列……

除了在個性、經營和服務質量等方面外，競爭對手們還在所有制和管理方面進行較量：1.連鎖酒店集團擁有並管理的酒店；2.獨立或合資的酒店；3.獨立但接受連鎖酒店集團代管的酒店；4.獨立並自己管理酒店。為滿足擴展的需要，新籌資方法也變成了競爭要素（如聯營、認購證券、有限合作、共管酒店、合資綜合大廈、政府資助、低息借貸、土地優惠租賃減稅、地產沖銷等）。雖然存在著各種不同的籌資方式，但當投資費用預算得不到保證或營業收入預算過分樂觀時，在籌資決策中還需有財務方面的知識和獨特的見解。

但是，同其他有權出售股份的大型公司一樣，酒店集團必須使它們的股票價格保持在較高的水準上，以免被他人接管過去。為了保證投資者的利益，酒店的發展速度要快，這樣，它就一直處於或擴展或萎縮的壓力之下。這一情況往往是導致某些地區酒店建造過量的原因。

酒店超前發展的後果已被經常使用酒店的人口的增長速度部分地抵銷。新型目的地度假區和旅遊勝地成倍增加，參加會議的、長期在外的商務人員都帶著家屬，當地人口對市區和郊區酒店設施的使用率也越來越高。競爭迫使一些大眾化價格的酒店引進豪華的裝飾。酒店正不斷成為現代科技的窗口。然而，同其他奢侈品一樣，酒店產品首先要能「賣掉」，而只有具備高度想像力的設計創新的推銷方法，才能產生新的需求。高檔酒店的出租率最高，這一事實表明客人的需求在提高、客人的支付在提高。專門化的酒店越來越多，證明客人要求更高了。在連鎖酒店集團大舉擴展的同時，小型市區酒店和鄉間客棧重新崛起，不失為獨立酒店發展的好時機。這證明獨立的酒店經營者還有發展餘地，尤其是那些不足200個客房卻占有大部分市場的酒店。酒店正迅速增加運動和健身設施，表明酒店能夠很快適應新的生活方式這一趨勢。

低檔汽車酒店又有了新的發展，顯示出這類酒店的成本效益好，能夠為對價格較敏感的新市場提供更好的服務。現代化的酒店更安全，而且能提供比別的建築物自動化程度更高的消防、保全和通訊裝置，這也說明了酒店業對一些重要問題能很快地從技術上做出反應。

酒店業盛行翻修和改造，這一點比其他類型的建築更突出。它表明酒店業願意將它豐富的改造經驗率先運用到保護舊建築的工作中去。超豪華酒店正以它從未有過的速度發展，表明在機械化程度很高的時代，老式的「一對一」服務方式仍久盛不衰。酒店大樓正朝著多功能方向發展、向社區規劃方向發展，這使酒店在城市的翻新改造中起著重要作用。

今後幾年裡將會在全球範圍內出現上述領域的大發展。但酒店管理將透過共管公寓（合資建造，供所有者居住或出租的酒店、公寓等）、療養公寓、市區和郊區公寓式酒店、備有酒店設施的居民區、辦公室套房、商務中心、業務洽談中心等形式擴大到居民和商務生活中去。

二、酒店規劃設計的影響因素

酒店規劃設計是一個複雜的系統工程，隨著社會經濟的飛速發展與逐漸成熟，酒店規劃設計日益成為一門新興的專業學科。它不同於單純的工業與民用建築設計和規劃，應包括酒店整體規劃、單體建築設計、室內裝飾設計、酒店形象識別、酒店設備和用品器件、酒店發展趨勢研究等工作內容在內的專業體系。酒店規劃設計的目的是為投資者和經營者實現持久利潤服務，要實現經營利潤，就需要透過滿足客人的需求來實現。

影響酒店規劃設計的幾個關鍵因素是：

（一）酒店定位因素

任何一個設計師在設計酒店之初需要考慮的就是要建造一個什麼類型的酒店，也就是要符合酒店的市場定位。酒店定位的內容包括：酒店是什麼類型的，規模怎樣，是豪華的還是中低檔的，星級如何，它的目標客戶是什麼，等等。

設計時的定位要有強烈的經濟氣息以及功能鮮明的環境氛圍。例如，旅遊勝地的度假型酒店，在規劃設計上主要是針對不同層次的旅遊者，為其提供品質卓越的休息、餐飲和藉以消除疲勞的健身康樂的現代生活場所。此類酒店裝飾設計完全是為滿足這類客人的需求而考慮的，是休閒、放鬆、調節壓力的場所。

商務酒店一般應具有良好的通訊條件，具備大型會議廳和宴會廳，以滿足客人簽約、會議、社交、宴請等商務需要。

經濟型酒店基本以客房為主，沒有過多的公共經營區。必備的公共區域（如大廳的裝飾）也不宜太華貴，應給人以大方、實用、美觀的感覺。

（二）酒店經營和管理因素

規劃設計是深入酒店經營方方面面的過程。客房、廚房、倉儲、餐廳等，很多酒店功能的組成部分都應成為規劃設計的重點。

酒店的設計師從某種程度上講是為管理者服務的，設計師的設計能為管理者提高效率、減少消耗。而管理者是為投資人和業主工作的，目的是為投資主體賺取利潤。當今酒店的規劃設計和建築越來越不需要程式化的工作，更需要的是不斷的創新。經營酒店是眾多經營行業中的一個分支，它必然要符合經營所具有的一般特徵，自然也需要有不同的經營理念。酒店規劃設計要適合酒店的經營和管理，也一定要適應酒店的經營理念。

在酒店規劃設計中，經營者要向設計師提供一個功能表，設法使他們明白酒店的經營活動和日常工作是如何進行的。設計師透徹瞭解酒店的經營過程，是很有必要的。只有這樣，設計師才會為管理者設計出最富有效率、最經濟實用的酒店。酒店在規劃設計時應充分考慮未來的經營並以獲取利潤為主要出發點。一個完美的酒店規劃設計其根本宗旨並不是炫耀自身的珠光寶氣，也不是津津樂道於人們的觀賞和讚歎，而是用心考慮如何使其適用和實現盈利。

（三）客人的需求因素

在體驗經濟、感動消費的市場運行中，酒店首先要仔細研究客人的喜好，他們的興趣會引導一切。對客人興趣的研究要深入具體。比如他們對材質的感覺，對顏色的偏好，他們喜歡什麼樣的娛樂活動……這些都構成了客人的需求。

（四）客人的期待心理因素

客人對酒店的印象和感受是影響客人能否再次光臨酒店的重要因素。在不少名聲在外、效益良好的酒店裡，當客人一步入大廳時立刻就能感到一種溫馨、放鬆、舒適和備受歡迎的氛圍。這一點極其重要，因為所有的人在來酒店之前，在心裡會對酒店懷有一種潛在的期待，渴望酒店能夠具備溫馨、安全的環境，進而渴望這個酒店能給他留下深刻的印象，最好有點驚喜、有點獨特，是別的地方所沒有的。這樣，一次經歷就會成為他未來回憶的一部分。酒店的投資人要迎合客人的心理需求，才會產生好的回報，而透過規劃設計來實現這個需求是酒店設計者責無旁貸的任務。

考慮到上述主要影響酒店規劃設計的幾個因素之後，優秀的酒店規劃設計就具有先決條件。設計時還需要透過材質、色彩和造型的組合運用，來體現特色與風格。特色與風格是區分自身和他人的重要標誌，沒有了風格，再費心思的設計也難以避免酒店淹沒於眾多的樓宇之中。實現特色與風格，要在設計時充分考慮酒店的地域性、文化性，注重時尚與創新，並融入酒店的精神取向和文化品味。如此才能成就完美的酒店規劃設計。

第三節 酒店規劃設計理念

「酒店規劃設計」，是不同於建築設計、裝修設計這些專業設計範疇的一個獨立的、具有綜合學科性質的整體設計。在國外，「酒店規劃設計」是由專業酒店設計公司的建築師、藝術家、室內陳設設計師一氣呵成的，具有極強的職業化、專業化特徵；在中國國內，往往是由建築設計院、裝修公司分為「土建」和「裝修」兩部分來完成的，它們常常忽略酒店設計對整體性、連貫性及複雜功能性的需求。

「酒店規劃設計」不只是裝修設計。它是由功能規劃、文化定位和建築裝修設計三項內容構成的。前兩項是基礎、是靈魂、是奠定酒店未來成敗的根本要素；而裝修則是美化、是包裝，同樣十分重要，但不能取代前者。

文化風格的定位和設計對酒店來說至關重要，缺乏文化內涵和風格特色的酒店也就缺少了營銷的「賣點」和「熱點」，會流於千篇一律的雷同和俗套。盲目堆砌高檔裝修材料、忽視文化特徵和風格塑造對酒店是大忌，對裝修公司的提高和發展也是不利的。

我們應該全力提倡獨立的、完整的、專業化的「酒店規劃設計」理念。在中國國內現有的條件下，酒店規劃設計可由專業酒店設計公司負責酒店總規劃設計和總概念設計，再由建築設計院和裝修公司在土建和裝修階段需要時配入結構、水、電、通訊及內裝修施工設計，並配合酒店的總設計。

酒店檔次、規模、投資、營銷等都和酒店的星級標準定位有關，而星級標準又直接劃出了酒店檔次涉及的主要範圍。作為設計師，首先要瞭解酒店的標準定位和成本定位，在不超越投資概算的前提下，提供合理可行的總規劃方案。

總規劃方案首先從功能布局規劃開始。反對過於傳統、呆板的橫平豎直、缺少生氣的平面布局方法。酒店是人的生存、生活空間，特別應該塑造成熟豐富、有節奏、有情調的個性化格局；同時，應該十分準確地將酒店客流、物流、服務流、車流、消防、疏散、垃圾、貨運等各項流程以及服務於這些流程的各項設施均考慮周全，並將星級標準和酒店規範的各個功能區布置妥當，做到既完善、又豐富，既穩重、又活潑。

在功能完善的酒店空間承載主題文化是設計師的職責。從酒店所處的歷史、地域、人文、民俗或者參考異國異地文化、風情、風光、歷史等各個方面提煉素材，作為酒店文化定位和風格特色設計的創作來源都是十分可行的。兩三種文化語彙在建築、裝飾上有序地、重複地應用，一個或兩個充分體現文化特徵主題景觀的設立以及環境的配置，都是表現文化定位的重要手法。

酒店規劃設計應該提倡「創造性思維」的原則，應該盡一切可能「與眾不同、獨出心裁」，堅決摒棄模仿、抄襲或者照搬一些「習慣做法」的俗套。作為一名稱職的酒店規劃設計師，他應該是：「堅決不重複別人，也不重複自己！」考察歐洲，幾乎看不到任何相似的酒店。因此，可以說個性、特色是酒店的生命。

藝術氛圍的營造、藝術氣息的烘托，對提高酒店品味和檔次、樹立酒店形象、創立酒店名牌效應是至關重要的、無可或缺的內容。西班牙巴塞隆納地中海海邊有一座五星級酒店，名為「藝術大酒店」，店內店外完全被各種各樣、巧妙安排的藝術品裝點打扮起來，賞心悅目、心曠神怡，就是一個成功的典型。而不少優秀的酒店作品、藝術陳列品的比重在整個室內設計中竟占到60%～70%。然而，在中國國內目前的酒店設計中，對藝術的追求、對藝術格調的理解還有很大差距，這也是導致酒店缺少魅力的原因之一。事實上，為酒店創造美，同樣也就是為酒店效益創造機會。

一、遵循酒店規劃設計的原則

（一）規劃設計應迎合客人的心理需求

在不少名牌的酒店裡，當客人一步入大門時立刻就會感到一種溫暖、鬆弛、舒適和備受歡迎的氛圍。這一點很重要，因為每一位客人來到酒店之前，他的心裡會對酒店懷有一種潛在的期待，渴望酒店能夠具備溫馨、安全的環境，甚至渴望這個酒店會給他留下深刻印象，最好有點驚喜，並使這一次經歷成為他未來生活中的美好回憶。

酒店的投資人只有迎合了客人的心理需求，才會有好的回報，而實現這個需求就是酒店規劃設計者的宗旨。當今世界上很多酒店的規劃設計和經營實際上都已自然而然地奉行著這一原則，諸如迪士尼或者拉斯維加斯的那些大型的、令人難忘的主題酒店。即使是普通的酒店也應該奉行：抓住客人心理，使客人感到親切，讓客人的潛在期望值獲得較高的實現，這是無論大小酒店都應共同追求的生存祕訣。

（二）規劃設計應體現文化觀

關於酒店內部的規劃設計問題，同一品牌的酒店在不同地區、不同文化背景下，可以採用不同的規劃設計，以體現出地域的文化特徵，這一點很重要。規劃設計師應該做到，當客人剛進入酒店時，就知道自己身在何方。當然，這可能需要透過不同的形式來表現。例如，藝術品的陳設、雕塑的擺放、不同家具和地毯的採用等，因為不同文化背景和不同地區的差異會透過這些物品鮮明地表達出來，從而給人以感染力。但是，這些陳設必須恰如其分，過分的裝飾未必帶來好的效果。例如，設計到位的酒店大廳應該做到，當客人來到這裡時，即使沒有人為他提供服務，他也應該感到溫暖，就像回到家一樣。這就要求大廳裡所能看到的某一樣或幾樣東西和客人是相通的，可能是家具、燈飾，可能是陳設，也可能是一種色彩，或一塊特殊的材質。這樣的酒店為這些客人實現了文化價值觀和生活方式的延伸，而且會和他們的個性相通，從而使酒店的回頭客越來越多。真正的專業酒店設計師應該懂得這一點，並具備這樣的經驗和修養。實現了客人「心理期待」，也就符合了酒店經營者的最大利益。

（三）規劃設計應考慮酒店利潤收入

一些中國國內的酒店存在的主要問題是客房與公共區域所占的比例不夠合理，有時候體現在餐廳、咖啡廳過多，公共面積過大。其實，酒店在規劃設計時就應充分考慮未來的經營並以獲取利潤為主要出發點。一個完美酒店的根本宗旨不是炫耀自身，也不是僅僅讓人觀賞，而是如何使其適用和盈利。合理的客房數量，配有與其相適應的餐廳、咖啡廳等，這些都是有國際標準的。當然，在中國的一個五星級酒店裡，必須設一個與其相稱的高檔中餐廳，這顯然是很必要的，因為它是令酒店體現人氣的重要部分之一。而宴會廳是否一定需要，則應依不同的情況而定。總之，公共面積空間應該盡量合適，而不是求大，客人期待的是一個賓至如歸的酒店，並不是一個大展館。

（四）規劃設計應體現酒店風格的獨特

當今世界是體驗經濟、感動消費時代，更講究時尚。而在不同的地區會有不同的時尚。時尚引導了風格和檔次，酒店一定要有自己的風格，從酒店的角度而言，大約可分為兩大類：第一類是大型的豪華酒店，他們大量採用大理石和高檔玻璃，並在照明方面頗為講究，體現豪華氛圍；第二類則趨於傳統，他們更多採用了木製品、坐椅、沙發和老式花紋地毯，盡可能給人以舒適、典雅的感覺。

風格的定位各有不同，而且更難一言以蔽之。在不同國家、不同區域，都會採用不同的規劃設計。但是，在酒店規劃設計的要求上也有其共同之處：

1.酒店要為客人的舒適度下工夫，以人為本。

2.酒店的功能布局最大合理化，包括酒店的客房數量和公共區域的比例、酒店的合理化流程等。

3.不作過多的裝飾，因為這樣會對客人產生一種強迫感。

這樣做的目的，主要因為客人大部分是商務客人，而商務客人的心理期待由於其自身的閱歷，要求往往既高又挑剔。當然，其他酒店也都會有自己不同的市場定位，並根據不同的定位，採用不同的規劃設計手段。例如：

1.經濟型酒店。所謂經濟型酒店是指相對投資少、見效快、資金回收率較高的酒店。同樣是經濟型酒店，也會因為有不同的市場定位，而產生不同的形式和風格。如專門接待開車族家庭旅遊的，接待旅遊團隊的，也有專門接待商務散客的。經濟型酒店基本上以客房為主，常常沒有很多公共經營區，有的只需要一個自助區域做餐廳就可以了。

2.新建酒店。當一個新酒店項目啟動之時，相關的機構包括業主、投資人、管理公司、規劃設計單位等，都同時開始進入。實踐證明，這樣的方式對酒店建設和經營十分必要。然而，在有時做不到這麼理想，也就是說在一個新項目啟動時，由於這樣那樣的原因，不是所有的方面都能及時到位。這就可能會給酒店在建設過程中增加困難，也會在規劃設計、經營和管理方面造成一種永久的遺憾。

中國國內的酒店業，起步相對比較晚。新建酒店時，尤其是大型、高檔酒店，採取中外規劃設計師合作的方式應該是最理想的。這樣，既能夠讓中國的酒店業主吸收到國際上先進的理念，又能夠充分體現中國的特色，以達到最合理的功能布局，從而創造出好的風格，並根據市場定位提高酒店的經營效率。

二、注重室內規劃設計原則

室內規劃設計應遵循保護環境、塑造環境的原則。

我們首先來分析一下室內裝修與室內規劃設計的概念。

室內裝修著重於工程技術、施工工藝等方面，主要是指土建工程施工完成後對於室內的各個界面、門窗、隔斷等結構外部表面的最終裝修工程。

室內規劃設計是根據建築物的使用性質、所處環境和相應應用標準，運用物質技術手段和建築空間的應用美學原理，創造功能合理、舒適優美、滿足人們物質和精神生活需要的室內活動環境。

現代室內規劃設計是綜合的室內環境規劃設計，它既包括視覺環境和工程技術方面的問題，也包括自然生態的聲、光、熱等物理環境以及氛圍、意境、生態等心理環境和文化內涵等內容，既要有很高的藝術性表達，又要符合人體工程學、環境心理學、環境物理學等生態環境的綜合要求。

在室內規劃設計中，我們意識到人是室內活動的主體，而室內環境規劃設計的核心價值就是在滿足人的基本物質生活條件的基礎上創造適當高度的精神生活品質，從而優化生活環境的質量，即服務於人的、以人為本的規劃設計。那麼也就是說，室內環境規劃設計首先應該是人性的、健康的以及生存應用功能的滿足；其次，隨著人們生活水平的不斷提升和社會科技程度的進步，在掌握時代特徵、地域特點和技術可行的情況下，利用適度的物質財富來創造一個合乎潮流又具有較高層次文化品質的生態環境，是室內環境規劃設計的發展追求。那麼，在這種層面上的室內環境規劃設計的創作重點不應該只是形色的式樣，而要把重點放在人們室內活動環境的品質上、科學性上。人們寄於透過科學合理的規劃設計來創造世界，改善環境，提高人類生活的質量。在自然、人、社會的相互關係發展中，人類已經從「生存意識」過渡到「環境意識」中來，而科學技術的發展又將這種意識推到了現代意識這一層面上來。所以我們要從「物的堆積」與「形的表層變化」中解放出來，要求以人為中心、從生態環境品質出發，創造健康、自然、人文的居住文化。

室內規劃設計是規劃設計具有視覺限定的人工環境，以滿足生理上和精神上的要求，保障生活、生產活動的需求；室內規劃設計也是功能、空間形體、工程技術與藝術的相互依存和緊密結合。同時，室內規劃設計又是一項系統工程，它與整體功能特點、自然氣候條件、城市建設狀況和所在位置以及地區文化傳統和工程建造方式等因素有關，也就是說，環境整體意識是由心態元素和生態元素構成的。

（一）規劃設計的心態元素

心態元素是與室內環境規劃設計內涵有關的重要元素。對於室內環境規劃設計而言，規劃設計不僅僅是一種形式的表現、圖形和色彩上的推敲。規劃設計師在其規劃設計實踐中必須注重規劃設計的真實、實用、自然和個性化。

1.規劃設計的真實化

人類生活是真實的。人們創造的室內環境必然會直接影響到室內生活、活動的質量，關係到人們的健康、安全、舒適、心情等這些具體內容。

2.規劃設計的實用化

即是人體工程學的適應度。適應度的偏差影響舒適度。這一空間環境只有具備實用價值，滿足相應功能需求，才能更好地反映人類歷史文脈、建築風格、環境氛圍等精神因素。同時，規劃設計美學總是和實用、技術、經濟等諸多因素連接在一起的，這是它有別於繪畫藝術及其他純藝術的地方。

3.規劃設計的自然化

從「以人為本」這一服務理念出發，就要更細微地發掘現代生活環境中缺乏自然元素這一現實狀況，充分瞭解人需求什麼樣的感受空間，加強重視人體工程、環境心理、審美心理方面的問題，深入地解決人們的生理特點、行為心理和視覺感受等方面的問題，從而追求人工環境的自然化。

4.規劃設計的個性化

中國清代文人李漁在裝修專著中寫道「與時變化，就地權宜」，即所謂「貴活變」的動態理論。大工業化生產給社會留下了千篇一律的雷同，相同的城市風貌、相同的樓屋建築、相同的房間結構、相同的室內設備，甚至連家具、飾物也沒多少不同。這也將成為現代社會人們生活的鬱悶因素之一。所以，規劃設計師應以人的動態變化為主體創造與人相符的不同個性的室內環境，來體現人們的感受、情感、文化、民族的不同，塑造小環境與小環境的自然差異，或是把不同地域的自然環境引進室內與之聯繫，或是打破水泥方盒子、水平垂直、夾角四方的狀況而求動態的、多元的個性變化；然後，再推敲那些附著表面的形式變化以加強視覺感受的藝術形式美。

（二）規劃設計的生態元素

現代的室內環境規劃設計應該是綠色的、生態的以及可持續的。

一般來說，生態是人與自然的關係。在人的生活活動中介以健康的氣候、空氣、溫度、溼度、水、光、聲環境以及靈活開敞的空間自然度、應用適宜度等，都是生態環境的重要元素。盡可能地加強環境保護意識、節約自然資源，創造室內生態環境，讓人們最大限度地接近自然、呼吸自然，而以此滿足人本自然的要求就是生態規劃設計。

基於此，設計師必須在以下幾方面做出努力：

1.最優化的系統

能源利用最優化，如室內陽光、自然光、自然通風、自然乾溼度的平衡以及僅有的室內開敞空間等基本資源的保護與利用，並借助科學技術手段把其控制或發揮到最優化的應用。

人是自然生態系統的核心組成部分，自然要素與人內在地和諧著，人不僅僅具有進行個體、群體間有效的社會活動的屬性，更具有親近陽光、空氣、水、綠色等自然要素的本能要求，這也是人類室內環境不可缺少的基本部分。所以，生態系統的完整與強調優化的程度與人類居住環境的品質需求程度成正比。

2.減少汙染源

在保護了基本的生態資源環境後，緊跟著的就是要最大限度地減少汙染源。

在室內環境營造中，規劃設計是重中之重，是室內裝修環境營造的起點，所以杜絕或減少汙染應從規劃設計開始。《2002年世界衛生報告》中已經將室內汙染與高血壓、膽固醇及其他病症列為人類健康「十大」威脅。目前，有資料表明，中國國內每年因室內裝修汙染引起的上呼吸道感染而致死的兒童就有210萬，其中100多萬5歲以下兒童的死亡與室內空氣汙染有關。在裝修中的木質、複合材料及石質材料中都有一定含量的苯、甲醛、二甲苯及部分不良輻射元素。

經研究表明，甲醛等汙染有害元素在室內環境中的含量和房屋的溫度、溼度、通風、陽光等狀況均有著密切的關係，因此在室內環境規劃設計時，完整的自然生態系統規劃設計理念至關重要。合理的規劃設計能有效地制止不必要的汙染，變害為利，創造生態環境，使汙染從合理化規劃設計開始減少。

3.科學技術化

隨著科學技術的發展、建築裝飾材料的不斷研發，新型節約環保材料層出不窮，為規劃設計師們提供了更好、更廣闊的天地，除了藝術造型上的表現外，還為充分引入自然、利用自然、節約能源、保護室內生態環境提供了條件。

4.可持續發展規劃設計

「可持續發展規劃設計」一詞是1980年代中期歐洲的一些發達國家提出來的。1993年，聯合國教科文組織和國際建築規劃設計師協會共同召開了「為可持續的未來進行規劃設計」的世界大會，其主題是各類人為活動應重視有利於今後在生態、環境、能源、土地利用等方面的可持續發展，聯繫到現代室內環境的規劃設計與創造。規劃設計師不能急功近利，只顧眼前，而要確立節能思想並充分利用室內空間，力求運用無汙染的綠色材料以及人為地塑造自然的室內生態環境，動態地、可持續性地使人工環境與自然環境相協調，從而發展室內環境規劃設計藝術。

今天的室內規劃設計已經不再是傳統範圍內的概念，也不再是室內規劃設計師自己的事情，它需要規劃設計師和各個相關專業的工程師之間相互緊密配合，共同推廣室內環境的保護和生態規劃設計，也將代表人類的一個新居住環境需求時代的到來。生態的室內環境規劃設計是一個整體性規劃設計，必然是居住者與規劃設計師團隊結合共創的結果。關注生態規劃設計，保護、創造環境，是我們每一個規劃設計師責無旁貸的責任。

三、規劃設計中的節能理念

在「能源危機」席捲世界的今天，能源消費正以驚人的速度增長。根據中國國情，節約能源已成為當前的一項迫切任務。建築節能（包括結構構造、材料選型、設備系統、自動控制等）一直是中國節能工作的重要組成部分，它涉及從規劃設計到使用管理的許多方面，節能建築投入少、產出多。因此，重視和研究建築物的節能設計問題已成為建築節能的當務之急！

酒店經營中產生大量消耗，一方面是日常消耗，如紙張、布巾、食品、印刷品、餐具、用具和各項設施設備等；另一方面就是設施設備運行中的能源消耗，如電力、液化石油氣、天然氣、煤氣、汽油、柴油、冷熱水等。在能源消耗中，電力消耗為最大。酒店各項設備，如電梯、空調、廚房設備、照明、電熱、供水、電信、電話、電視、計算機系統、消防安全控制系統等，都離不開電力供應。據有關資料調查統計，目前中國國內酒店業每單位面積（平方公尺），每年消耗電能165kWh左右，如一座建築面積12000平方公尺的三星級酒店，全年耗電量約為200萬度上下，按每度電0.9元計，全年即需電費180萬元，高於其他發達國家耗電平均值的25%左右，而實際上，有些四、五星級酒店的能耗已大大超出了這個程度。

因此，酒店在規劃設計之初就應悉心導入節能設計，仔細核算節能投入和能耗成本的比較值，盡量做到一次性完成酒店設施的節能定位和設計；同時，節能降耗也是酒店經營的需要，因為節約下來的是純利潤。

（一）中國國內外現狀

中國自1986年建設部頒發《建築節能設計標準（採暖居住建築部分）》以來，已陸續建設了一批節能試點社區，取得了一些經驗。近年來，高檔旅遊賓館、高級辦公大樓大量興建，其耗能量高出普通住宅建築的6～7倍，於是又相繼制定了《旅遊旅館建設熱工與空氣調節節能設計標準》和《建築外窗性能及檢測方法標準》等。但是從這些標準的執行情況來看，除少數北方城市外，大部分地區尚無行動。為確保有關標準的貫徹執行，北京、瀋陽等一些大城市紛紛正式推出建築節能行政法規，加大力度推廣建築節能應用，如牆體材料革新、樓房外牆上貼苯板、節能窗、太陽能建築技術、地源熱泵等，一些成果也已在相當範圍內推廣應用。然而，存在的問題依然不少，其中建築設計節能就是一個薄弱環節。

歐美發達國家在經歷了石油危機後，普遍都把建築的節能管理作為國家的大政方針，從經濟上加以引導、鼓勵或限制，並已取得顯著成效。在建築設計節能方面，臺灣在立法的基礎上每年組織節能建築評審，並對優秀者給予獎勵和宣傳，這對提高島內建築節能水平較有助益。目前，國際上節能熱正在升溫，世界性的建築節能新高潮正在現代新技術的基礎上興起。下文從中國實際情況出發，就建築設計的節能問題進行了初步探討。

所謂節能設計，大致包括以下方面：

1.在功能布局和房間布局上充分利用自然採光。

2.在人流進出頻繁的地方安裝專用設備，以阻斷內外氣流交換，減少室內冷、暖氣的消耗。

3.在建築材料上使用保溫、隔音、節能、防水等新型材料，如加氣混凝土砌塊、混凝土空心板等新型牆體材料和新型保溫節能塑鋼門窗等，在自然採光部位選用熱反射玻璃、中空玻璃等隔熱、密封材料。

4.在照明方面，採用節能電光源，如節能螢光燈、金屬鹵素燈、鈉燈、太陽能草地燈等，在環境特定需要增加光源檔次時，照明設計中應特別採用王奕先生首次提出的目的性照明理論，並合理設計公共場所的照明控制線路；露天場所可採用光電控制開關，客房走道可根據情況設計定時熄滅部分光源的線路，客房內則可採用插卡取電開關，等等。

5.供水系統在設計中選用節水用具和設備，如採用變頻恆壓供水設備以提高供水質量和減少能源消耗，公共場所採用感應式自控溫度水龍頭，以及使用中水處理設備和鍋爐回水、空調冷卻水循環利用等技術設備。

6.空調系統除選擇節能製冷機組和新型製冷劑外，還可採用蓄冰製冷設備，即利用深夜供電系統用電低谷時間、電費價格較低時製冰，以備用電高峰時空調冷凍水系統使用，可節約電費30%　～40%。另外，區域變頻空調乃至分體多機空調也可以依據不同酒店的不同性質、不同規模進行選用，在運行中可以實現分區啟動、降低無效能耗的目的。

7.餐廳、宴會廳、舞廳等營業場所的照明和空調通風系統可以根據營業時間的規律控制啟動和關閉時間。

設計中亦可採用樓宇控制系統的計算機自動控制來達到最佳的使用效果和節能目的。酒店設計絕不僅是布局和裝飾的問題，而是包含多項新理念、新技術的綜合性工程。應該説，酒店節能降耗是酒店規劃設計中重要的組成部分之一，它為酒店系統的科學性、環保性、舒適性和良性經營運行打下了良好的基礎，會使酒店未來的經營和管理更加得心應手。

（二）建築外殼的節能設計

建築外殼由窗、牆、屋面和門等構成，是控制建築能耗的最重要的因素，建築外殼的節能設計可從以下幾個方面考慮：

1.建築形體

合理的建築形體能夠減少建築物與外界的熱量交換，在其他條件相同時，形體係數（建築物外圍面積與其所包圍體積之比）越大，單位面積散熱量也越大，這樣對節能不利。因此，正確處理建築形式多樣化和節能的關係，是建築設計中應當引起重視的問題。一般來講，6層左右的建築物對建築節能較為有利。另外，建築物的外形越簡單，其外殼的表面積越小，熱交換量亦越少。因此，建築物的造型宜簡潔、完整，盡量避免複雜的輪廓線。

2.建築物的朝向

建築布局應考慮朝向與節能的因素。坐北朝南的建築物能夠避免太陽的東照西晒，從而降低日射影響，若同時配以遮陽隔熱，效果將更加顯著，如某建築物的南立面設一公尺寬的陽台加深遮陽就是成功的一例；除此之外，還應考慮當地的氣候條件，選取受氣候變化影響最小的方向。

3.建築物的平面布置

建築平面的巧妙布局常能獲得較為滿意的節能效果。例如，將電梯、樓梯、管道井、機房等布置在建築物的南側或西側，可以有效阻擋日射；挑空中庭形成二次隔熱區，這種布置方式較之常見的服務區位於中部的習慣做法更有利於節能；利用自然通風降低溫度、改善居住環境是炎熱地區節約空調電耗的重要方法；恰當的平面布置有助於形成理想的通風作用，透過建築物門窗的合理設置，形成通風口，組織並誘導自然通風，既能造成節能作用又克服了空調室內空氣品質差的弱點。

4.建築物的門窗

建築物的外門和外窗是冬季冷風侵入、夏季陽光射入的主要通道。因此，將開窗率控制在適當的水準，並盡量避免在東、西向開窗，是節能設計中應遵循的原則。開窗率適當、遮陽良好的建築堪稱節能佳作，退凹式開窗設計既美觀又兼具遮陽效果；設置窗簾、遮陽板等也可以提高遮陽效果；各種形式的斗和十字轉門也是隔離室內外空氣環境的緩衝地帶；至於外牆的大玻璃窗乃至玻璃幕牆所存在的種種問題早已引起各方面關注，節能亦為其中的一個問題。

5.建築物的屋頂

受陽光照射的建築物屋頂的表面溫度比其他圍護結構高得多。例如，在夏季，中國的長江以南地區用瀝青材料鋪就的平屋頂表面溫度可達60～70℃，對室內溫度影響很大，頂層住房冬冷夏熱現象十分明顯。對此，除必須考慮屋面隔熱保溫措施以外，還可從建築設計角度考慮在屋頂設置通風隔熱層或將頂層作為設備間等，形成二次隔熱，以減少屋面溫度的影響；在炎熱地區的屋面可透過蓄水（如屋頂游泳池）和屋面定時噴水系統使屋面降溫。

（三）綠化與節能

近年來由於城市綠地不斷減少，加之空調的大量使用，導致「熱島效應」，空氣環境日益惡化，給建築節能帶來了負效應。一塊草地和一塊瀝青地面的表面溫度差可達14℃以上。綠地每天蒸發大量水分，帶走大量熱量，為建築物創造了十分有利的周圍環境條件，同時美化了城市，改善了空氣品質。因此，在城市規劃和建設的同時，應大力發展庭院綠化、創造優美社區。

在建築節能領域，中國與發達國家差距較大。根據中國的國情、國力，研究開發對建築節能影響較大、節能投資較少的關鍵性技術應成為攻關的重點，在建築設計實踐中常會遇到建築節能與建築設計中各項因素（如城市規劃要求、使用功能、建築造型與立面要求等）的矛盾，因此在強化建築師節能意識的同時，還必須依靠行政手段宣傳普及中國的節能政策、法規，爭取各有關方面的支持與共同努力，才有可能使建築節能設計應用於實際，將成果轉化為生產力。

四、酒店規劃設計的文化感悟

酒店設計是一種商業文化設計的類型，如同文化場所、交通場所、辦公場所、醫療康復場所，均是一種社會的需求，即是文化，則有其文化的屬性。

成功的酒店設計不僅是滿足其使用功能的需要，設計新穎，更重要的是具備其不同的地域性和文化性。現今，在全球經濟一體化的趨勢中，酒店的規劃設計模式，有一種錯誤的趨勢：就是諸多地域及不同的民族具有相同觀感的酒店樓宇。

世界之所以多姿多彩，正是由於不同的民族背景、不同的地域特徵、不同的自然條件和不同的歷史時期所遺留的文化而造成了世界的多樣性。故而從這一點上來講，越具有地域性，也就越具有世界性。酒店的規劃設計在功能上要滿足使用要求，這是與國際必須接軌的，也必須具有與國際相同的規範、相同的標準，以滿足不同國度及不同民族的消費權及使用權。酒店的價值、精神取向及文化品味，則要考慮地域性及文化性的區別，這是一個酒店的成功所在。

（一）規劃設計的地域性

所謂規劃設計的地域性，是指設計上吸收本地的、民族的、民俗的風格以及本區域歷史所遺留的種種文化痕跡。地域性的形成與本地的地域環境、自然條件、季節氣候，歷史遺風、先輩祖訓及生活方式，民俗禮儀、本土文化、風土人情、當地用材三個主要因素有關。地域性在某種程度上比民族性更具狹隘性或專屬性。由於許多極具地域性的民俗、文化及藝術品均是在與世隔絕的狀態中發展演變而來的，即使經過有限的交流和互通，其同化和異化的程度也是有限的，因而具有極強的可識別性；另外，同一地區、不同時期所形成的文化和民俗及文物也有所不同，這是由於時間的推移所造成的。

在酒店規劃設計中，通常採用：

1.擴展傳統設計

所謂擴展傳統，是使用傳統形式，擴展成為現代的用途，比如大型旅館、度假中心，這些類型的結構，是傳統、地方建築及室內以往沒有的，這就形成所謂的「擴展」。擴展是指功能的擴展，而形式上還是傳統的。

2.對傳統建築的重新演繹

這種方式頗接近後現代主義的某些手法。與西方建築家的手法不同的僅僅在於西方建築家使用的是西方古典主義的建築符號或者西方通俗文化的符號和色彩，而這個流派主張使用亞洲和其他非西方國家的傳統建築符號來強調建築的文脈感，作為後現代主義的一個流派來講，是應該得到提倡的一個途徑和方式，即不斷擴展和延續傳統的規劃設計，和對傳統設計的重新演繹，因為我們所要營造的環境首先是要符合酒店使用的功能，其次才考慮為烘托氛圍與品味做一些移植或重新演繹。這裡所要強調的移植多半是家具和飾品，而演繹的則是空間與形態設計。

（二）規劃設計的文化性

21世紀的競爭是文化的競爭。酒店是創建和經營文化的企業。酒店文化是酒店規劃設計的靈魂，它越來越受到人們的認同。如果客人充分享受到了酒店文化，就將形成客人對酒店的忠誠度，從而使酒店產生較高的文化附加值。創造獨具特色的酒店文化將成為品牌優勢的基礎。世界著名的酒店管理公司的酒店文化底蘊、文化內涵就非常雄厚。

文化作為一種社會現象，它的發展有歷史的集成，也具民族性、地域性。因此，酒店規劃設計要根據國家環境等理念的不同演示出不同的文化。中國的酒店文化，應充分挖掘地域文化，走民族發展道路，而不應盲目崇外。中國有自己民俗的風格以及本地區的種種文化精髓，這些地域文化具有可識別性。因此，自然條件、歷史遺風等完全可以創造出具有東方特色的酒店文化。

在酒店規劃設計中，個性對於酒店也很重要。隨便什麼地方都可以建酒店，那只不過是對業主的不負責任。所以，特色和個性一直是酒店追求的東西，是酒店的核心力。沒有個性和特色的酒店將被平庸淹沒。國際流行的主題酒店都是業主追求特色的產物，它們利用獨特的環境、建築風格、裝飾風格塑造出鮮明的特色，從而培育其角逐市場的競爭力。

流行多元化設計思潮的今天，文化性的介入已不可避免，其介入的方式是多重性的。透過室內概念設計、空間設計、色彩設計、材質設計、布藝設計、家具設計、燈具設計、陳設設計，均可產生一定的文化內涵，達到其一定的隱喻性、暗示性及敘述性。在上述的手段中，陳設設計最具表現力和感染力，即陳設的範圍主要是指牆壁上懸掛的各類書畫、圖片、壁掛等，各類家具上陳設和擺放的瓷器、陶罐、青銅器、玻璃器皿、木雕等。這類陳設品從視覺形象上最具有完整性，既表達一定的民族性、地域性、歷史性，又有極好的審美價值，這是目前世界上最常用的手法之一。

隨著人們生活水準和生活素質的提高，人們對酒店的要求也越來越高。酒店不僅是為人們提供便捷舒適的居住環境、迅速流暢的訊息，更重要的是為人們提供精神的享受和文化的品味。

五、酒店規劃設計的新場所精神

現在是技術至上的社會，人們長時間安於既有的社會技術模式，便逐漸淡忘了表面形式下的事物的本來面目。可當人們在疲倦於高技術和工業化的壓力之後，迷茫之餘，自然會去尋找心靈的平衡支點。呼喚傳統的樸素哲學精神的回歸，便是對唯技術主義的懷疑。那種對健康、生態、環保、自然生活的追求，絕不是單純意義上的回歸原始，而是在新技術的保障之上的精神的回歸，意識到人是自然組成的一部分，需要讓建築脱離機械容器形態，成為一個能與人、自然共同呼吸、交流和平衡運動的系統。建築的表達在形象空間之外，還要有思想。它的思想性體現在新的技術、新的觀念、新的潮流、新的哲學方面。任何時代背景下的代表產物都有一定的時代性和前瞻性，都能合理有機結合當地的文化傳統優勢，並超越舊時代所特定的思維模式。

我們曾經是那樣依賴和重視我們的視覺，而忽視我們其他的能力。我們以充滿眼眶的圖像為滿足，結果忘記了思考。建築的體驗不僅是視覺上的，還需要以其他的感官去品味建築的細微轉折之處，更需要用心靈去超越感官體驗。

（一）聽覺

我們所處的高技術時代，耳朵比眼睛更受折磨，噪音和各不相同的聲音從各自的區域衍射、反射過來，衝擊刺激著我們日益脆弱的耳膜。我們需要去建立合理舒適的聲音環境，控制聲音的變化、音量的大小以及聲源的相互干擾，由耳及心地去體驗聲音所展示的空間。聲音，尤其是旋律性展開的聲音，能暗示空間的變化，能體現視覺不到之處空間的含義，能強化微妙的空氣流動，並使得性質不同但又各自獨立靜止的空間在真正意義上相互關聯起來。聽覺比視覺更敏銳。聽覺在視覺之上，使得你能用心超越視覺來體驗建築空間所表達的言外之意。自然和社會之聲有組織地震盪在空氣裡，激發人們的想像力，讓人去明白更多的建築以外的東西而不為紛雜的表象所迷惑。

（二）觸覺

現在絕大多數建築是一個自閉獨立的系統，內部與外界的交流被外圍護結構給屏蔽掉了。孤立靜止的系統在相對較短的時間裡喪失了它的活力，那種只有與大環境進行不斷地交流的系統才會有生命力，同時只有系統之內的小系統有生命力，系統才會持續下去。觸覺，要超越材料的質感之上，去感受微妙的自然要素，感受系統之間的交流。在建築中，我們可以試想感受光的觸覺——熱，肌膚上溫和的暖意或者細密的汗珠是生命力的體現。我們可以感受空氣的觸覺——風，風帶動室內外空氣的流動，將淤積於空氣中的不良氣體和病菌帶出室外；將室外新鮮而且富含氧氣的自然空氣疏導引入，使得室內形成良好的空氣循環；當在室內用皮膚和頭髮去感受絲絲掠過的微風，這種精心組織的風速和流動，讓人愉悅，讓人的精神隨著舒緩的空氣而體味到這座建築物更多的趣味。

（三）嗅覺

在生活中，我們會注意令人愉悅的氣息，用鼻子去捕捉香味，去想像香氣所表達的形象，我們的想像由此而飛翔。因此，我們不應忽略建築中的香味。空氣中彷彿渺茫歌聲似的香氣事實上是空間情緒的含蓄表達，是空間變化的含蓄註腳，是體驗者美妙心情的催化劑。我們瞑目靜思，用心輕輕地感受空氣中的香氣所傳達的季節、情緒等訊息，體驗建築空間婉轉迴蕩之美。我們希望在香氣中把握空間的節奏，體會空間的變化。香氣如絲般地滲入心肺，把自然的訊息輕輕地傳達給機械化的人類。滲透在空氣裡的香氣在不知不覺中引導人進入物我兩忘的境地。它是建築系統、人體系統、自然系統之間微妙的有機聯繫。因此，香氣是塑造空間的重要因素，與人的激素分泌相關聯，能激發出人不同的情緒感受。濃郁的動物香，暗示著曖昧溫暖的情慾；優雅的植物香溫潤舒解著心情的鬱悶。我們超越設計的平常之處，體驗生活的不平凡之處，便是用專業手段之外的生活物質激發久已不用的感官體驗去追求新的更高的生活境界。

我們用設計去激發視覺之外的感受，把被生活埋藏已久的體驗和回憶喚醒，復甦心靈的力量，這樣的空間才具有美好生活的特質，從而具有境界。只有增加設計專業技巧之外的其他因素，才能使得空間更具人文情懷、更不同凡響起來。酒店規劃設計的人文情懷，是體現在設計師的生活、學習修養上的。設計師應以一種寬容平和的心態去塑造生活的樂趣、去設計。當人們體驗建築時，以會心一笑去感受設計師愉悦、豁達的人生態度，設計因此而實際。

酒店規劃設計所面臨的問題許多許多，但始終是圍繞人的問題。建築是人類活動的產物，因此建築的成功與否，與人的情緒體驗、活動密不可分。建築是人文主義的產物，而不是個人英雄主義的豐碑。建築立意要高，技巧要熟練，但使用要貼近人，要適合人不同的心理、生理需求。不同的建築是被不同的人需求的，設計師不能脫離需求而作，既要現世的歡娛，也要慾望之上的平靜。建築應當成為一個體現寧靜曠遠心情和娛樂人生的載體，人健康地活著，快樂地活著，建築也活著並快樂著。

技術主義的觀點漠視人的精神存在，以為技術日新月異可以解決人的精神問題。當工業革命戰無不勝的時候，我們認定它是真理。我們也非常厭惡幾千年的傳統，視它如包袱，於是我們相信複雜的技術必定帶來複雜的快樂，並孜孜以求，可複雜的快樂總是在興奮之餘讓人倍感空虛和疲倦。這時，我們才發現簡單才是真正的快樂。幸福的最高境界就是簡單的快樂。幾千年來，中國人就是如此追求，讓快樂有空間、有餘地，簡單、樸素、輕鬆和發自內心。我們發現先人的智慧是準確而不可低估的。技術不是萬能的，技術至上的觀念甚至是反人類的，絕非真理。

人無法切割歷史的文脈，但是人不能被歷史的文脈所束縛；過去一切美好的東西屬於先人的智慧創造，現實的歡娛自然由我們創造；在新舊之間，我們選擇新；在求新求變之中，我們尋找永恆之道。過去的歷史在新的建築中以抽象的形式存在並影響著現在。現在的新東西則以新技術、新材料的物質形象展示未來。復古是一種態度的倒退，我們以遊戲式的手法塑造傳統語言，以嚴肅的態度保留值得流傳的遺產，但是我們一定要以一種新的體驗去超越前人。

建築的欣賞和體驗是回憶、修養、生活和社會經驗，是感情因素、閱歷、家庭背景的綜合體現。建築師的專業知識需要來源於多方位的文化，只有建築才能多方位展示不同藝術之魅力。建築師需要宣揚的是快樂的人生觀和敬業精神，並展示他的修養風度、優雅品味和幽默情懷。建築震撼人心的地方在於，它不僅是一個容器，而且是一個系統、一個超越單純藝術和抽象思維的物質系統。建築師的挑戰在於：合理地運用資本，綜合愉悅舒適的生活感受、樸素簡單的哲學精神、方便快捷的技術支持、薪盡火傳的歷史經驗、相互融合的文化藝術，從而用心創造出令人難以忘懷的形象、空間和場所。

思考題

1.談談你對中國酒店規劃設計現狀的認識。

2.中國酒店規劃設計有哪幾種類型？

3.酒店規劃設計的趨勢怎樣？

4.闡述酒店設計的概念。

5.酒店設計的影響因素有哪些？

6.酒店設計的理念包括哪幾個方面的問題？

第二章　酒店的功能規劃

第一節 酒店的功能

一、功能分析

隨著時代的發展、生活水平的提高，酒店滿足提供住宿與膳食基本功能的具體方式也在進化、發展，在酒店管理日趨科學及訊息交流廣泛、迅速的今天，不同的經營特點還派生出各種新的功能要求。

現代酒店不論類型、規模、等級如何，其內部功能均遵循分區明確、聯繫密切之原則，一般，可分為入口接待、住宿、餐飲、公共活動、後勤服務管理這五大部分，見圖2-1。

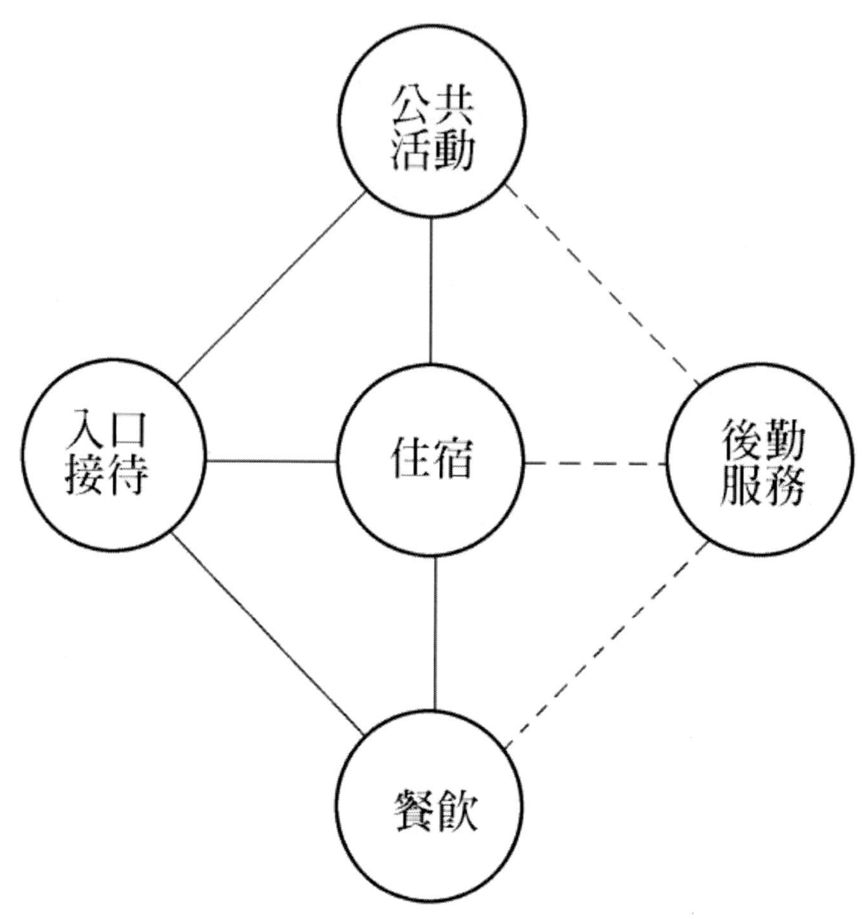

圖2-1 酒店的基本功能

中國社會酒店的功能與流線相對來說比較簡單。例如，可接待一般會議的社會酒店，除了需配備一定標準和數量的客房外（其中一部分為帶浴廁間的雙床房、一部分為集中盥洗的多床房），還有一定數量的大、小會議室及餐廳、小賣部，分層設服務台，行政管理與後勤相應簡單集中。

汽車酒店的功能組織表現出處處為汽車旅行者提供方便的特徵，為了使旅客不出汽車就辦好各種手續，接待管理就設在入口旁，門廳和管理均有遮雨平台，保證風雨天的使用條件良好。

1960年代，西方大型城市酒店的內容組成和功能關係已相當複雜，管理方法也已成熟。酒店的入口已有住店客人與宴會客人之分，公共活動部分的內容增加，餐飲部分種類繁多、後勤設備用房日益龐雜，根據當地交通管理部門的要求，均設停車庫、場。

如果說1970年代的城市酒店的功能尚且以住宿、飲食、宴會或會議為三大支柱的話，那麼國際上當代城市酒店已進而成為社會交際、文化交流、訊息情報傳遞的重要的社會活動場所。尤其是大型城市酒店承擔部分城市功能，宛如城中之城，其服務對象從住店旅客擴大到社會各界，提高了酒店設施的使用率，如設置美容保健系列服務、健康俱樂部、會員制俱樂部、娛樂沙龍或中心、出租辦公室、商務服務中心、購物中心或商店街乃至文化教室、展廳、劇場、禮堂等。其功能之豐富多樣、流線之錯綜複雜、設備與後勤管理的高度緊密而複雜的聯繫構成了酒店整體，見圖2-2。

上述功能並非完全孤立閉鎖，雖然酒店自身的內在規律形成其功能不同程度的封閉性，但酒店特別是城市酒店與社會有著密切的關係。酒店在與周圍環境社會功能的相互補充、滲透時也形成其功能不同程度的開放性，即利於所在地區經濟繁榮的酒店功能的社會化。因此出現兩種情況：其一，大型城市酒店除滿足住店旅客的需要外，還承擔了相當的社會活動功能，其公共活動部分的內容和面積在總建築面積中所占比例增加，這部分收益在酒店總收益中的比例也相應地增加。其二，一般中小型、中等級別和經濟級的城市酒店可借助周圍環境，依靠城市整體功能的調節、補充，本身的設施不一定齊全，使酒店的部分功能在社會中實現，如利用社會的餐館、洗衣房、停車場等。

城市酒店雖有優雅怡人的自然環境，但要滿足客人需要，還需自身功能的相對完整，除了餐飲設施外，還需一些供旅客消遣之處，當然規模和種類應與酒店的經營、等級、規模相當。

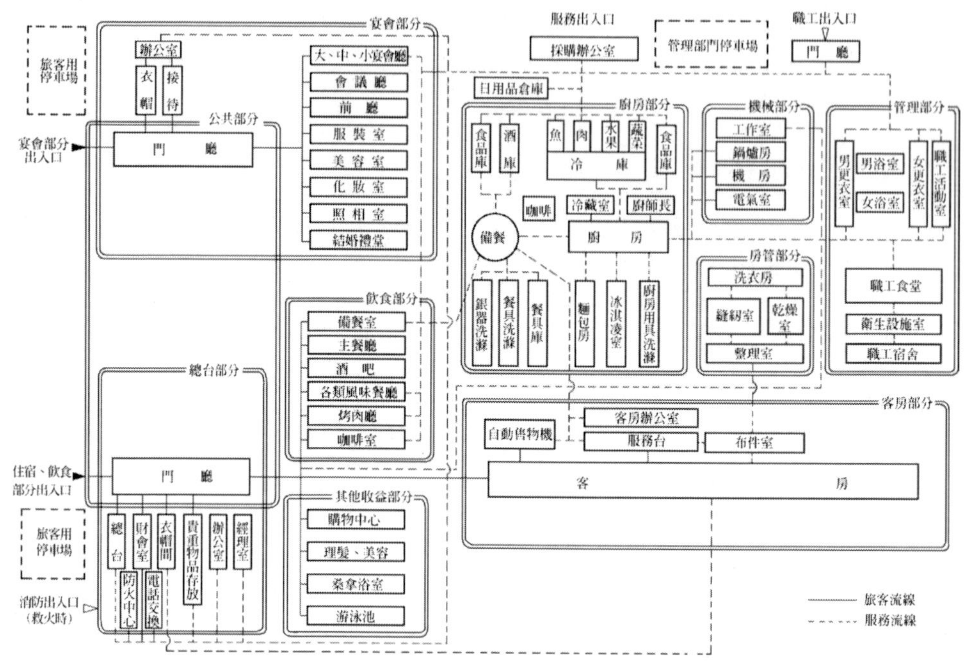

圖2-2 現代酒店功能分析

目前，由於經濟水平的差別，中國社會各界未能充分利用主要接待外國人、華僑和港澳臺人士的涉外酒店，社會上補充酒店功能的設施也不足，因此這些酒店的功能結構多數仍屬封閉型。隨著經濟水平的提高、酒店等級的劃分，酒店公共活動部分也將逐漸開放，與社會關係更為密切，這將對其功能結構產生影響。有的酒店因開放得益，如上海黃浦江畔的海鷗酒店擴大餐廳面積，餐座與床位比為2.1：1，常常座無虛席，餐廳營業額占總營業額比例升至30%。

二、高層酒店的豎向功能分區

現代酒店中的高層酒店具有緊湊集中的功能特點，大量標準客房在豎向疊合，豎向交通發達，因此為了合理組織、充分利用豎向空間條件，必然進行豎向功能分區（如圖2-3）。

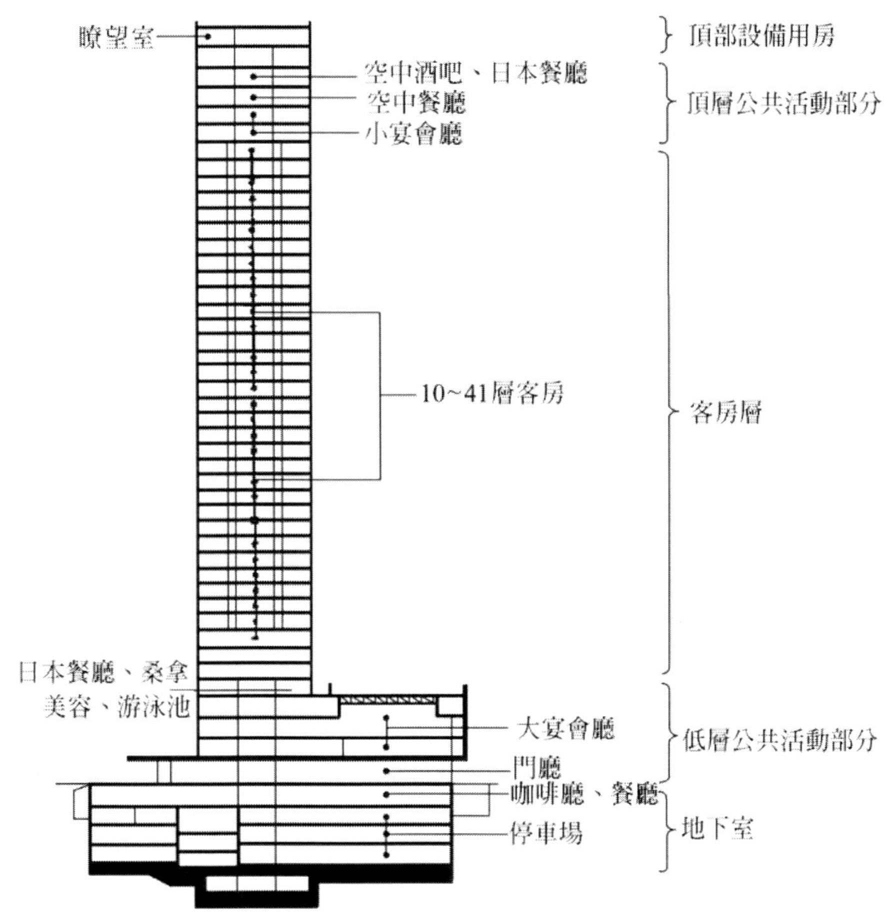

圖2-3 高層旅館的豎向功能分區

豎向一般可分為地下室、低層公共活動部分、客房層、頂層公共活動部分、頂部設備用房五個部分。

（一）地下室

城市酒店用地緊張，為了盡可能開拓地面層的有收益面積即黃金地段，充分利用地下室作酒店的後勤基地有重要意義。地下室內常安排車庫、倉庫、員工更衣室與浴室、教室、活動室等，噪音較大的空調機房、泵房等設備用房也常置於地下室，經過頂棚、牆面的隔音措施可大大減少對地面公共設施的干擾。

在國際上，某些過去放在地面上的有危險性的設備經過多次更新改造並附設各種保證安全的裝置，也可以放入地下室，如乾式變壓器、燃油鍋爐或燃煤氣鍋爐、用煤氣廚房炊具等，其安全裝置有自動切斷、報警、自動滅火等。中國1980年代所建的部分合資、外資城市酒店引進了這些先進設備和保證安全的裝置。

在地基條件好的地區，地下室可深達三四層。其中，設備、後勤用房放在地下二層以下，地下一層則作為公共活動部分，設餐廳、宴會廳或舞廳等，如建築師波特曼設計的美國喬治亞州亞特蘭大桃樹廣場酒店（如圖2-4）。

地下室設計需考慮地基條件、施工技術水準、功能流線互不干擾（包括人與車、物，清與汙的區分）、安全消防與防潮等問題。在地下水位高的地區，除常規做法在地下室外牆作防潮層外，也可在牆內築隔水牆將可能滲入的水引入隔水倉排出。

（二）低層公共活動部分

由於酒店所處環境、用地、規模、等級及經營特色等差異，低層公共活動部分的內容不同。在低層公共活動部分與客房層之間常有設備層以容納為這兩部分服務的各種管道系統中的水平管道等。

（三）客房層

客房層構成了現代高層酒店的主要部分。

（四）頂層公共活動部分

這層是酒店獨特有利的豎向功能部分。位於高層頂層的空中餐廳、咖啡廳、酒廊、旋轉餐廳、觀光層等可充分利用高度，向客人提供寬廣的視野，滿足人們登高望遠的心理願望，也為酒店增加收益。有的則在頂層設豪華套房。

頂層公共活動部分需要良好的視線設計，以利客人俯視、遠眺。

（五）頂部設備用房

高層客房樓的頂部最高處是電梯機房、給水水箱等設備用房。

電梯停靠的頂層需留出與速度有關的頂層高度，不同型號的電梯對機房高度也有不同要求。

豎向分區給水方式一般在頂層需設水箱，有部分生活用水和消防用水。利用重力位能給水時，水箱底標高距頂層用水點至少10公尺，以防止頂層用水點水壓不足。

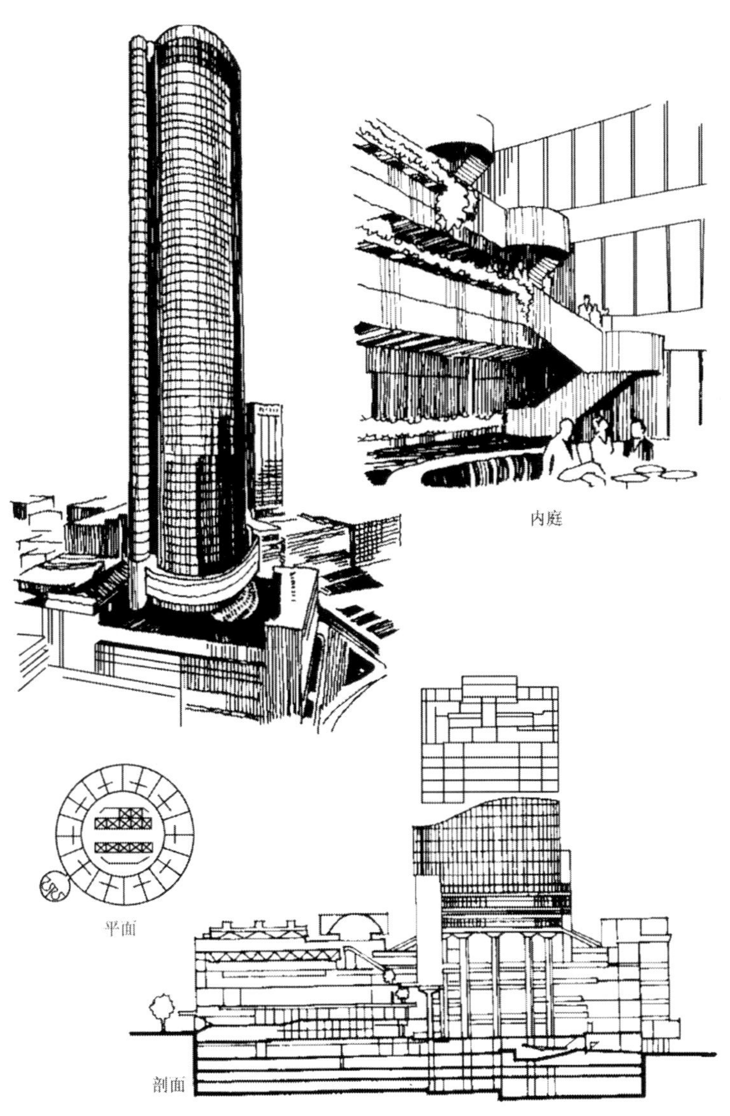

圖2-4 美國喬治亞州亞特蘭大桃樹廣場酒店

第二節 酒店的流線

酒店的流線是組織、分析功能的結果，也是酒店服務水準的反映。一個酒店流線設計的優劣直接影響經營。流線設計除了需明確表現各部門的相互關係、使客人和工作人員都能一目瞭然、各得其所外，還需體現主次關係和效率。客人用的主要活動空間位置及到達的路線是流線中的主幹線，而圍繞著主空間的輔助設施、服務路線則需緊湊、快捷。

合理的流線設計將有助於發揮建築空間的疏密有致、情趣氣氛並提高服務效率和質量，也有利於設備系統的運行和保養。

酒店的流線從水平到豎向，分為客人流線、服務流線、物品流線和情報訊息流線四大系統。

一、客人流線

城市大、中型酒店的客人流線分為住宿客人、宴會客人、外來客人三種。為避免住宿客人進出酒店及辦手續、等候時與宴會的大量人群混雜而可能引起的不快，具有向社會開放的大、中型宴會廳的現代酒店，需將住宿客人與宴會客人的流線分開（如圖2-5）。

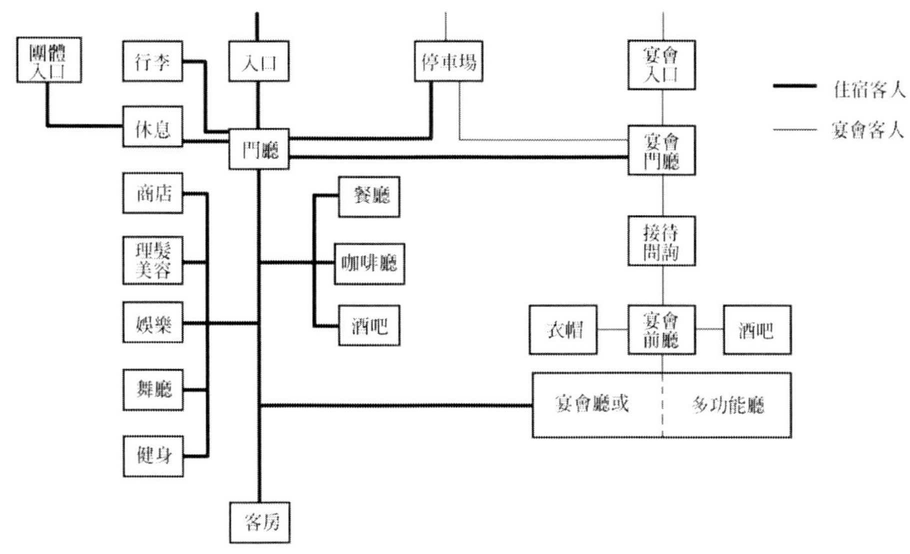

圖2-5 大、中型酒店住宿客人與宴會客人流線

（一）住宿客人流線

住宿客人中又有團體客人與零散客人之分。現代高級酒店為適應團體客人的集散需要，常在主入口邊設專供團體客車停靠的團體出入口，並設團體客人休息廳。

（二）宴會客人流線

高級城市酒店的宴會廳承擔相當的社會活動功能，主要供來自當地社會的客人同時集散，故需單獨設宴會出入口和宴會門廳；中、低檔賓館不必單獨設置。

宴會出入口應有過渡空間與大廳及公共活動、餐飲設施相連，避免各部分單獨直接對外。中國國內有的高級酒店將對社會開放的餐廳、商店等出入口單獨設置，出入口過多不便管理。大型高級酒店以三個出入口為宜，即主要出入口、團體出入口、宴會與顧客出入口。

（三）外來客人流線

外來客人一般指進入酒店的當地人士。國外酒店普遍對市民開放，除住宿之外，也可讓訪客進入餐飲及公共活動場所，其對酒店的收益有一定作用，所以需要重視這條流線。多數酒店對外來客人如同住宿客人一樣，也從主入口出入，以示一視同仁。

中國在目前的經濟條件下所建的合資、外資酒店主要為外國人以及港澳臺人士和華僑服務，對當地客人的服務尚屬少量。

二、服務流線

現代酒店的管理與服務質量水準與中國傳統老酒店的區別之一就是：有客人流線與服務流線的區分，中間避免交叉，工作人員從專用的出入口進出，首先打計時卡集中更衣，穿好制服自服務梯進入各自崗位，這是給旅客留下良好印象的基礎（如圖2-6）。

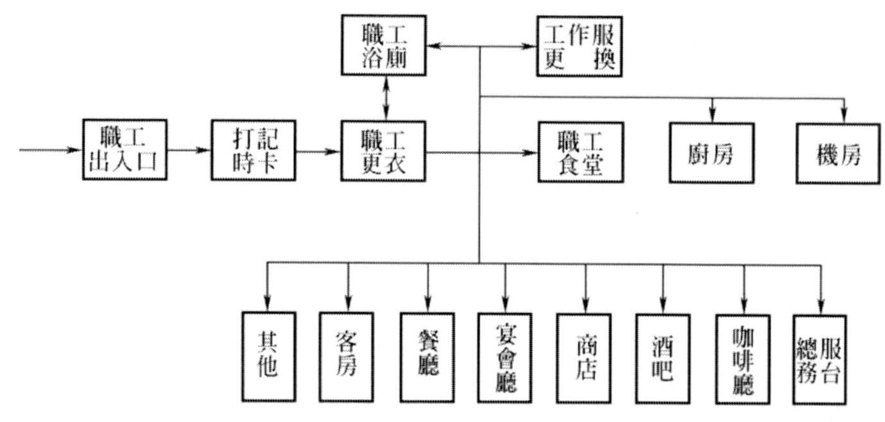

圖2-6 服務流線分析

三、物品流線

為了提高工作效率、保證清潔衛生，大、中型酒店均設計物品流線，其中以布件進出量最大，如果酒店本身無洗衣房，每天更需大量進出。食品也需每日補給，其流線應嚴格遵守衛生防疫部門的規定，清汙分流、生熟分流（如圖2-7）。

在現代酒店中及時處理大量垃圾也是不可忽視的，從收集、分類、清洗或冷凍到處理的路線需避免對清洗的其他部門的干擾（如圖2-7）。

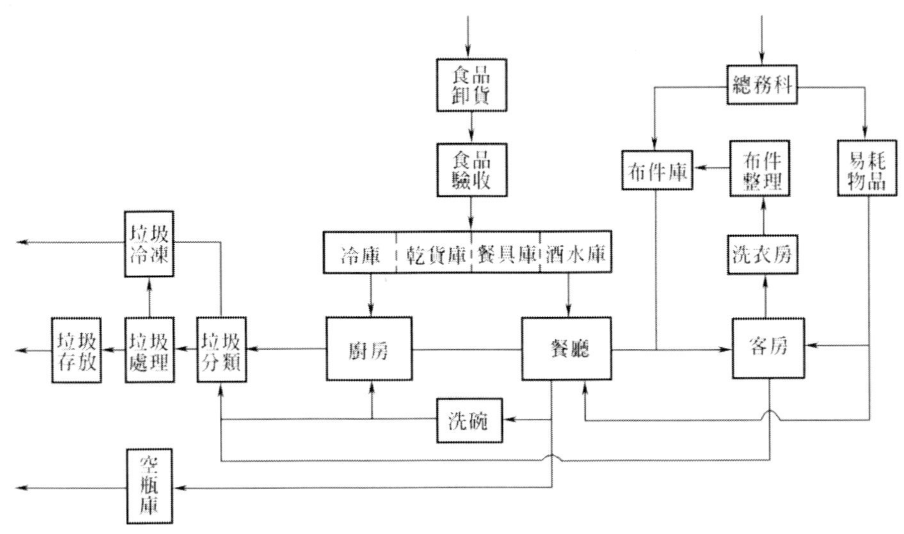

圖2-7 物品、垃圾處理流線分析

四、情報訊息流線

在大、中型酒店中，情報訊息系統是由電腦與各場所的終端機及連接兩者的通訊電纜構成的，電腦是該系統的中心，用以提高酒店的管理水準和效率。

情報訊息系統主要由以下各個系統組成：

（一）總服務台系統

處理總服務台業務和客房狀況顯示，隨時掌握客房的狀況，如有客、正打掃、已預約、待租等。

（二）冰箱管理系統

是進行冰箱內飲料、酒類被動用之後自動記帳管理的系統。

（三）辦公管理系統

處理各類財務、報表等業務。

（四）設備控制系統

對電、氣、水、消防、電梯等設備運行情況進行顯示與監控。

一般小型酒店常採用人工管理、服務，有條件者在部分管理系統中採用電腦。

第三節 酒店的面積組成

一、影響面積組成的因素

在前期工作研究酒店構成的基礎上，酒店面積由等級、規模、經營要求而定，各部門面積的具體確定要受到下列因素的影響：

（一）對客房部門面積的影響因素

客房總數、每層客房數、客房單位面積、客房層平面形狀、交通樞紐位置、服務方式與服務間位置等。

（二）對餐飲部門面積的影響因素

客房、床位數、餐廳種類、餐廳數、餐座數、餐桌種類與餐桌數、有無小餐廳等。

（三）對廚房部門面積的影響因素

餐廳種類、餐廳數、餐座數、宴會廳數、容納客人數、有無客房服務項目（指客人電話要求後，直接送至客房的服務）、各類食品庫、冰箱、冷庫的容量、主廚師長的工作習慣等。

（四）對公共活動部門面積的影響因素

基地條件、客房層與公共部門的連接關係、公共活動項目的設置等。

（五）對後勤部門面積的影響因素

職工人數、業務機構、男女比率、保健設施等。

（六）對機械管理部門面積的影響因素

客房數、總建築面積、空調方式、熱源種類、有封鎖汙水處理的設備、防災系統與方式、電梯臺數與自控方式等。

二、面積組成的指標

（一）每間客房綜合面積（平方公尺／間）

酒店總建築面積與客房間數之比為每間綜合面積（平方公尺／間），酒店客房、餐飲、公共、後勤等面積與客房間數之比為每間分項面積指標。它們反映了酒店的等級、規模、經營等特點，故常作為酒店等級參考指標。

（二）有收益面積比

英、美等國將酒店功能分為客房、公共、營業、出租、飲食服務、一般服務六部分。其中，公共部分包括門廳大廳、前台管理、客用浴廁間、休息區等無收入空間，飲食服務包括餐廳與廚房。籠統提出，有收入空間至少占酒店總空間的50%。

中國《旅遊旅館設計暫行標準》中關於建築面積的統一方法與英、美相仿，即公共部分包括大廳、前台，餐飲部分包括廚房。《酒店設計規範》沿用這統一算法，客房、公共、餐飲三部分的面積在總面積中的比例高達70%左右。

雖然中國目前尚未明確「有收益面積比」這一概念，但是為了便於分析酒店設計的效率、投資效果及等級水準，這一指標在設計中很有參考意義。

思考題

1.酒店的功能是什麼？高層酒店的功能是怎樣規劃的？

2.酒店的流線主要包括哪些方面？流線設計原則是什麼？

3.闡述酒店面積的組成和影響因素。

4.什麼是酒店的面積指標？

第三章　酒店總平面設計

酒店建築總平面設計是綜合城市設計或規劃與酒店單體設計的系統工程。所涉及的規劃、規範、規定、工程技術、環境保護與創造氣氛等各項內容廣泛而複雜。它既與所處基地環境、市政工程條件密切相關，又創造酒店本身的外部環境，還直接影響酒店的平面布局、形體塑造及經營。酒店總平面組成也不是一成不變的，它隨基地條件、酒店等級、規模、性質的不同而變化。一般酒店總平面由建築主體、小廣場、道路、停車場、庭園綠化與小品、室外運動場地和後勤內院等組成。所以，酒店的總平面設計是處理與酒店有關的人、物、環境三者錯綜複雜關係的總體設計。

第一節 酒店建築基地

一、基地環境調查

基地環境包括城市設計的要求與約束、周圍建築的歷史文化、基地的地形地貌、主要景象與主要噪音源等。酒店的設計構思與基地環境密切相關。酒店的各部分布局以至形體塑造都有與基地環境相適應的問題。

基地選定後，應對環境作深入的勘察，除常規的基地尺寸、面積覆核、基地邊界、紅線、地形地貌及地基承載力等地質情況外，還應對與基地鄰接的道路、公路等環境，基地周圍建築物的方位、形體、日照陰影、出入口、噪音源、外裝修用材與色彩，乃至歷史、文化等，均應一一調整。

擬建於山坡地的酒店還需調查基地一側山脈地理地質、山崖危石、山洪的影響範圍。位於河、湖、海邊的酒店基地則應調整最高洪水位、最低水位、潮汐的影響範圍等。不僅是風景區酒店，即使是郊區酒店和城市酒店，也應調查主要景象範圍、最佳視角與視線高度等。

二、基地相關的法規、規劃、準則調查

凡進行城鄉規劃或風景區規劃的地區，土地按使用性質分類，並進行規劃管理。例如，城市規劃中分工業用地區域、居住用地區域、公共活動中心用地區域、控制保護用地區域等。酒店通常建在公共活動中心用地區域內。因此，酒店基地所在地區已有規劃者，還需調整規劃方面的有關規定與要求。

（一）城市設計的規劃準則

現代城市開發、城市復興計劃已開展了城市設計工作，對在計劃範圍內各基地的每幢建築制定了法定性控制指標即規劃準則，其包含確定用地範圍、要求建築後退尺度、建築容積率、出入口方位、小汽車停車數量、建築形體甚至要求控制色彩和用材等。

（二）建築控制高度

城市設計中，由於航空港飛機起落等方面的原因，對某些基地的建築高度有控制。

例如，香港九龍尖沙咀地區，因東鄰啟德國際機場，政府對該地區建築物總高度進行限制。然而這一地區又是香港最繁華的商業黃金地段之一，酒店的業主從經營角度要求建造盡量多的客房。因此，自1970年代建的香港喜來登酒店、香格里拉酒店、海景假日酒店到1980年代建的日航香港酒店、中港城皇家太平洋酒店等，都為了盡量滿足業主要求又符合政府對高度的控制而做成近48m的高度，但遠望這一地區建築輪廓如刀切似平整，酒店形體設計有相當難度。

風景區規劃則常對基地的建築密度、建築高度、容積率、綠化覆蓋率、需保留的古樹奇石、水源、防止環境汙染的各項指標作出規定，酒店建築總平面設計必須認真對待。

三、市政設施狀況調查

市政設施狀況調查大致有下列內容：

（一）道路

基地周圍道路和公路的路面結構、承載能力、對車輛走向與車速的限制、允許酒店出入口與道路連接的數量與方位、道路的標高與坡向、道路照明、排水方式等。

（二）上水

上水來源、水量、水質、供水管線方向、位置、接口位置、水壓等。

（三）深井水

有無深井水、一般水位、最高水位、最低水位、水質狀況、出水量、可否飲用等。

（四）下水

市政下水管線系統，排放管線的管徑、位置、埋深，陰井標高，接陰井位置，對汙水處理的要求等。

（五）煤氣

城市煤氣供應方式，煤氣熱值、壓力，供應煤氣的方向、管徑、接口地位等。

（六）電力

供電可能性、供電電壓、外電源進線方向、電價區別等。

（七）電話

市內電話中繼線路的供應可能性、國際通訊線路的現狀與規劃等。

第二節 酒店選址與用地

一、酒店選址

確定酒店建設項目後，首先是酒店選址。選址一般有日照、通風、陰影、地基等問題；同時，選址決定了酒店的環境，並影響經營。

酒店宜建在交通方便、環境較好的地區。酒店中的人流進出頻繁。在時間概念緊迫的當代，要求酒店與交通幹線、航空、車站、碼頭聯繫方便，縮短路程時間。

城市中心是城市的商業、政治、文化中心，必然也是旅遊活動中心。所以，位於城市中心的酒店為旅客提供了參加各種活動的便利條件，客房出租率高。一般城市中心的大型、豪華的高層酒店是城市繁榮街區的標誌。而位於市中心附近的舒適級乃至經濟級酒店也因其有利位置而興隆。普通中小型酒店的投資有限，需注意擬建酒店基地附近的市政設施條件與改造計劃，以盡量利用原有市政設施使酒店的建設週期較短。大型酒店屹立新區，往往能促進城市市政設施的建設與發展。

一般酒店選址為保證旅客能安靜休息，應考慮近鬧市區卻避開喧囂，即鬧中取靜。特別是位於交通樞紐或航空港邊的中轉用酒店，應提高門窗的密閉性能和材料的隔音性能。

有的客人長期逗留的休、療養酒店與客人短期逗留的觀光酒店選址於風景區、海邊、山地等旅遊勝地或名勝古蹟旁，需研究交通設施設備條件、地形、風景特點及環境特點，選址需因地制宜。

二、酒店用地

酒店建設必須要有一塊大小合適的土地。這裡的「合適」是指需要與可能的統一。

酒店的規模大小與用地大小一般成正比。例如，建造一個擁有1000間客房的酒店用地要比建造一個200間客房的酒店用地大。

等級的不同對用地大小與基地的所在地段都有不同的要求。五星級酒店的完善設施要求酒店用地十分寬敞，但當其所在地段是商業繁華的市中心時，則用地也可能侷促。建在城市邊緣的二、三星級酒店的用地一般也是較緊湊的。

每一個城市的城市規劃均擬訂允許建造不同酒店建築的地段。有的在城市的中心區，有的在城市的邊緣，有的在郊區。

中國的土地是以每平方公尺計價出售的。按照價值規律，市中心區土地價格十分昂貴，大大高於其他地區。一個五星級酒店若要建在市中心區，首先得花很大費用去購買所需的土地。政府規劃部門按照國家計劃、規劃要求與土地位置的重要性提出該基地建造酒店時應有的規模、等級、容積率與覆蓋率等指標。

三、總平面指標

（一）容積率

容積率又稱建築面積係數。其概念是單位用地面積內建築面積的數量（地下部分面積不計）。

$$容積率 = \frac{地上部分建築總面積(m^2)}{用地面積(m^2)}$$

例如，上海賓館建築面積為44570平方公尺，扣除地下部分後，地上部分建築面積為42288平方公尺，賓館用地面積為10200平方公尺。上海賓館容積率＝42288/10200＝4.15。上海賓館容積率為4.15，也可以稱其為1：4.15。

在同一基地上，容積率越高，則建築密度越高或建築物高度越高；容積率越低，則建築密度越低或建築層數越少。

在人口稠密城市（如美國紐約、日本東京及中國香港等地）容積率可允許在10以上。

上海是人口密度很高的城市。上海市規劃部門草擬的容積率規定是：市中心地段容積率為8～12，區中心地段為5～7，一般地段為4～5。

中國國家計劃委員會1986年頒發的《旅遊酒店設計暫行標準》中對容稱率的要求是：「多層旅遊酒店一般在1：2～1：3之間，超過15層的旅館一般在1：4～1：8之間。」

（二）覆蓋率與空地率

覆蓋率指建築物的水平投影面積與用地面積之比率，又稱建築密度。

$$覆蓋率(\%)=\frac{建築物的水平投影面積(m^2)}{用地面積(m^2)}\times 100\%$$

例如，上海賓館的水平投影面積為4650平方公尺，用地面積為10200平方公尺，則：

$$上海賓館的覆蓋率(\%)=\frac{4\ 650}{10\ 200}\times 100\%=45.59\%$$

$$空地率(\%)=100\%-覆蓋率(\%)$$

$$上海賓館空地率=100\%-45.59\%=54.41\%$$

覆蓋率在一定程度上反映了旅館的環境質量。覆蓋率高，酒店周圍除了車道、停車位幾乎無空地，極少地面綠化只能以裙房屋綠化為補充，環境質量不理想；覆蓋率低有可能創造大片地面綠化，但是若無地下車庫所有車輛均在地面停放，則勢必降低環境質量。

建築物周圍的空地可以布置廣場、道路、停車場地、活動場地、庭園與綠化等。上海賓館由於廣場、道路與停車場地占用面積不少，致使綠化面積僅約1008平方公尺（即綠化係數為9.88%）。由此可見，覆蓋率小、空地率大，不一定就有較好的綠化環境。對於建築基本占滿用地範圍、覆蓋率大、空地率小的酒店，綠化面積更顯不足。

（三）綠化係數

為改善酒店的綠化環境質量，近年來又提出了綠化係數的概念。

$$綠化係數(\%)=\frac{綠化面積(m^2)}{用地面積(m^2)}\times 100\%$$

綠化係數作為規劃指標有利於促進設計中緊縮建築覆蓋面積，充分利用地下室，盡可能多留出綠化用地，以提高酒店的環境質量。

第三節 總平面設計要求

酒店總平面設計涉及景向、朝向、通風、出入口、交通、停車、消防、防噪音、供水、供電、排汙、煤氣、綠化、城市規劃與城市設計等多方面問題，是一項十分複雜的系統工程。這裡僅介紹酒店總平面設計的基本要求。

一、城市規劃與城市設計的要求

城市規劃與城市設計在某種意義上具有法律性、準法律性，往往對建築設計有一定約束。現代酒店的總體設計應滿足它們的要求，如設計構思與此約束條件緊密結合，可能產生新穎、獨特的現代酒店。

除了城市規劃部門提出要求之外，建造酒店還必須符合各種國家規範或地方上的規定與要求。例如，中國的《高層民用建築設計防火規範》第3.3.1條規定：「建築物周圍應設環形消防車道……」第3.1.6條規定：「高層主體建築的底部至少有一長邊或三分之一的周邊長度不應布置與其相連的高度在5公尺、進深在4公尺以上的附屬建築……」第3.2.3　條規定：「煤氣調壓站與附屬建築和主體建築防火間距為15公尺、20公尺、25公尺。」

城市對新建築（包括酒店）的固定噪音源有控制標準，以保障人民群眾的正常生活和身體健康。

【案例】

上海虹橋新區是位於市區與機場間的開發新區，規劃中有六項酒店用地，其餘為國際貿易中心、領館辦公、出租公寓及商業用地，第23號基地被確定為酒店用地。基地面積1590平方公尺、允許建築容積率為5，基地東南角有計劃中的地鐵線路透過，要求酒店高層客房樓離地鐵範圍線10公尺、基地主要出入口安排在遵義南路一側形體為塔式客房樓（如圖3-1）。

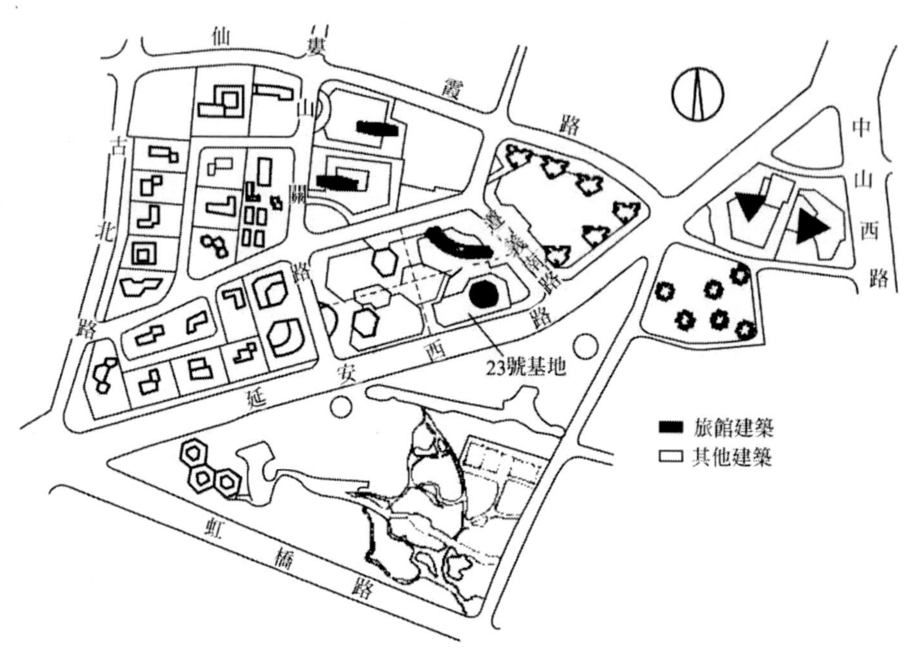

圖3-1 上海虹橋新區規劃總平面

根據此要求設計的揚子江大酒店是高36層的斜頂十字形平面客房樓與三層裙房集中式布局，總建築面積為49080平方公尺，實際容積率為3。為避開地鐵計劃線，其東南角為酒店前廣場作停車與綠化，酒店主要出入口與後勤出入口均在遵義南路，基本滿足城市設計的要求（如圖3-2）。

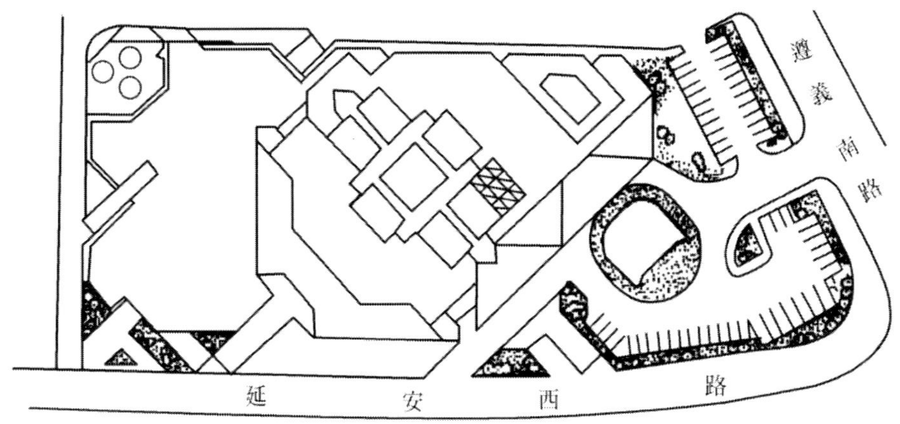

圖3-2 上海虹橋新區第23號基地揚子江大酒店總平面

二、景觀

城市酒店、風景區酒店在進行總平面設計時，盡量使客房獲得好的景向十分重要。其總體設計均需爭取優美的景觀。這不僅是酒店創造舒適環境以使客人獲得極大精神享受的重要方面，也利於酒店的經營，從而提高客房出租率和餐廳利用率；同時，還反映酒店的特徵。

「景觀」並非只指山河湖海等自然景色，還包括人文習俗、歷史文化、名勝古蹟與各種建築物、構築物形成的視覺形象。即使在城市中，錯落有致的低層建築屋頂、鑲嵌其中的小庭綠化和高層建築的天際線也構成充滿活力的畫面。

酒店總體設計對景觀應採取「嘉則收之，俗則屏之」的原則，客房樓和主要公共活動部分爭取朝向良好的景觀，盡量避免雜亂無章的場所映入客人眼簾。

【案例1】

位於自然風景區內的福州溫泉大廈將客窗作成鋸齒狀（如圖3-3），在爭取優美景觀上可謂「得天獨厚」。在總體設計中，尚需遵循的另一原則是：盡可能地保護自然風景。酒店與風景的對話是相互的，應互相添景。在總體設計中，如能對基地內的古樹、山石、古蹟等盡量保留，對基地附近的名勝古蹟盡量維持最佳觀賞視角，則酒店的形體自然豐富，且景觀也生成更多層次，出現風景中有酒店、酒店中有風景的交融境界。

【案例2】

西安唐華賓館位於大雁塔旁唐城風景旅遊區內、唐慈恩寺東界牆遺蹟之東，即環境影響區。該旅遊區工程以保護範圍和控制高度為法規性要求，並從建築風格、構圖中心、布局手法、園林綠化、俯視效果等方面研究，將擁有302套客房的唐華賓館作成以二層為主的低層旅館。其總體布局以大雁塔為空間構圖中心，客房單位靈活圍繞庭院，並注意與大雁塔保持視線聯繫，使大多數客房能欣賞到大雁塔側影。旅館主入口在南面臨風景區幹道、後勤服務部分及其出口在最東側，流線互不干擾。整個總體設計體現了下述指導思想：保護大雁塔環境、為旅遊區增色並具有現代功能與設施，可為旅客提供方便、舒適的生活條件（如圖3-4）。

在其他著名風景城市，如杭州、桂林等，也對建造量體龐大、形態生硬的多、高層酒店進行過抵制。為防止破壞自然風景，應在旅館的選址與總體設計中慎重地研究規模、量體、造型、視線走廊及色彩等。

總平面設計應注意提高酒店本身和外部環境的質量，如對各部分的噪音狀況作分區處理；注意防止外部和酒店內各種設備的噪音、煙塵、廢氣等對公共部分和客房部分的影響；同時，盡可能地減少酒店設備產生的噪音、煙塵、廢氣及汙水對外部環境、鄰近建築的影響，等等。

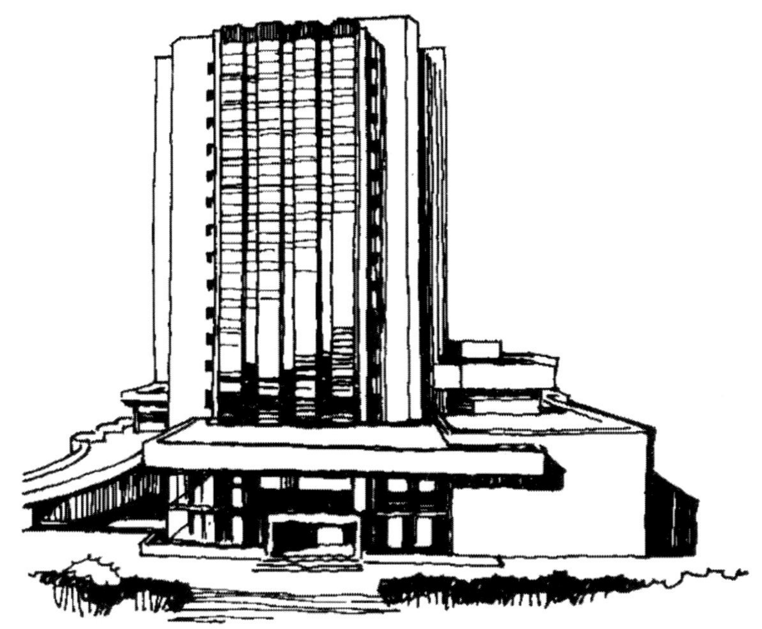

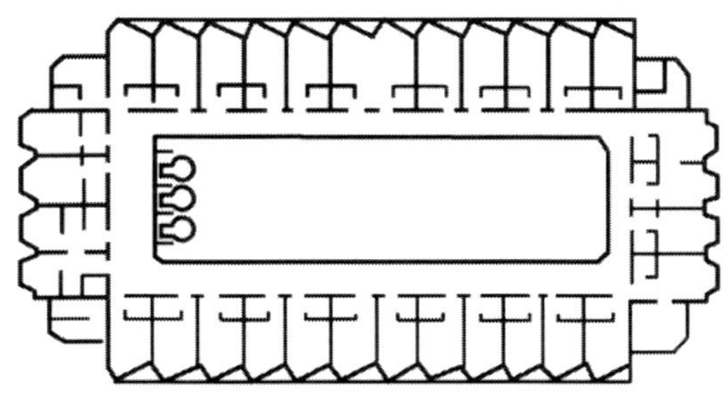

圖3-3 福州溫泉大廈

三、客人及內部出入口

（一）嚴格區分客人出入口與內部出入口

酒店設計中有兩條主要流線，流線設計的原則是客人流線與服務流線互不交叉以體現主次與效率。據此，在總平面設計中也需嚴格區分旅客的活動區、出入口、職工活動區、職工與貨物的出入口，見圖3-5。

外來旅客流線與職工內部流線在酒店內部體現了職工為旅客服務的關係，但在總平面上這兩條流線要求功能分區，特別是出入口應該嚴格分開，內外有別。

由於酒店人流、車流頻繁，為保證安全，各個出入口與城市道路均應有一定關係。酒店的汽車出入口應距離道路交叉口30～50公尺。如果酒店出入口所在的道路限制車行方向，則必須考慮出入口及車道方向是否與之相符。

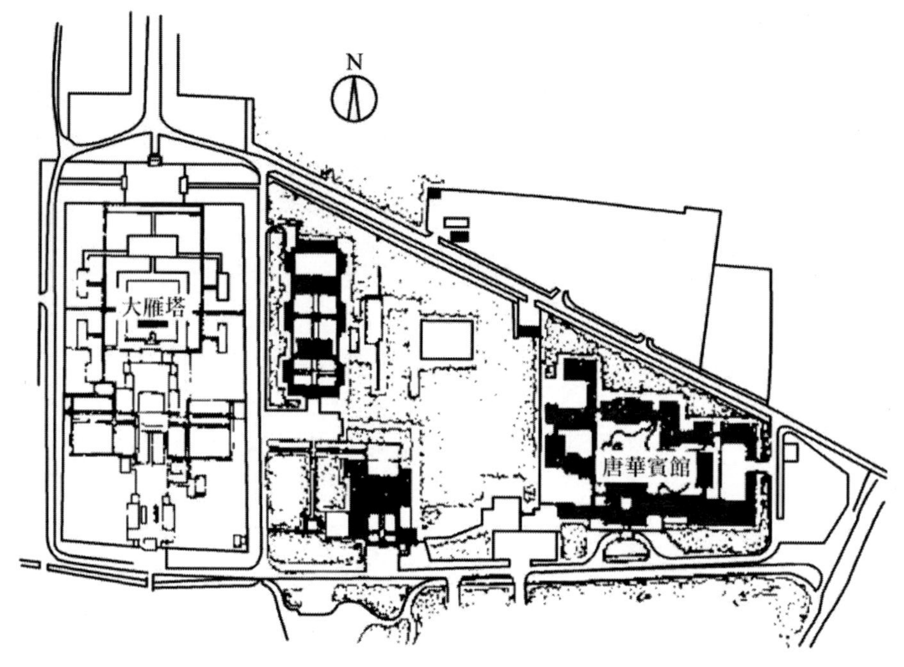

圖3-4 西安唐華賓館位於大雁塔旁唐城風景旅遊區總平面

規模大、等級高的城市酒店在基地條件許可下，為了向社會開放、提高利用率、增加效益同時保證客房部分不受干擾，常設置幾個不同功能的出入口。規模小的一般酒店為便於管理而常集中出入口，但過分集中也可能造成人流混雜而影響大廳或客房安靜，因此至少應將客人出入口與內部出入口分開。

在多功能綜合建築中，酒店占其中部分樓層，為使各種功能活動各得其所、相得益彰，酒店需對人單獨設出入口，並有設施可將客人迅速送達酒店的接待大廳。

1.旅客出入口

是最主要的出入口。宜在主要道路旁或建築中最突出、最明顯的位置，以方便乘車及步行到達的旅客進出。需有車道與停車位，一般旅館車行道寬至少5.5公尺，以便兩輛小客車通行，車行道上部淨空一般應大於4公尺，以保證大客車通過。當室內外高差大時，除台階外，還應設置行李搬運坡道。

現代酒店也應為殘疾人服務，提供無障礙設計，輪椅坡道一般為1：12，最大坡道為1：10，坡道的有效寬度應大於1.35平方公尺。

2.宴會客人出入口

大中型城市酒店常設此出入口。當向社會提供宴會等服務時，大量非住宿客人人流不致影響住宿客人的活動。

3.團體旅客出入口

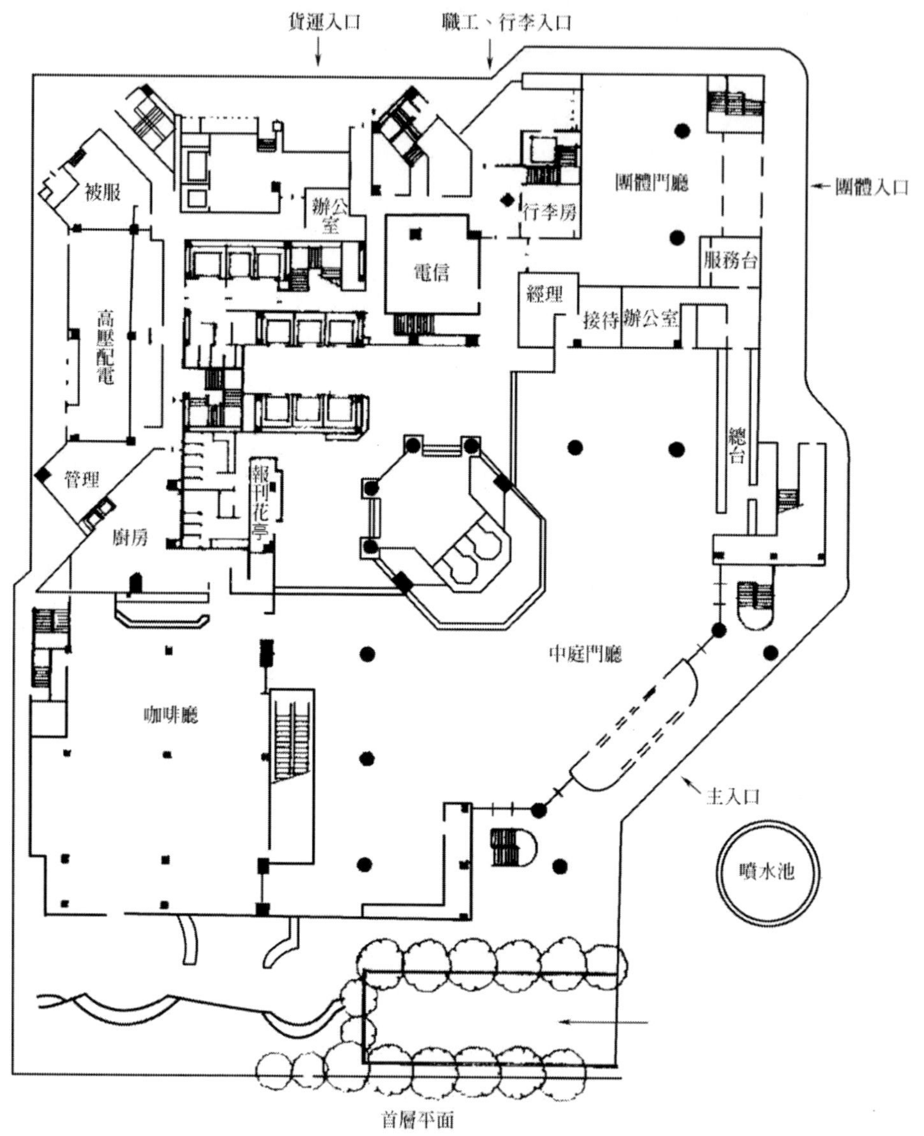

圖3-5 上海新錦江大酒店出入口設計

大型酒店設此出入口，便於及時疏導集中的人流，以減輕其他旅客入口的人流壓力。

4.職工出入口

位於內部工作區域；位置隱蔽，以免客人誤入；使用時間較集中；有的小型酒店將職工與物品出入口合併使用。

5.物品出入口

應靠近服務流線中倉庫與廚房部分；遠離旅客活動區，以免干擾客人。一般酒店需考慮貨車停靠、出入及卸貨平台。大型酒店需考慮食品冷藏車的出入，並應注意將食品與其他物品的平台與出入口分開，以利清汙分流。

另外，還應分設垃圾、廢品出口並位於下風向，與食品、物品出入口和平台分開。

各酒店應根據具體情況，在利於經營與管理的情況下設置出入口。

【案例】

上海新錦江大酒店是擁有727間客房、高達43層的超高層酒店，總建築面積為57330平方公尺，基地面積卻僅6800平方公尺，其總平面設計充分利用基地兩面臨街的條件，設置旅客主出入口、團體旅客出入口（臨長樂路）、職工與物品出入口，合理地將客人出入口與職工、物品出入口分離，互不干擾；同時因其主出入口前客車用地已很緊，另在瑞金一路接待室處闢地下通道，使步行客人能安全抵達酒店。

（二）強調主要出入口

主要出入口是酒店的形象標誌，遠道而來的旅客第一眼所見的入口將留下深刻印象。因此，總體設計中應強調主要出入口，以吸引旅客。同時，酒店的主要出入口應為更大範圍的外部空間創造有魅力的景色，並為旅客、市民服務。

大型城市酒店和郊區酒店有條件做主入口廣場或主入口庭園。總體設計中應強調廣場與庭園的外部空間序列，使之成為內外空間銜接的場所，也可以作為酒店內部空間的引言與序曲。廣場的標誌與藝術裝飾是酒店設計的畫龍點睛之筆。

有的入口廣場兼作停車之用。

一般酒店因用地緊，僅以伸出的雨棚突出主入口，此時，雨棚成了內外空間的交界處。例如，廣州花園酒店主入口前的落地拱架構成巨大的停車雨棚，20餘公尺寬敞而舒展的弧形天棚自有一種氣派，引得旅客和市民常在廣場駐足欣賞，見圖3-6。

四、組織合理、人車分流

現代酒店是人流、車流聚集之處，人流有住店客人、剛到客人、等候離去客人、來訪客人、宴會客人及酒店職工等。車流有大小客車、出租車、酒店專用車、貨車、消防車等。在發達國家，車流已成為主要問題；在中國，大多數酒店總體需要解決以人流和自行車為主的交通問題，接待外賓的旅遊酒店的交通組織除車流外，也需兼顧人流和自行車問題。

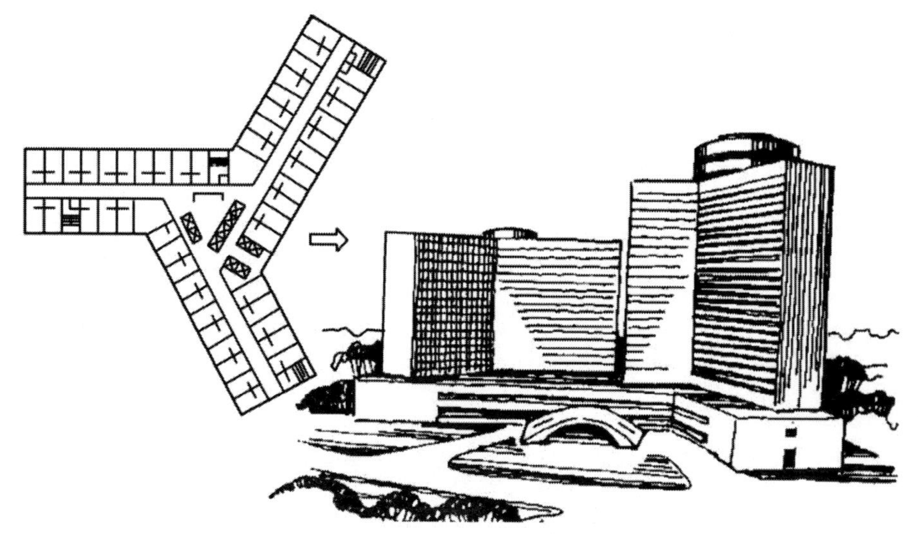

圖3-6 廣州花園酒店主入口前的落地拱架構成巨大的停車雨棚

酒店在總體規劃設計中，需根據基地條件、酒店功能所需的各出入口、城市道路功能要求，合理組織鄰近建築交通，將酒店內交通流線與外部城市道路的交通流線合成有機聯繫的整體；盡可能減少人流與車流之間、不同性質車流之間的交叉或干擾；減緩對城市幹道的衝擊；有足夠人流、車流的集散、停留空間；各種流線均需醒目、方便、快捷。

首先，需重視酒店出入口位置與城市幹道的關係。這將影響酒店的經營及城市幹道的交通秩序。不宜將酒店主出入口緊貼城市幹道或快速道路，如必須開在城市主幹道上，則應使出入口與城市主幹道交叉口保持適當距離。中國各地交通管理部門對此有具體規定，一般距交叉口停車線不得小於（交叉口出口段）50～100公尺（交叉口進口段）。

其次，總平面內應分為旅客服務空間、內部服務空間，兩者都有相對獨立的出入口與車道（其中為旅客服務的出入口常設小廣場以作緩衝、車道通向停車場所和城市道路）以輔助通道作有限聯繫。中國高層酒店按消防規範要求，需在基地內設環通消防車道，平時即作輔助車道用。

【案例】

北京國際飯店位於北京站前街、方巾巷與建國門內大街交叉口的東北角，飯店主要出入口臨建國門內大街，車輛出入口距交叉口約150公尺，人行出入口連接人行道。主出入口下有地下車庫，客人、車輛集散與停車成立體布置，關係較好。後勤服務空間在北側，有球形車道及裝卸空間、自行車棚，後勤出入口有小路與方巾巷相接。宴會出入口在方巾巷靠近基地的中段。聯繫各部分的輔助通道位於飯店西側，整個基地交通流線清晰合理，見圖3-7。

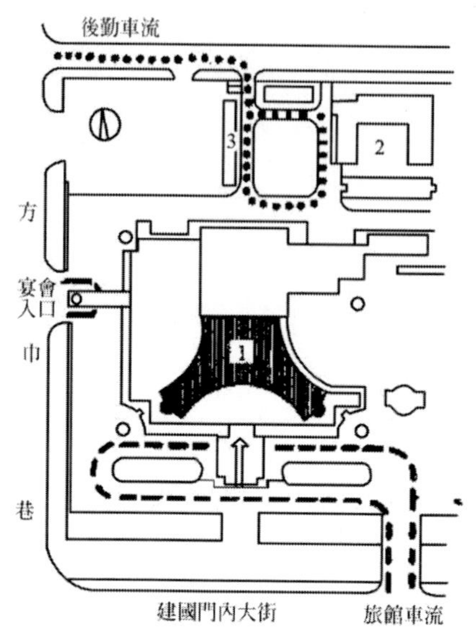

圖3-7 北京國際飯店總平面交通流線圖

1.客房主樓；2.後勤服務；3.自行車棚

為保證步行至飯店的客人的安全，飯店總平面應在旅館入口道路靠近建築一側與城市步行道相連通，並在飯店入口處放寬。例如，步行道與城市人行道必須間斷，應將間斷處選在離入口較遠的位置。步行道不應穿過停車場，需避免與車行道交叉。

五、確定總平面布局方式

酒店建築的用地一般與規模成正比，建築層數則常與用地成反比。在大城市內的酒店用地較緊張，其繁華地段更甚，大城市中心地段地價很高，允許酒店建造的容積率高達1：10以上。

中國實行土地公有制政策，按規劃安排酒店用地，並制定有關酒店的規模、等級與容積率等。容積率與酒店建築層數存在內在關係，1986年中國國家計劃委員會頒發的《旅遊酒店設計暫行標準》曾指出：「用地係數（即容積率）的一般控制數量，多層旅遊酒店一般在1：2～1：3之間，超過15層的酒店一般在1：4～1：8之間。」在城市中心部位新建酒店應採用集中式布局，不宜過多地退紅線、分散布局，應盡可能利用沿街部分對外營業，使建築和用地都獲得較好的經濟效益。

1980年代初，中國自己建設的城市酒店雖採用集中式布局，但設備用房（如配電室、鍋爐房等）仍單獨設置，且離開主樓有一定安全距離，從而造成了用地的浪費。1980年代中期，隨合資酒店的建設，引進了有安全裝置的設備，使其進入主樓，或在地下室，或上屋頂，有利於充分利用土地。近年，中國新建利用國產設備的酒店採取鍋爐房緊貼裙房，或設地下煤場、機械升煤，或其上方布置無人輔助用房等，旨在節約用地。

第四節 酒店建築總平面規劃

酒店建築的總平面布局有集中式總平面布局與分散式總平面布局兩種。等級高、基地大的酒店有條件採用分散式總平面布局。地處城市郊區的酒店也常常採用分散式總平面布局。基地狹小的酒店則經常採用集中式總平面布局。

一、分散式總平面規劃

這種布局具有功能分區明確，住宿環境寧靜而幽雅的特點。

【案例】

廣東中山縣中山溫泉賓館就是一例，見圖3-8。中山溫泉賓館坐落在中山縣羅三妹山南麓，附近有含硫溫泉，這裡山色俊秀，是旅遊與療養勝地。賓館採用分散式總體布局，客房部分位於東側，200多間客房分設丨幾幢2～4層的樓房之中，其中10幢是各有特色的別墅。公共部分位於中間部位，如餐廳、宴會廳、溫泉浴室等，並分別集中在獨立的建築物中。公共部分與客房部分有廊橋相連，構成一個具有中國特色的庭園。在總平面西側即下風向處布置鍋爐、變電、洗衣房與機修車間等內部用房，離外賓活動區較遠，煙塵與噪音不影響住宿旅客。

二、集中式總平面規劃

集中式總平面布局可分為兩種：水平集中；豎向集中。

第一種是酒店的客房部分、公共部分與服務部分均在水平向連成一片。它們按照功能關係、景觀方向、道路關係與出入口位置等因素有機組合。由於各類用房連成一片，使用上比分散式總平面布局緊湊、經濟；同時，各類結構互不影響。但有時會給自然通風、自然採光帶來困難，見圖3-9。

第二種是酒店的客房部分、公共部分與服務部分在豎向疊合。合理組織、充分利用豎向條件，豎向功能分區，各部分緊湊集中，形成了高層酒店的特點。

常見的豎向疊合方式是自下而上，見圖3-10。

地下部分——各類機房、服務用房、洗衣房、汽車庫等。

低層部分——門廳、四季大廳、餐廳、咖啡廳、酒吧、多功能廳、會議室、商場及其有關的服務用房。

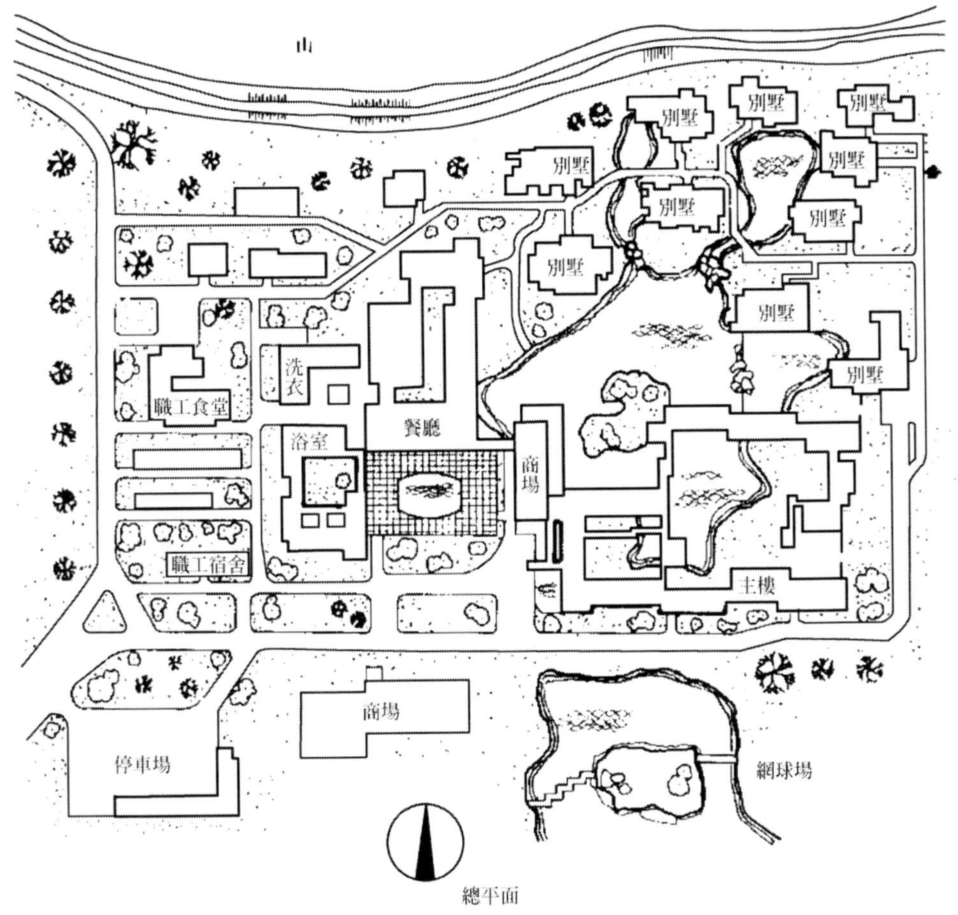

圖3-8 廣東中山縣中山溫泉賓館分散式總平面布局

高層部分——客房及其服務用房、頂層觀光餐廳、酒吧等。

豎向布局依靠電梯、自動扶梯垂直運輸，足夠的電梯數量、合適的電梯速度都必須予以重視。豎向疊合有時給大空間廳堂布置帶來限制，或給結構設計帶來複雜性。

中國國家計劃委員會《旅遊旅館設計暫行標準》指出：「新建旅遊酒店，除一級酒店外，一般應採用集中布局手法，充分利用地下設施，不宜過多地退紅線、鋪裙房、分散布局，強調園林用地等。」

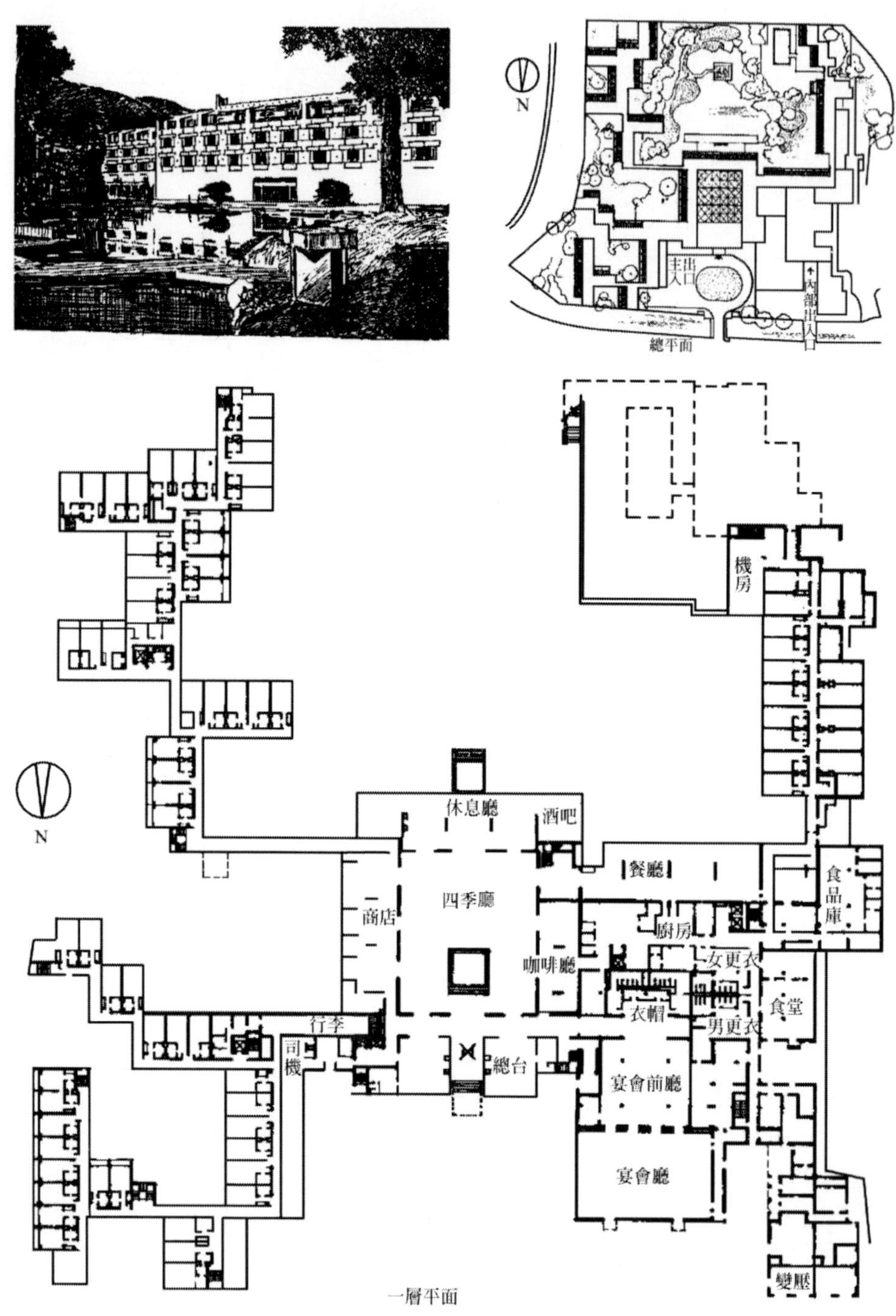

圖3-9 北京香山酒店集中式總平面規劃

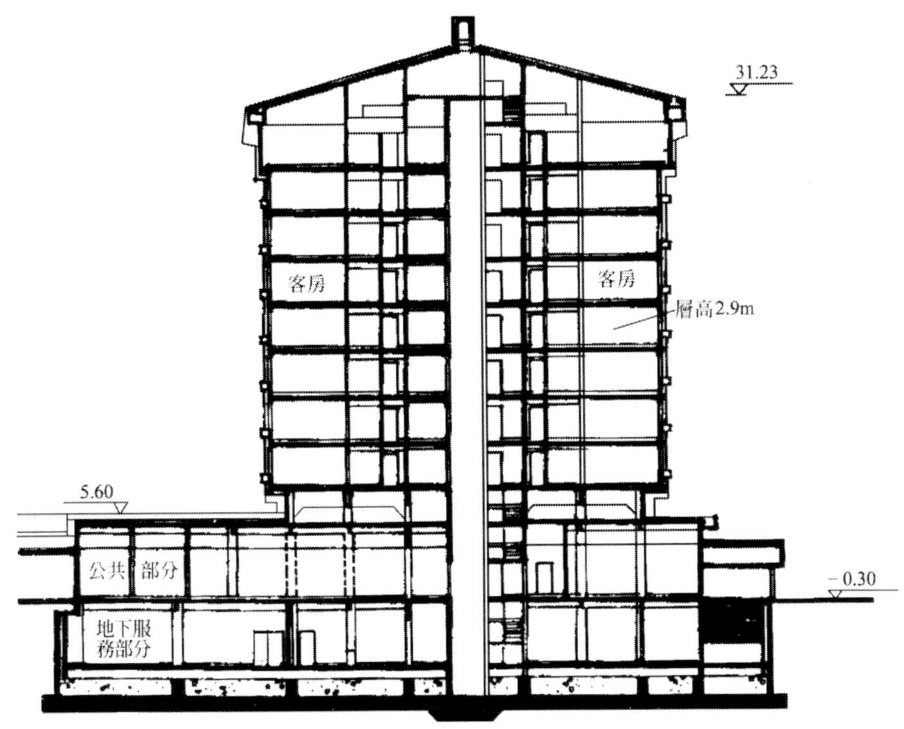

圖3-10 杭州黃龍酒店豎向功能分區

第五節 停車場、庫

酒店事業的發展必須以其他行業發展為依託，特別是航空、車站、碼頭的吞吐能力與城市的交通暢通。大型酒店停車場與停車庫明顯不足，致使占用道路影響交通暢通。

每個酒店為了經營必須有一定數量的停車場與停車庫。以接待團體為主的酒店，更需要有可停一定數量大客車的停車場地。據有關規定，旅遊酒店每間客房不小於0.2個小車位，高級賓館、酒店每間客房不小於0.3個車位。

上述「小車位」係指小轎車的停車位，可為有屋蓋的停車庫，也可為無屋蓋的停車場。由於覆蓋率限制及綠化係數的要求，停車場一般只能是與酒店前廣場相結合的停車場，因而一定會有不少小車位採用汽車庫的方式予以解決。

酒店汽車庫最好布置在地下室，這是由地面層商業價值高昂而造成的。北京長城飯店、上海錦江文華大酒店的車庫均設在地下。

中國1985年頒布的《汽車庫設計防火規範》規定：「地下停車位超過25車位的停車庫，汽車疏散出口不應少於兩個。出入坡道一般為1：10～1：12。」

地下車庫的造價高，也給防水工程與施工帶來困難，因此有的酒店就獨立建造多層汽車庫。例如，南京金陵飯店建造了獨立的四層車庫；上海太平洋大酒店設置了獨立的二層車庫。

停車場（庫）的停車面積指標，小轎車每輛約為22～35平方公尺，大轎車每輛約為36～80平方公尺。其幅度大的原因是與停車場地大小、形狀、停靠方式及行駛坡道的坡度等有關。

單輛小轎車停車尺寸一般為2.5公尺（寬）×5公尺（長），大轎車停車尺寸一般為3公尺（寬）×11公尺（長）。

中國酒店總平面設計中還應考慮酒店職工自行車的停車場地。據有關資料統計，停車量宜按酒店職工總人數的20%　～40%計算。每輛自行車的停車面積可按1.4～1.8平方公尺考慮（包括間距通道等）。

第六節 庭園綠化

在酒店總平面中，庭園綠化是很重要的組成部分，它不僅可以增強酒店建築外觀的表現力、增加親切近人的尺度與形象，還為旅客提供了可以休息、觀光、陶冶性情的優美而引人入勝的人工環境。有時，酒店的庭園綠化還提高了所在街區的城市環境質量。在炎熱地帶，它抵擋強烈日晒；在寒冷地帶，它顯得生機勃勃。

酒店總平面庭園綠化可分為下列幾種類型：

一、廣場綠化

酒店的入口廣場是旅客對其最先的印象。入口廣場需供車流交通、人流集散，是安排車行道、步行小廣場和停車場的地方，可供綠化的面積不大。但是，為了突出入口形象，即使是用地十分緊張的酒店，也常在入口廣場組織景點，或以噴水池為主配以花壇，或以盆栽、樹叢為主，也有的以一池草地襯托著一組雕塑……從而增加迎客的氣氛，見圖3-11。

二、庭園綠化

總體上建築宜相對集中，留出日照條件較好的有一定面積的部位布置庭園，這將大大提高酒店的身價。較大面積的庭園可有風格、有層次地表現優美景觀，旅客可漫步其中，悠悠然左顧右盼、駐足欣賞，也可在低層公共活動部分，透過大玻璃窗，從各個角度觀賞庭園風光。當旅客到達客房後，仍可從客房窗中看到庭園綠化。庭園綠化提供的視覺環境也是酒店為旅客提供的優良服務。

庭園綠化國際上有三大派系，即幾何規則的歐式庭園、起伏而優美的日式庭園（如圖3-12）和自然舒適的中式庭園（如圖3-13）。

圖3-11 日本東京太平洋大酒店

圖3-12 日式庭園

中式庭園又有北方園林、江南園林與嶺南園林之別。

酒店中的庭園往往體現酒店所在地區或投資酒店的集團所在國家的文化傳統和園林風格。廣州白天鵝賓館的庭園是嶺南園林風格。中日合資的上海太平洋大酒店客房南面則為日式庭園。

圖3-13 中式庭園

三、觀賞林花園

有的酒店在公共活動部分的外側布置面積不大而精緻的綠化小庭園，使低層餐廳、休息廳有生動的綠化借景。旅客在室內可觀賞綠化，雖不進入其中，卻能獲得良好效果，見圖3-14。

圖3-14 觀賞林花園

四、屋頂花園

在酒店用地緊缺的條件下，有的多層、高層酒店運用公共部分的屋頂（裙房部分屋頂）布置屋頂花園，以彌補地面綠化的不足。屋頂花園可與公共部分的宴會廳、休息室、健身房、游泳池、咖啡茶座等相連。屋頂花園的樹種需選擇，一般以盆栽淺根植物為主。例如，日本福岡博多新大谷酒店就設計了屋頂花園（如圖3-15）。

圖3-15 屋頂花園

作為酒店的外部空間，庭園綠化中的鋪地、噴水、瀑布、建築小品、燈具、家具、雕塑及標誌等，都是其組成部分。

思考題

1.什麼是酒店的總平面設計？

2.酒店的總平面設計包括哪些內容？

3.什麼是酒店的容積率、覆蓋率、空地率和綠化指數？

4.酒店總平面設計的要點是什麼？

5.對酒店的出入口的要求是什麼？

第四章 酒店客房設計

客房一般占酒店建築總面積的50%～60%，是酒店建築的主要功能部分，也是酒店經營收益最主要的來源。客房設計和設施是否完善，直接影響酒店形象和出租率；同時，客房是旅客生活的主要空間，是酒店建築中最具私密性的空間，應創造出寧靜、和諧的休息環境和「家」的氣氛。客房的設計和裝飾是以旅客在客房中的行為科學研究為基礎的。由於酒店的使用目的不同（如商務酒店、觀光酒店、娛樂酒店或其他酒店），其客房各自有不同的功能特點；旅客團體因組合方式不同，如旅遊團、俱樂部、家族成員或個人外出旅遊等，對客房的要求也各異；旅客在酒店逗留時間不同，對客房的要求也不相同。旅客在客房中的行為分別有休息、眺望風景、閱讀、書寫、會客、聽新聞、聽音樂、看電視、用茶及點心、儲藏衣物食品、沐浴、梳妝、睡眠以及與酒店內外的聯繫等。因此，客房設計應針對酒店的使用目的、等級、主要服務對象的要求等進行具體規劃。

第一節 客房的設計要求

客房應根據氣候特點、環境位置、景觀條件、良好的朝向設計；應考慮家具布置，家具設計應符合人體工學、方便使用和利於維修；客房室內色彩及裝修宜簡潔、協調；客房的室內擺設一般以床為中心進行布局，一般格式多是：床靠牆，避開門，其他空間可放梳妝台、電視架及行李架等。

隨著人類文明的發展，許多發達國家對殘障人士的權益、處境日益關注。近幾年，歐洲出現了專供殘障人士使用的酒店，在較高級酒店中還出現了供殘障人士專用的客房。殘障人士用的客房應布置在便於輪椅進出的交通線最短處。客房內通道有足夠寬度供輪椅車進出；浴廁間入口處需放大尺寸供輪椅車轉彎；在牆壁、浴缸、洗臉盆、便桶邊增設牢固扶手，扶手分水平段與垂直段，以便殘障人士隨處扶靠；門均有自動裝置；警報系統周詳，等等。中國《旅館建築設計規範》指出：「旅館建築的坡道、出入口、走道應滿足使用輪椅者的要求。」在中國《評定旅遊涉外酒店星級的規定和標準》中，對從三星至五星的酒店建築都要求設「殘障人士設施」，並規定：門廳有殘障人士坡道；有專為殘障人士服務的客房，該房間內設備能滿足殘障人士生活起居的一般要求。

客房的設計應遵循安全、經濟、靈活、舒適四項原則。

一、確保安全原則

客房的安全主要表現在防災、治安、保持客房私密性等方面。

（一）防災

據資料統計，酒店在城市公共建築中火災率最高，其中，因客人在客房內吸菸不當引起的火災占很大比例。客房空間小，失火時易充滿煙霧使人窒息，而警報又有時間間隔，因此客房的警報與早期滅火是酒店消防的重要環節。

現代酒店客房的防火措施如下：

1.設置可靠的火災早期警報系統

煙感警報、溫感警報與自動噴灑警報是當前常用的警報系統，在高層酒店，根據消防規範，有的需設感應警報與噴灑警報兩個系統，一般位於客房頂棚中央。

2.減少火災荷載

火災荷載係指酒店內可燃燒的建築材料、家具陳設、布件衣物等荷載的總和。客房內應盡量減少可燃性建築材料及易燃的窗簾、床罩等織物，中國近年也試製成功阻燃性織物可供做客房的窗簾、床罩。

3.客房門背後張貼《疏散路線指南》並備手電筒，以備旅客緊急疏散用。

4.施工期間應堵塞一切必須分隔的牆洞，以確保管道井的水平分隔及豎向風管的自動消防閥的有效性能。

（二）治安

中國酒店客房的治安重點是客房門鎖，目前房門鑰匙常由客房層服務台保管，分層服務台也有一定的警衛作用。近年國外研究成功的電子門鎖不僅利於節能，也利於治安。

（三）客房的私密性

客房作為旅客租用的房間，應具有相當的私密性，安靜、不被干擾，表現出特定的安全感。酒店等級越高，對客房私密性的要求越高。

1.客房門的位置與隔音。低層和多層酒店客房層可採用走廊兩側錯開客房門的手法，以避免客房門直接相對引起的干擾，從而加強客房的私密性。

高層酒店則普遍採用葫蘆形走廊，加大客房門之間的距離，使門前形成不被走廊干擾的小角落。客房門本身採用實心板門以利隔音。

2.提高結構與裝修材料的隔音性能。

3.加強客房層服務管理制度，如經客人同意後服務員方能進入客房，待客人外出再進行清潔、維護工作，使用擦玻璃機擦窗前預先通知可能影響的客房等，避免客房服務對客人的干擾。

二、注意經濟性原則

提高客房實際使用效率十分重要。裝修設計應以「物盡其用」為原則，不同使用部位、不同使用方式有不同的要求。例如，家具宜盡量減少不必要的抽屜；常接觸的部位宜採用不易碰壞、易清潔的飾面材料；離人遠的一般牆面可選用壁紙；行李架後牆採取保護措施；損耗較大的地面可選用塊狀耐磨的人造地毯，等等。

隨著經濟建設中「逐步提高固定資產折舊率、縮短折舊年限」理論的推廣，在酒店的設計與經營中也宜參考國外經驗並結合本國國情制定材料、設備的更新年限。

一般來說，酒店家具與衛浴設備的維修量大，為便於互換添補，均應盡量減少規格品種，以減少備品備件的種類與數量。備品以白色為宜，彩色者易出現壞一件換全套的問題，依靠毛巾、浴巾、化妝品、茶具等物品的色彩仍可創造浴廁間的色彩。

三、保持靈活可變性原則

客房設計的靈活性包括客房空間的綜合使用及可變換使用兩方面，即客房的空間使用效率。綜合使用表現空間區域的多功能、高效率。可變換使用是指適應市場的變化客房類型、內部布置也有變動的可能性。

一般採取設靈活套房、雙床房中加沙發床等方法。當床寬1公尺、床頭櫃高0.5公尺時，客房淨進深（不包括浴廁間）為4.6～4.8公尺。

短期可以兩間客房合用一個浴廁間，客房可以是一個三床房、一個雙人間帶浴廁間；也可以是一個起居間與雙人間組合。

四、滿足舒適度原則

客房的舒適程度包括對旅客的生理、心理要求的滿足，有物質功能與精神功能兩個層次，並反映酒店的等級與經營特點。

經濟級酒店客房需滿足客人基本的生理要求，保證客人的健康；舒適級、豪華級酒店除了提高室內聲、光、空氣的質量處，還需進一步從環境、空間、家具陳設等各方面創造有魅力的室內環境。影響舒適程度的因素非常多，可從生理、人體工學、心理諸方面歸納到健康與環境氣氛兩大類。

客房提供的健康的物質條件包括：適當地控制視覺、聽覺與熱感覺等環境刺激，即隔音、照度及全空調空調設計；一般級酒店則用採光與通風等措施調解。

（一）隔音

1.客房噪音來源

室外噪音源：城市環境噪音。

相鄰客房噪音源：電視機、空調機、電冰箱、電話、門鈴、旅客談話、壁櫃取物、門扇開關、扯動窗簾等。

客房內部噪音源：上下水管流水、馬桶器蓋碰撞、扯動浴簾、淋浴、空調器及冰箱等。

走廊噪音源：客房門開關、旅客談話、服務車推動、電梯上下及電梯門開關等。

其他噪音源：空調機房、排風或新風機房及其他公眾活動用房等。

2.噪音容許標準和隔音標準

為保證人們生活和工作的環境安靜，國際標準化組織提出過不同場所的噪音容許標準。它以噪音評價標準值（NR曲線）表示，城市級酒店客房的NR值希望在30以下（NR值基本與中心頻率為1000Hzr的分貝測量值一致，如NR值為30，即1000Hz頻率的容許噪音為30dB）。

中國《旅館建築設計規範》提出：客房中空調噪音應比允許噪音低5～10dB，這樣才不致產生空調噪音的干擾；並對離出風口1.5公尺處的客房空調系統噪音標準做了規定：我們認為可以按酒店的等級建立不同的允許噪音標準。

3.客房設計中應予重視的隔音問題

樓板隔音：鋪設地毯或其他軟性覆蓋物是減少樓板撞擊噪音的較好方法。

分隔牆隔音：採用磚牆或輕質隔牆分隔房間要達到隔音標準並不難，但必須注意兩個客房之間的電氣盒不能在隔牆的同一位置連通，如果無法在平面錯開，就應上下錯開安裝，以防串音。

客房還切忌與電梯井道直接相貼，在方案設計中就應避免，並需防止風管之間的串音等。

窗扇隔音：窗縫密閉，並按隔音採用一定厚度的玻璃。

門扇隔音：為提高客房私密性，一般已不留送報門縫、不採取走廊送風方式；環繞中庭的客房門扇宜增加「密閉條」使門縫密閉。

（二）日照與照度

1.日照

太陽輻射既產生熱能又滅菌健身，對客房衛生有利，但由於旅客逗留時間短、對日照要求不像住宅、風景區休療養酒店的要求那樣高，一般酒店不可能採用與它們一律的日照標準。全空調酒店設計不強調客房日照，但客房需有自然採光窗，至少可知時間、天氣的變化，以接受自然的訊息。

2.照度

一間良好的客房是舒適、愉快的視覺環境，是由室內設計與照明設計綜合形成的。客房照度包括客房與浴廁間的照度。按國際照明學會標準，客房照度為100lx。中國有關規範指出一、二級旅館客房30～50lx；三、四級為50～75lx；五級為75～100lx。

國際上也有推薦客房內分區照明的，客房照度50～100lx，閱讀面的照度標準更高。

近年來，隨著浴廁間的作用的發展，其照度要求也愈來愈高，為利於化妝，國際照明學會的標準是70lx，有的豪華客房浴廁間在旅客面部的照度大於200lx。中國規範：一、二級酒店浴廁間75～100lx；三、四級100～150lx；五級150～200lx。

（三）空調

現代酒店為克服多變氣候帶來的不舒適感，多數採用人工氣候，保持一定的空氣溫度、溼度和氣壓，以保證客人的健康。空調的溫、溼度設計標準與室外氣候有關，各國均有國家規範與規定。不同等級酒店的參數不同，以節約能源。

客房普遍採用風機盤管系統，管線標準因等級而異，豪華級酒店客房採用四管制風機盤管系統，隨時可自由選擇冷風或熱風。舒適級、經濟級酒店客房採用二管制風機盤管系統。

空調設計中另一重要問題是新風量，實際上是二氧化碳的濃度問題。即使是經濟級酒店，亦應滿足衛生標準，建議二氧化碳最大允許濃度為0.1%。

（四）環境氣氛

客房是酒店的基本組成部分，是旅客逗留的私密小天地。雖然，旅遊業的發達、設施設備的雷同使當前流行的酒店客房難免大同小異，但有心的建築師和業主仍千方百計透過室內設計創造與眾不同的環境氣氛，在有限的空間中表達文化、經濟、技術、人文習俗、異國情調，以求給人留下深刻印象。

從迎合旅客心理需求出發，客房具有鮮明的地方文化傳統特點和濃郁的鄉土情調，使客人產生新鮮感。

空間的有限決定了客房室內設計的特點是將「形式語言」濃縮提煉、演化到有實用價值的家具、燈具、陳設小品等方面，所以家具承擔著相當的反映文化的重任。

因造價的原因，城市經濟級酒店客房常從市場採購家具，陳設較簡單，設備種類較少。風景地酒店客房常選用富有當地地方特色的手工家具，物美價廉、別有風韻；舒適級、豪華級客房則是專門訂製加工家具、陳設等，投資昂貴、效果獨特。

（五）設備條件

客房中現代設備對創造舒適的環境氣氛起著重要作用，等級越高，設備越齊全。

電話是客房的基本設備，客房電話透過直線撥號與世界各地聯繫已成豪華級酒店的新要求。另有酒店專用電話可供語言、文字有障礙的旅客按動鍵盤就能與服務、洗衣等有關部門聯繫，以便上門服務。呼喚系統能使旅客及時找到服務員，一般設在床頭，高級的客房浴室也設該系統。

備有音樂、新聞、商情等多種頻率的音響系統可給客房帶來生機。電視與閉路電視也是旅客消遣娛樂的主要內容，開關控制、頻道選擇、遙控微調等反映了不同等級的舒適程度。

客房空調設備的微調、客人自由調節室溫以達主觀感覺最佳狀態也是豪華級客房的特點。

當今世界酒店業正以與發展新技術同步的速度不斷引進新技術、更新設施設備，而且更新的週期越來越短，酒店也已成為開發、引用新技術的巨大市場之一，客房設備將影響酒店的管理和旅客的習慣。

當前引人注目的客房新設備是電子塑膠卡和客房電視、電腦系統以及寬頻網路。客人可透過電視、電腦直接使用酒店的各種設施，如向餐廳訂餐、選擇飲料、預訂機票和下一站酒店、租汽車、結付房租費用、定時叫醒和留言等。商務旅客的住房可配自動電話、電腦和傳真機，可隨時使用這些設備，電子塑膠卡可自動錄下應付款額並記入客人帳上……這些服務均與以電子卡為基礎的電子系統相連。電子卡、電腦、寬頻網路、自動控制等高技術將使豪華級酒店客房的方便舒適程度達到新的水準。

第二節 客房層平面類型

城市郊區風景區酒店，規模多數為中、小型，低層，占地面積較大，採用庭院式布局，使酒店融合在自然之中。其客房層平面設計自由、豐富、靈活多變，或順乎地形、不惜為保留山石古樹而曲折；或取法民居，層層迴廊天井；造型簡潔者由綠化庭園補充、環繞，平面複雜地掩映在自然之中，錯落有致。其建築材料取自當地，施工方法較為簡便，一切因地制宜，客房層平面亦無模式可依。

高層酒店位於城市，用地有限，布局緊湊而集中，其客房層平面設計在經濟合理的原則下除滿足使用、結構、設備等功能要求外，尚需綜合考慮所在地區的環境、氣候等條件，「由內到外、再由外到內」地進行設計。由於功能使用的雷同、結構與設備體系的規律、客房層平面自身疊合在造型上的作用，使多、高層現代酒店的客房層平面可歸納為直線形平面、曲線形平面、直線及曲線複合平面三大類。

一、直線形平面

以直線構成的客房層平面為最常見者，具有設計、施工方便，造價較低的優點。

（一）「一」字形平面

「一」字形平面較緊湊、經濟，交通路線明確、簡捷。

1.走廊一側布置客房

適於多層和低層的中、小型酒店，尤以海濱、風景區酒店為多，能使絕大多數客房有良好景向，但走廊面積占客房層面積比例較高，經濟性差。突尼斯杜拉克酒店大樓造型呈大鵬展翅形，由於形狀奇特，酒店成為該城市的標誌之一（如圖4-1）。

圖4-1 突尼斯杜拉克酒店「一」字形一側布置客房平面

2.走廊兩側布置客房

這是最常見的酒店客房層平面，集中體現「一」字形平面經濟、簡潔的優點。適於大、中、小型各種規模的酒店，客房層平面效率較高，但走廊兩邊客房的景向不一。作高層酒店時，迎風面大，橫向剛度較其他類型差。美國丹佛希爾頓酒店就是走廊兩側布置客房的（如圖4-2）。

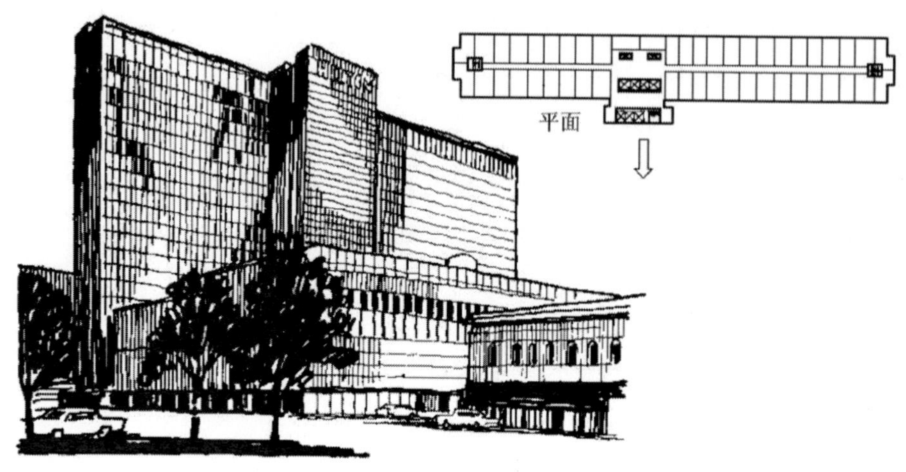

圖4-2 美國丹佛希爾頓酒店「一」字形走廊兩側布置客房平面

3.複廊式「一」字形平面

客房層平面加大進深，將客房置於矩形平面四周，開敞明亮，交通及後勤服務位於複廊之間，平面效率較高。因橫向剛度大、構件規整，適於高層酒店。福州溫泉大廈酒店（如圖4-3）、北京燕京酒店、上海國際貴都大酒店、日本東京池袋太陽城王子旅館的客房層均為複廊式「一」字形平面，廣州白天鵝賓館則是複廊式「一」字形變體、菱形客房層平面。

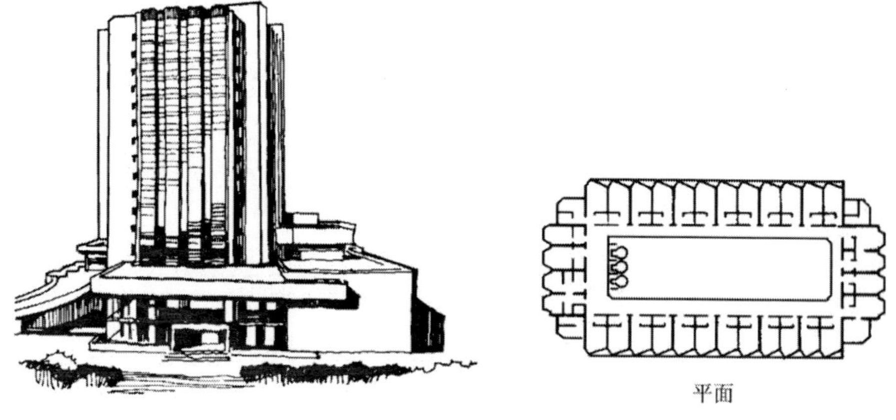

圖4-3 福州溫泉大廈酒店複廊式「一」字形平面

（二）折線形平面

客房層由互成角度的兩翼組成，呈折線狀。平面緊湊、內部空間略有變化，交通樞紐與服務核心常位於轉角處。其平面兩翼可長可短，適於圍合廣場或城市空間的基地，兩翼短者更適於高層酒店。

1.直角相交的L形

L形客房層平面需防止陰角部位兩翼客房的互視——視線互相干擾的問題，常在陰角轉角設交通服務核心，或客房作鋸齒斜窗。

北京西苑酒店有709間客房，客房層採取鋸齒L形平面，避免了視線干擾（如圖4-4）。

2.鈍角相交和多折形

具有折線形平面的優點，且客房視野開闊，避免了互視問題，適於大、中型酒店（如圖4-5）。

（三）交叉形平面

客房層由幾個方向的客房交叉組合而成。通常在交叉處設交通、服務核心，縮短了旅客和服務的路線。平面效率較高，客房易爭取良好景觀，但用地面積較大，適於大中型城市和市郊酒店。結構剛度好，唯交叉內角應力集中，施工較複雜。

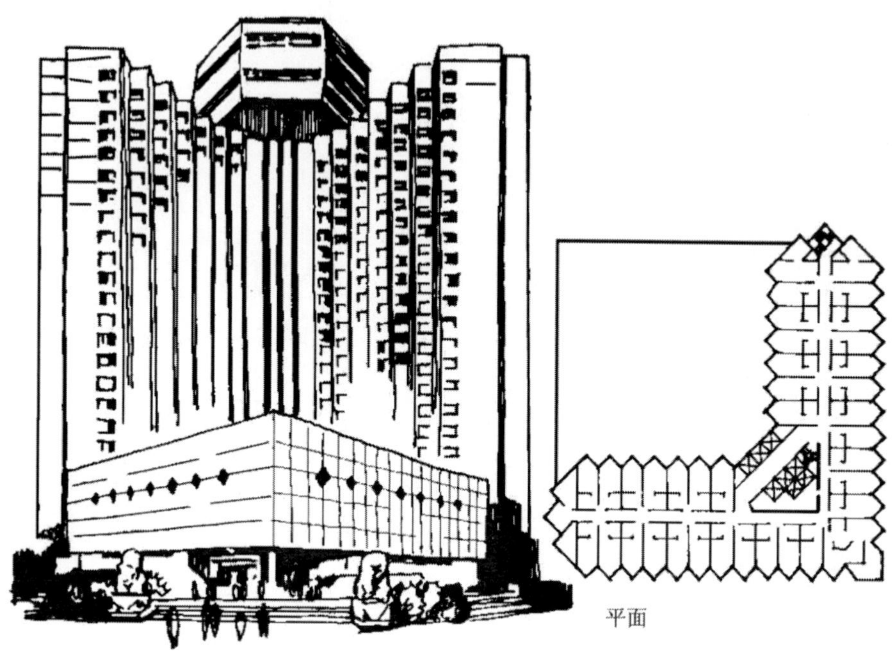

圖4-4 北京西苑酒店L形客房層平面

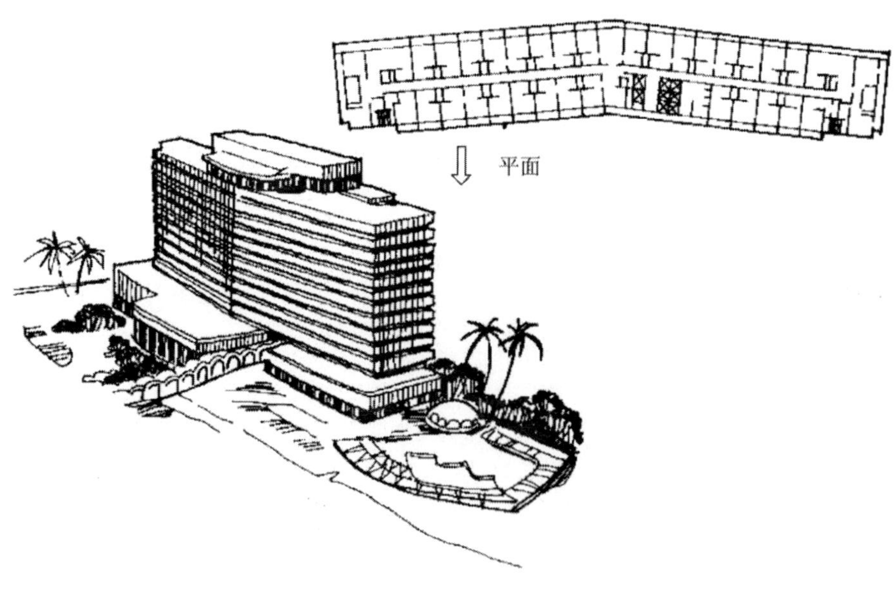

圖4-5 菲律賓馬尼拉酒店鈍角相交客房層平面

1.丁字形和十字形平面

均具有旅客集散方便、服務方便的優點，但應防止陰角部位相鄰客房間的視線干擾，以求良好日照與採光。

墨西哥瑪麗亞依莎貝爾酒店是丁字形客房層平面，21層，共有客房502間（如圖4-6）。

圖4-6 墨西哥瑪麗亞依莎貝爾酒店丁字形客房層平面

上海揚子江大酒店是十字形平面客房層平面，建築面積5000平方公尺，共36層，設有客房605間。大樓頂部設計成38°斜面，使其造型別具一格（如圖4-7）。

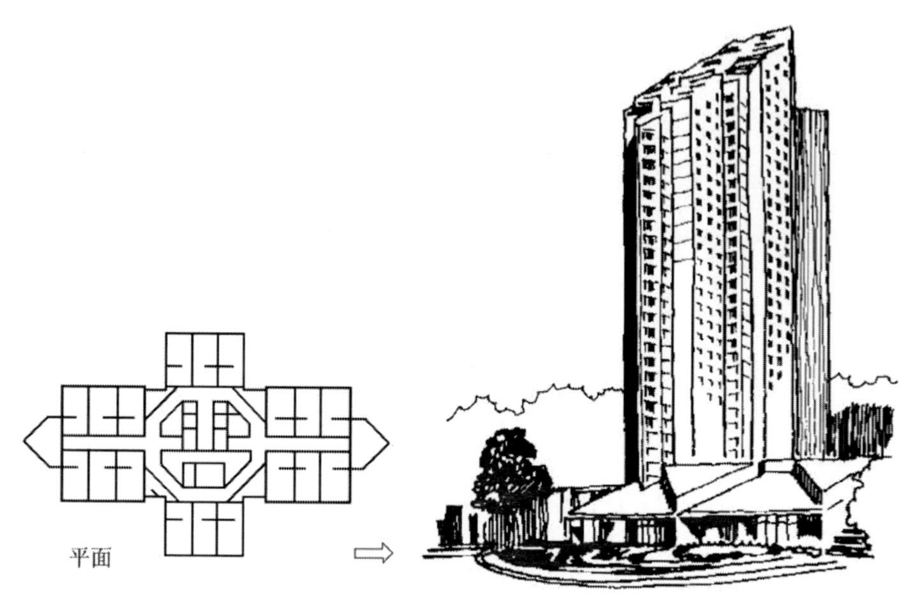

圖4-7 上海揚子江大酒店十字形客房層平面

2.Y形（三叉形）

具有交叉平面的優點，且客房視野開闊、客房平面效率高。三翼客房長者，適於市郊和風景地的低層和多層酒店；三翼短者，適於城市酒店，往往是高層。美國希爾頓酒店集團早年曾建不少Y形酒店（如圖4-8）。英國倫敦平面為Y形的希爾頓酒店，三翼端部凸出弧形懸挑的平台，強調了樓主體的豎向線條，建高層顯得高聳挺拔（如圖4-9）。

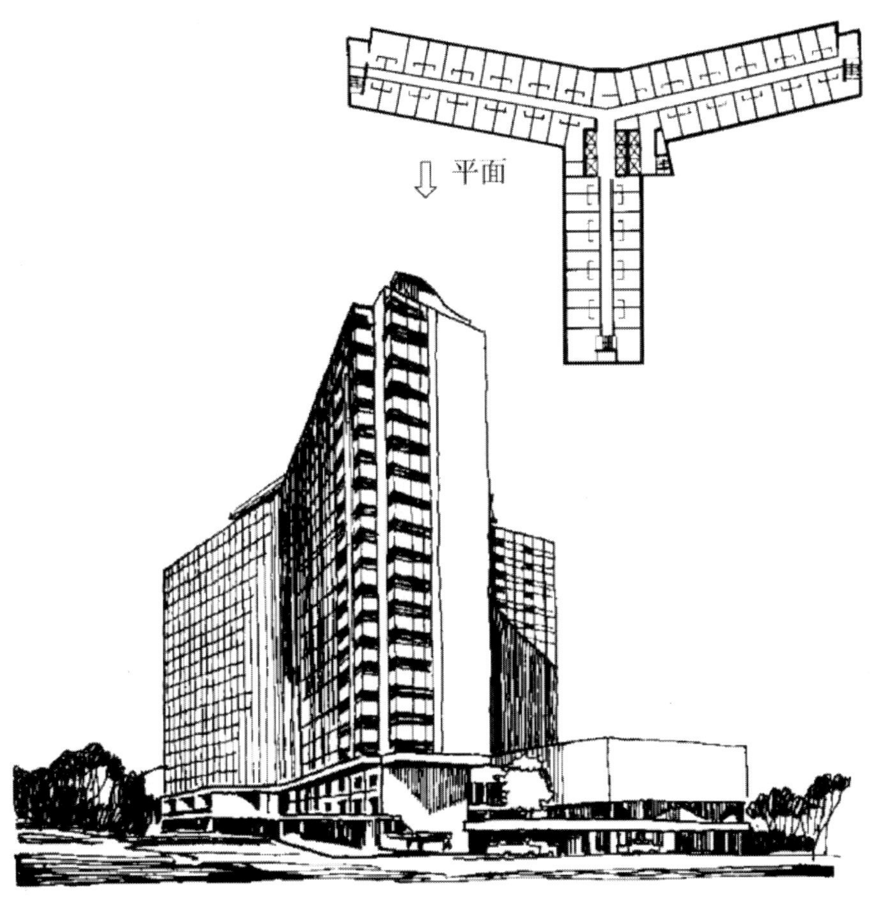

圖4-8 美國希爾頓酒店平面為Y形

（四）並列形平面

並列形平面由「一」字形單廊與複廊結合而成，二者錯開則成Z形平面，兼有單廊與複廊的優點，交通服務核心居中，平面略有變化。其構件規整、便於施工，適於大、中型城市酒店（如圖4-10）。

（五）塔式正幾何形平面

1.方形

常用於方整、狹小基地，交通服務核心居中，外牆四邊為客房。因核心面積有限，外輪廓尺寸不宜過大，否則提高核心部分占客房層面積的比例，不經濟。常見方形客房層平面每層約20～28間。法國里昂索弗爾特國際酒店和美國喬治亞萊根賽哈塔豪斯酒店即方形客房層平面（如圖4-11）。為豐富造型，方形客房層平面在四角或中段略加變化，成變體的方形平面，如上海新錦江大酒店、南京金陵飯店和美國紐奧良酒店（如圖4-12）等。

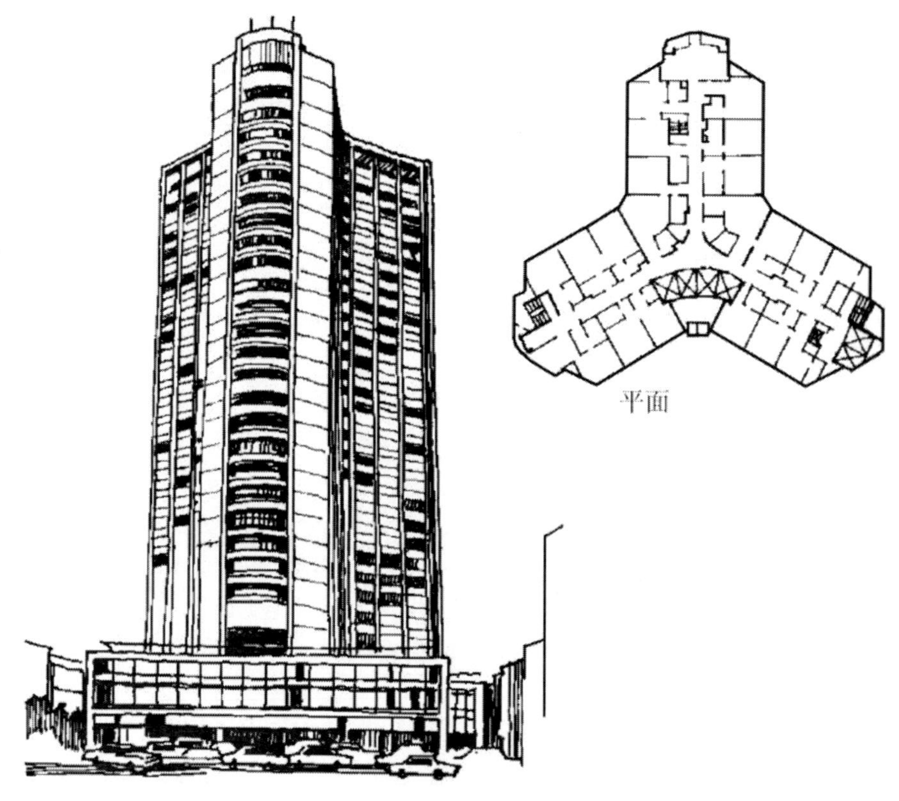

圖4-9 英國倫敦希爾頓酒店平面為Y形

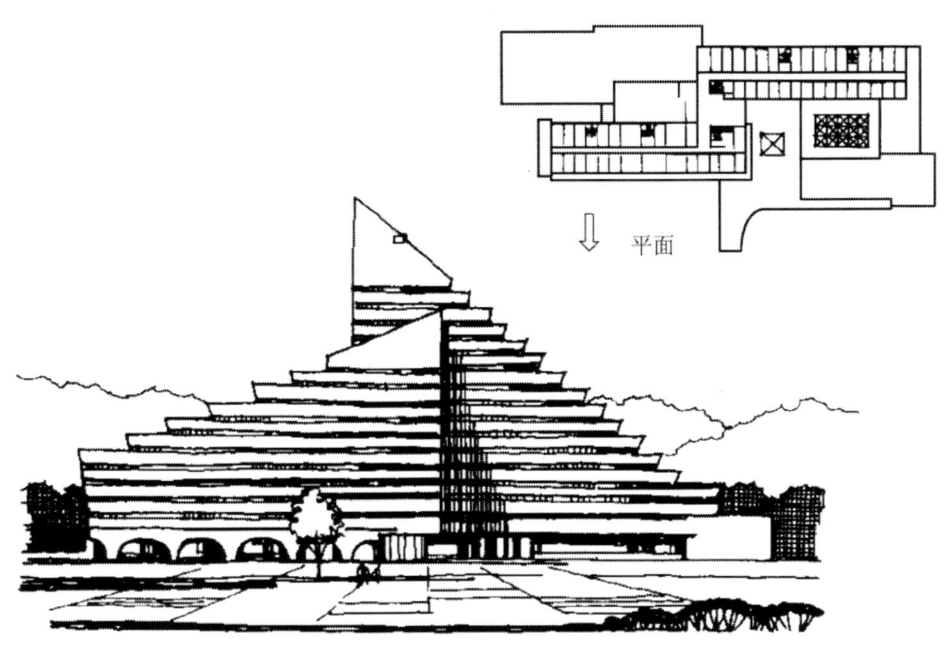

圖4-10 大連開發區銀帆賓館並列形平面客房層

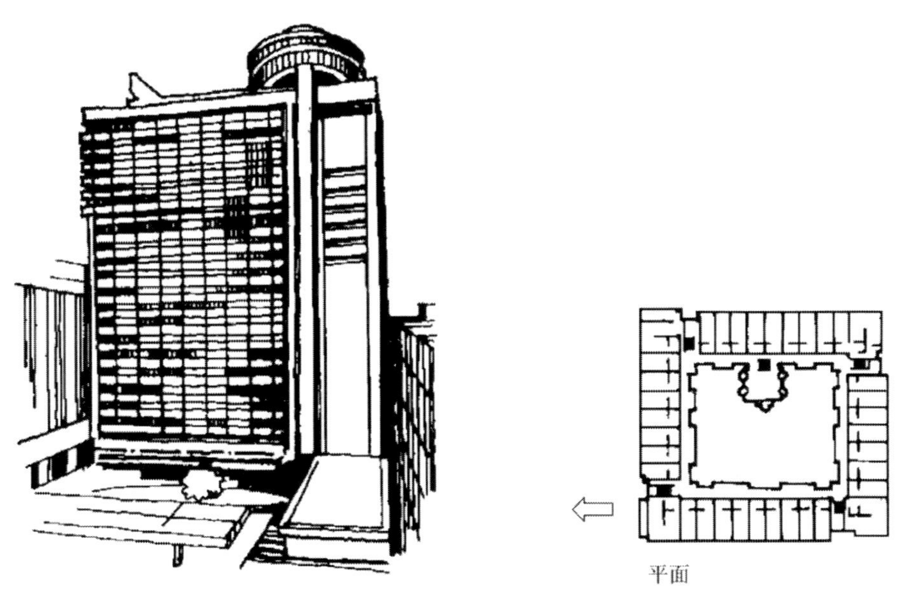

圖4-11 美國喬治亞萊根賽哈塔豪斯酒店方形平面客房層

圖4-12 美國紐奧良酒店方形平面客房層

2.三角形

三角形客房層平面一般每層20～24間，同樣的客房層面積其服務核心所占比例小、平面效率高。客房視野開闊，易取得良好的景觀。隨角度處理的不同，略有變化。

上海靜安希爾頓酒店是三角形客房層平面，建築呈蝶形，外牆面凸凹，並設兩部室外觀光電梯，鋁板幕牆使造型富有生氣（如圖4-13）。

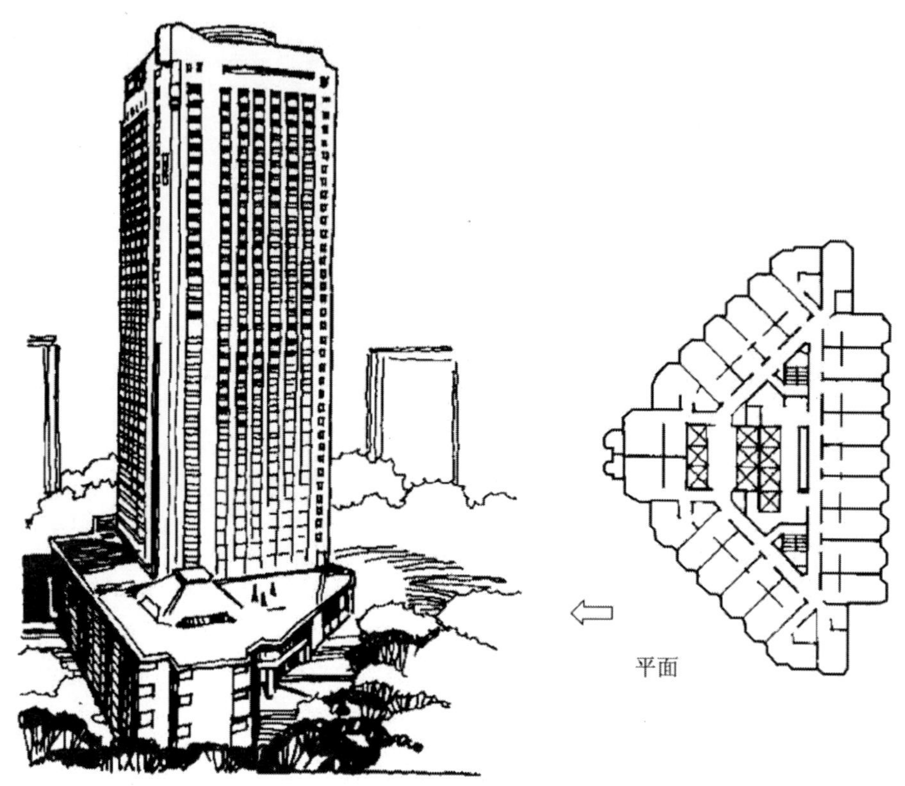

圖4-13 上海靜安希爾頓酒店三角形客房層平面

3.多邊形

在方形、三角形或圓形平面的基礎上，變化、發展出多邊形客房層平面，兼有各原形的優點，但結構、施工較複雜。杭州友好酒店大樓就是六邊形客房層平面，共有客房236間（如圖4-14）。

（六）圍合形平面

這是以「直線邊」周圈圍合的客房層平面，中央是內院或中庭，除了客房有良好的景觀外，走廊一側又提供了動人的內院或中庭景色。

香港富豪酒店瀕臨尖東海邊，能遠觀海景，近眺海邊公園，建築地上16層，地下4層，總建築面積43000平方公尺。設有餐廳、咖啡廳、宴會廳，底層為商場。酒店共有客房601間。低層的挑檐上設有花槽，懸垂的花草與建築周圍的公園綠化互相呼應（如圖4-15）。

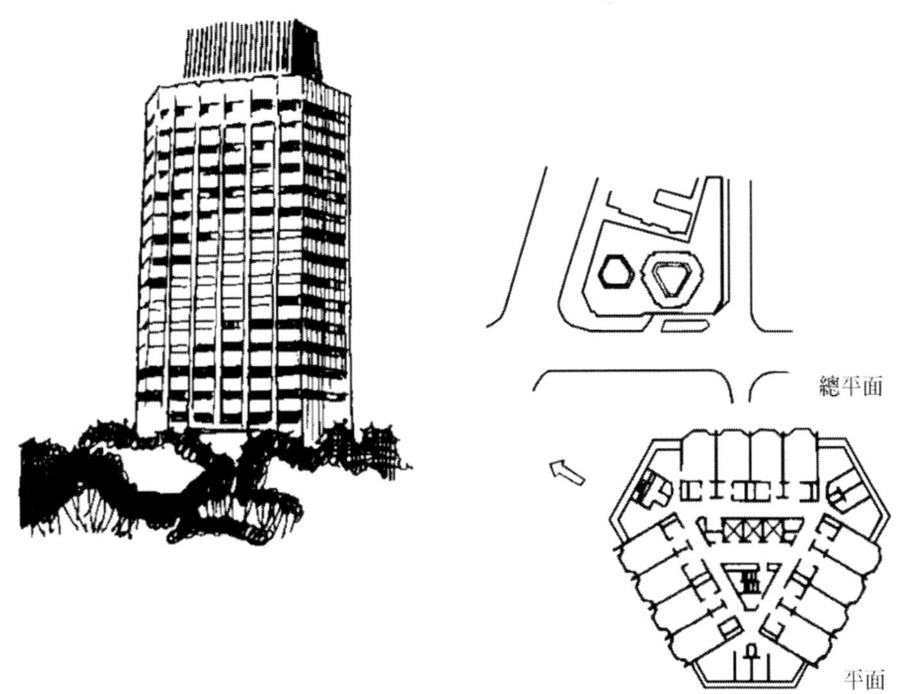

圖4-14 杭州友好酒店六邊形客房層平面

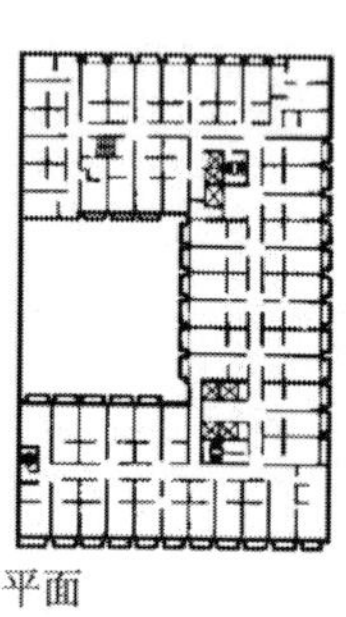

圖4-15 香港富豪酒店圍合形客房平面

現在，周邊客房圍合中庭已風靡全球。舊金山凱悅攝政旅館已久負盛名；北京奧林匹克酒店的方形周邊式客房圍合著11層高的中庭；俄羅斯旅館是一幢超大規模的旅館，在莫斯科河畔建成，其客房達3182間，有5886張床，口形平面的中間有多功能大廳，建築以12層為主，部分22層（如圖4-16）。

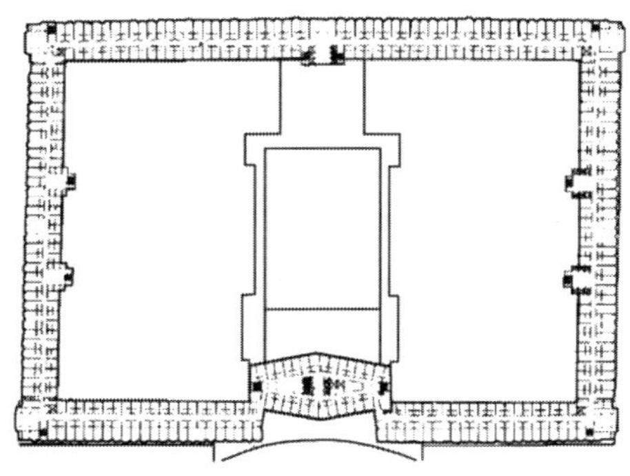

圖4-16 俄羅斯莫斯科俄羅斯旅館圍合形客房平面

（七）直線組合形平面

複雜的直線組合形客房平面，適於基地很大的低層、多層酒店，或是基地形狀特殊的城市酒店。其每層容納客房數可達上百間，人流組織較複雜，交通路線較長，有時需設兩個以上電梯廳和多個服務間。

北京崑崙飯店（如圖4-17）、廣州華僑酒店均採取直線組合形平面。中國大量低、多層酒店亦用此類平面。

二、曲線形平面

在特定的環境中，曲線形客房層疊合成的曲面塊體效果突出，因此，雖引起設計、施工複雜和工程造價相應提高，但世界各地從城市到休療養地仍建造了許多曲線形平面的酒店。

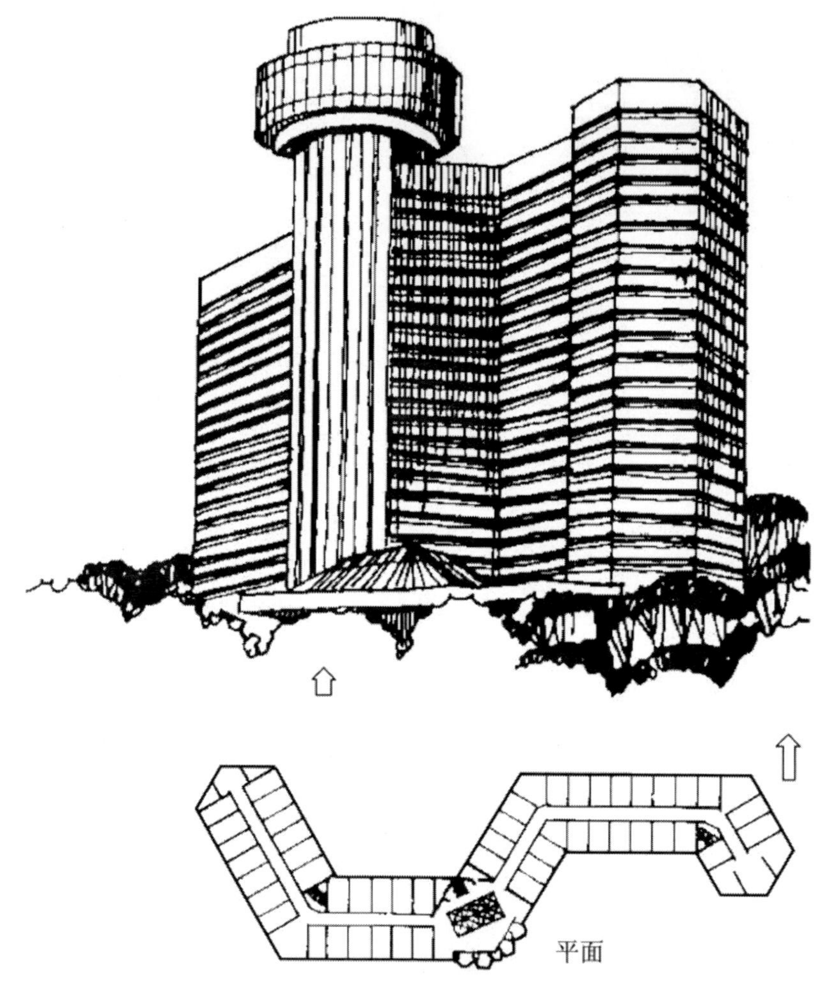

圖4-17 北京崑崙飯店直線組合形客房平面

（一）圓弧形

即由一段或數段圓弧形客房組成的客房層平面，一般有很大的基地面積供展開圓弧，每層客房間數可多達近百間，其功能特點與「一」字形平面相近，但交通路線長。圓弧形平面對廣場的城市空間有圍合的空間效果，如印尼雅加達酒店，見圖4-18。

（二）S形平面

由正、反兩段圓弧形連接形成的S形客房層平面為展現圓弧需要更大用地，適於大型酒店，其對設計、施工的要求很高。上海華亭賓館建築平面為S形，大樓的一端逐層收縮呈台階形，共28層、1018間客房，建築面積79100平方公尺，見圖4-19。

（三）圓形

圓形客房層平面是曲線形中最簡潔的形式，與其他幾何形相比，同樣的客房面積，其核心最省、交通路線最短。客房呈放射狀，向外的客房窗弧度最長，較方形客房有更開闊的視野，但客房入口處較狹窄，難以按常規布置客房壁櫃和浴廁間管道井，有的酒店將這二者移位，如壁櫃設在床側、管道井平行走廊等。

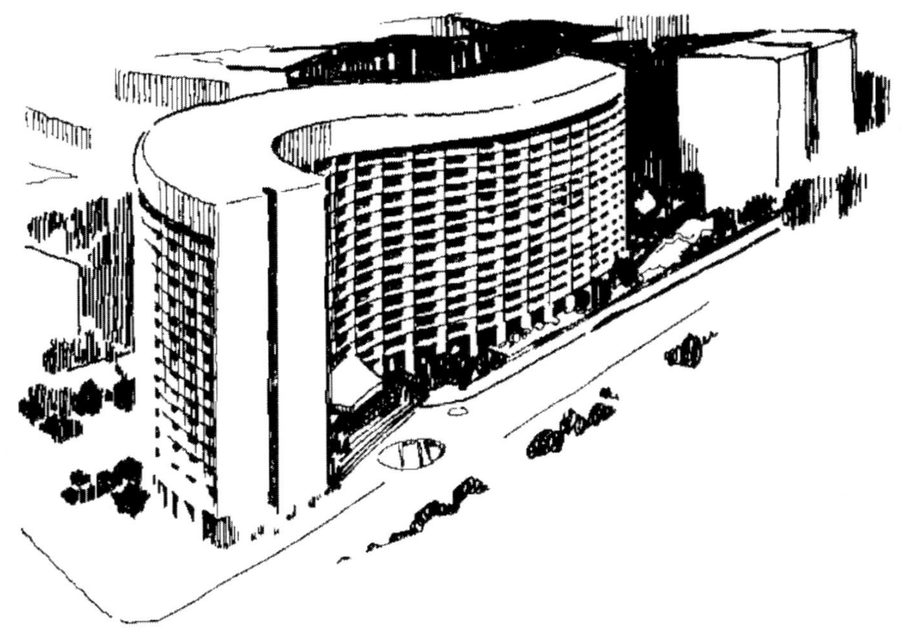

圖4-18 印尼雅加達酒店圓弧形客房平面

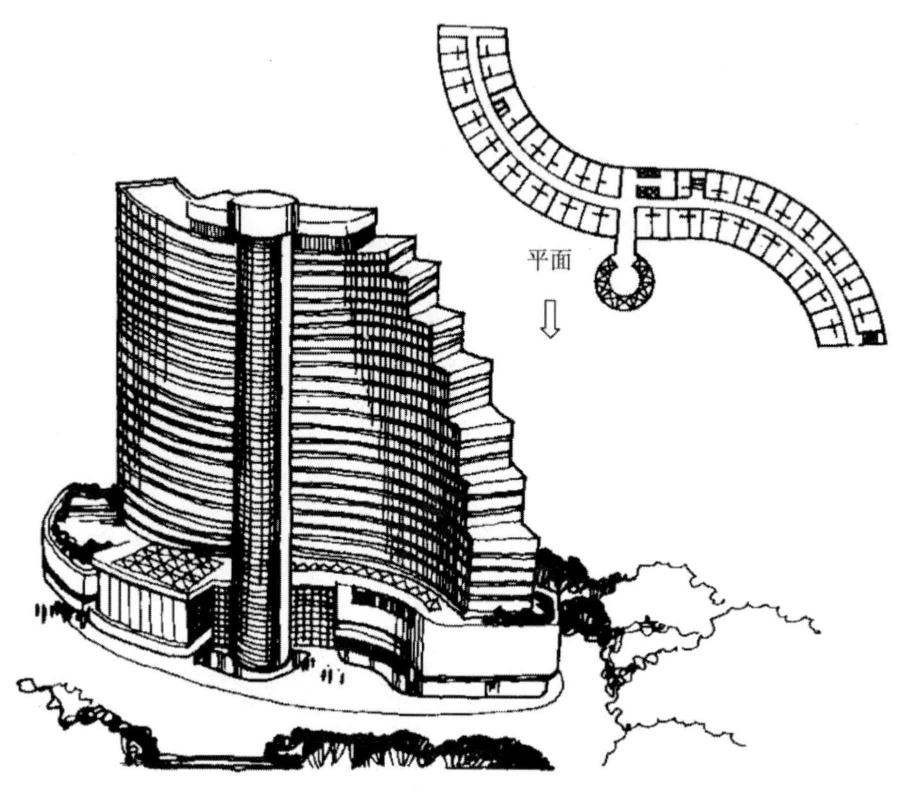

圖4-19 上海華亭賓館S形客房平面

圓形平面大小不一、各有特點，高層圓塔式平面一般每層20～24間，中間為緊湊而齊全的交通服務核心，如美國芝加哥瑪麗娜城塔式公寓，共有60層，下部的18層為螺旋形車庫，可停450輛車，上部42層為套住宅公寓，見圖4-20。

圖4-20 美國芝加哥瑪麗娜城塔式公寓圓形客房層平面

（四）橢圓形

橢圓形客房層平面是「一」字形雙面廊和菱形複廊的曲線化，其平面具有這二者的特徵，且客房之間的隔牆基本平行，在一定程度上克服了圓形平面客房不規整的缺點，但外牆面的弧度漸變仍使施工複雜化。因此，雖適於大、中型高層酒店，卻並不多見。法國巴黎協和拉法葉酒店造型呈橢圓形優美曲線，總高度130公尺，共有1000間客房，見圖4-21。

（五）曲線交叉形與曲線三角形

曲線交叉形中有曲線三叉形、曲線風車形等，平面有與直線交叉形一樣的優點，但設計、施工均相當複雜。

曲線三角形是將三角形邊作成圓弧曲線，平面效率很高，自核心向外，走廊與外牆均為曲線，施工複雜。深圳西麗酒店（如圖4-22），共23層，建築面積達1600平方公尺，客房225間，平面呈雙弧形，立面呈錯落狀。上海虹橋賓館（如圖4-23），共29層，客房648間，外牆呈弧形，轉角處外凸並採用牆面。

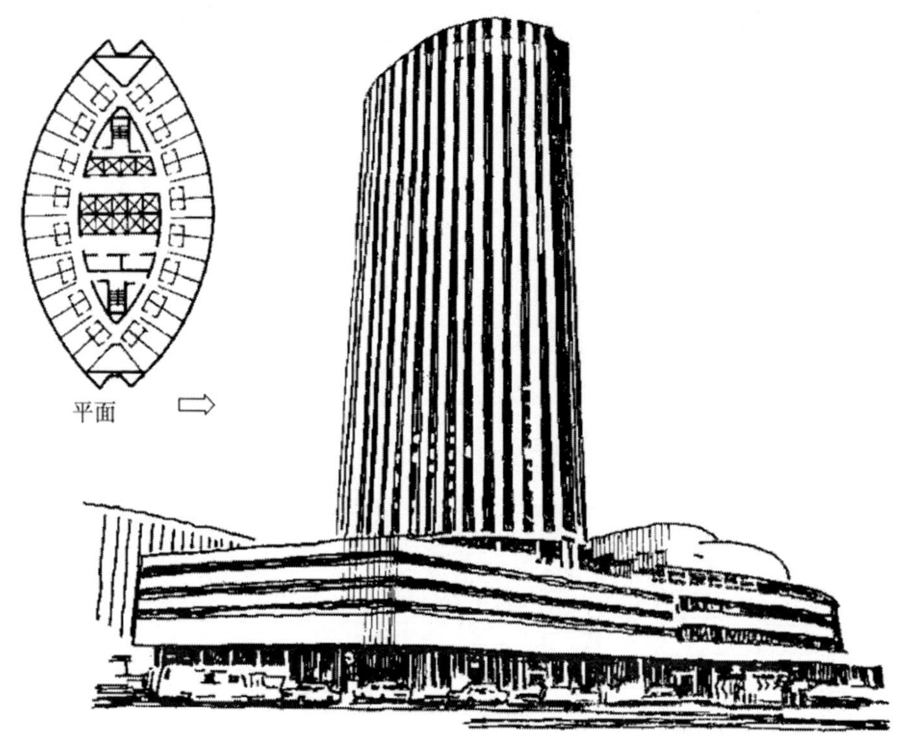

圖4-21 法國巴黎協和拉法葉酒店橢圓形客房層平面

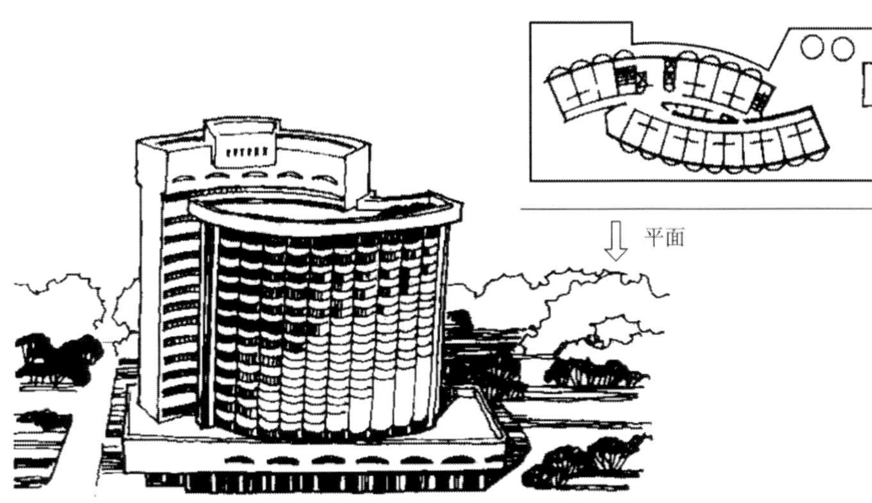

圖4-22 深圳西麗酒店曲線三角形客房層平面

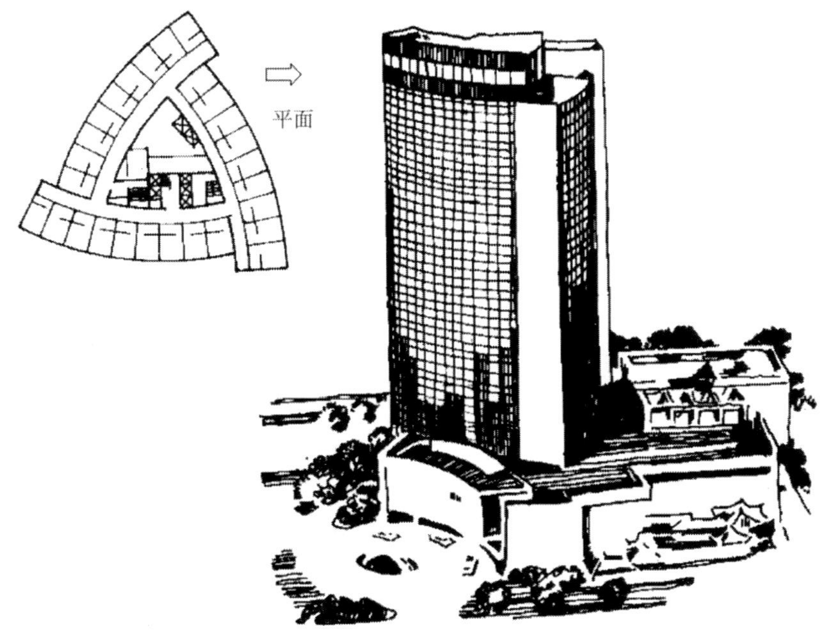

圖4-23 上海虹橋賓館曲線風車形客房層平面

（六）曲線組合形

由多種曲線組合成複雜的客房層平面，往往因為需要奇特的造型效果而產生。如日本九州鹹湖旅遊酒店臨海修築，平面呈曲線組合三翼形狀，不論從哪個角度看，造型都是賞心悅目的（如圖4-24）。

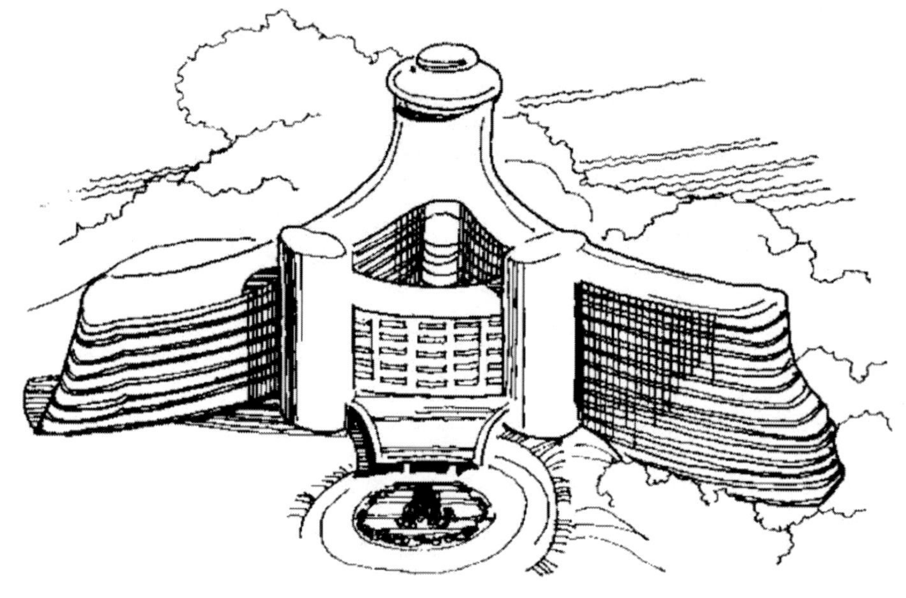

圖4-24 日本九州鹹湖旅遊酒店曲線組合成複雜的客房層平面

三、直線與曲線複合平面

（一）直線形平面的局部曲線化

為增加客房樓形體的變化，常採取將直線形客房層平面局部曲線化的手法，既保持該直線原形的優點，又爭取以少量的變化得到較好的效果。新加坡史丹福瑞士酒店（如圖4-25）是著名設計師貝聿銘的作品，高度70層，這是當時世界上最高的混凝土結構酒店建築，應用平面與曲線相接的組合，即半圓與三角形組合，人們能從不同角度觀察大廈並具有不同的視覺效果。貝聿銘能巧妙地運用各種幾何形體來構圖，尤其善於運用三角形，華盛頓美術館東館、甘迺迪總統圖書館暨博物館以及瑞士史丹福酒店都成功地運用了三角形構成方法。

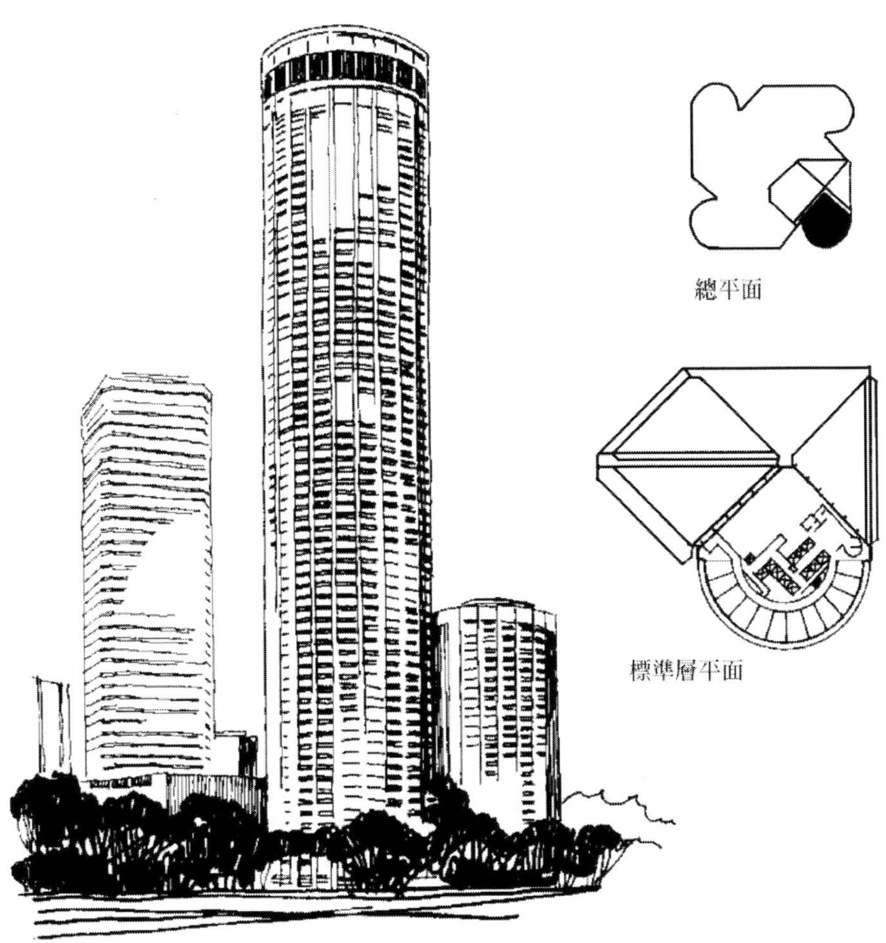

圖4-25 新加坡史丹福瑞士酒店直線平面的局部曲線化的標準層平面

（二）直線與曲線相接的組合平面

直線與曲線相接的客房層平面保留部分直線段，在轉折交角處接曲線段。例如，上海凱悅酒店建築面積為40000平方公尺，17層，共有客房456間，見圖4-26，其客房層以兩段直線雙面延伸的曲線單廊圍合成圓形的中庭空間具獨特的效果。又如，深圳上海賓館也是直線與曲線相接的組合情形，見圖4-27。

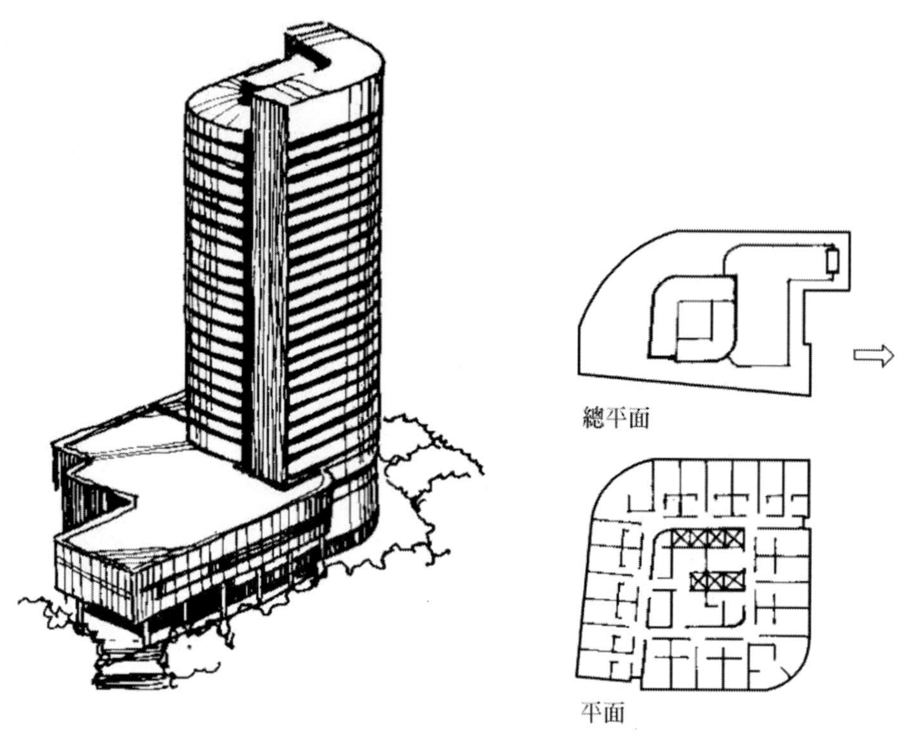

圖4-26 上海凱悅酒店直線與曲線相接的組合客房平面

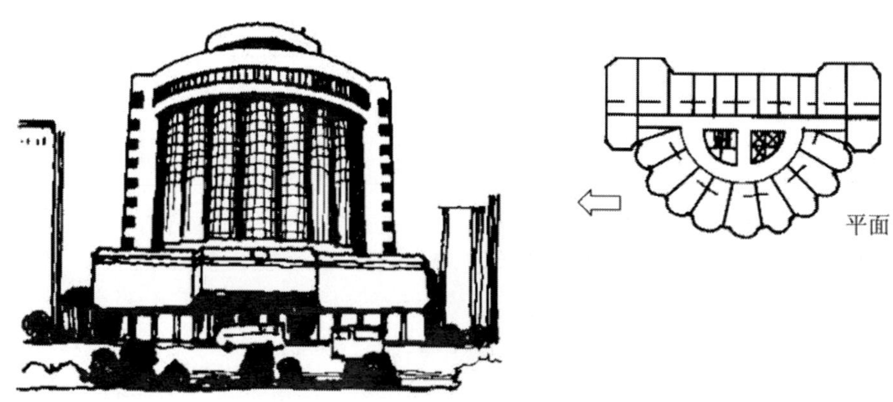

圖4-27 深圳上海賓館直線與曲線相接的組合客房平面

無論局部曲線，還是直、曲相接，都使設計與施工大為複雜。

酒店客房層平面類型是多樣的，上述各種形式屬多種歸納方法之一，不同規模的酒店客房層平面有異同，相同規模的也有異同。其同，因為酒店客房層功能的相同規律；其異，則取決於千變萬化的環境、經營特點等。若以少數幾種平面類型作樣板，應付各種環境條件，必然出現天南地北、千篇一律之單調感，中國酒店建設在歷史上曾出現的那個階段留下了經驗教訓。但輕易否定如「一」字形等簡單的平面類型，片面追求客房層平面的複雜化與造型奇特效果，也難免造成功能不合理、經濟上的浪費。因此，多層和高層酒店的客房層平面尤需因時、因地慎重確定。

在中國，進一步探討如何在簡潔、經濟的平面類型中創造豐富、舒適的室內外環境，研究緊湊、經濟、平面效率高，特別適於中、低檔酒店的客房層平面，尤其具有現實意義。

第三節 客房功能、類型

客房是旅客生活的主要空間，客房設計是以旅客在客房中的行為科學研究為基礎的。酒店的使用因其目的不同，商務酒店、觀光酒店、娛樂酒店或其他酒店的客房，各自有不同的功能特點。旅客團體的組合方式不同，如旅遊團、俱樂部、家庭成員或個人外出旅遊，對客房的要求各異。旅客在酒店逗留時間不同，如短期僅兩三天或長期逗留等，對客房的要求也不相同。因此，客房設計應針對酒店的使用目的、等級、主要服務對象的要求等進行具體研究，雖有共同的基本功能使酒店具有廣泛的適應性，但也有著根據自身特點形成的差別。

一、客房功能構成

旅客在客房中的行為分別有休息、眺望、閱讀、書寫、會客、聽新聞、聽音樂、看電視、用茶及點心、儲藏衣物食品、沐浴、梳妝、睡眠以及與酒店內外的聯繫等。由於酒店的功能特點、客源特點，上述行為有的需較大的空間，有的則要簡略。一般酒店的客房功能構成，如圖4-28所示。

（一）睡眠空間

睡眠空間是客房最基本的功能空間，主要家具是床，每間床的數量不僅直接影響其他功能空間的大小和構成，還直接體現客房的等級標準，在面積相近的客房中，床的數量愈多，客房的等級標準愈低。

床的質量與造型影響旅客睡眠的好壞及客房氣氛，要求可以方便移動、造型優美，床墊與彈性底座有合適的彈性、牢度，使用時無雜聲。

床的高度以床墊面離地45～50公分為宜，在小面積客房設計中為了在視覺上創造較寬敞的氣氛，也有將床墊離地高度降至40～45公分的。

有的豪華級酒店客房將書寫、閱讀空間與梳妝分開，寫字台單獨設在窗前，梳妝台與床頭櫃相結合且二側配有鏡面，使富餘空間與睡眠空間既有聯繫又有分隔，使用時又不打擾睡眠，從而形成家庭臥室的氣氛（如圖4-29）。

（二）起居空間

一般城市酒店客房的窗前區為起居空間，扶手椅與小餐桌或沙發與茶几布置在此供客人眺望、休息、會客或用早餐，與扶手椅相配的小餐桌使用靈活，直徑60　～70公分。這個區域的照明可以是落地燈，也可在小餐桌上方懸掛吊燈或在茶几上置檯燈。

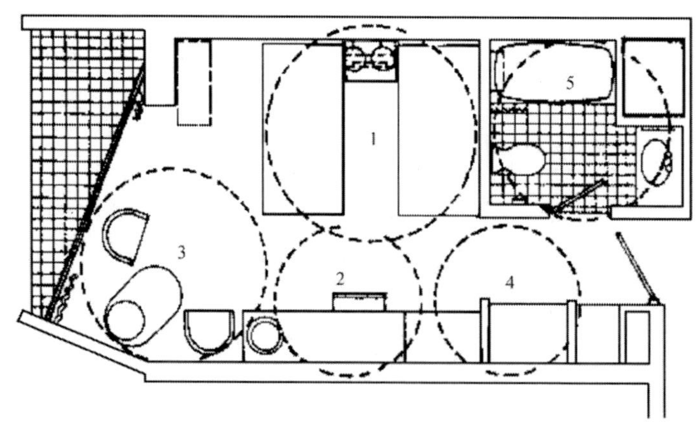

圖4-28 客房功能構成

1.睡眠空間；2.閱讀、書寫空間；3.起居空間；4.儲藏空間；5.盥洗空間

圖4-29 大連富源商務酒店客房

窗前起居空間的功能內容與面積大小反映客房的等級，豪華級酒店客房面積比其他客房大的部分主要在起居空間。高級套房常設獨立的起居室和專用的餐廳，配以考究的室內裝修以顯示高貴的地位。

近來出現的大進深全套房客房將起居空間置於客房走廊旁，與睡眠空間用浴廁間相隔，從而擴大起居空間，更保證臥室的清靜與不受干擾，追求家庭氣氛，強調人情味。例如，在圖4-30中，靠走廊一側為印有格子的玻璃窗，隱約表現起居空間中人的活動，從而產生親近、令人懷念的氣氛，當需要保持私密性時，也可拉上裡面帶橡膠的簾幕。

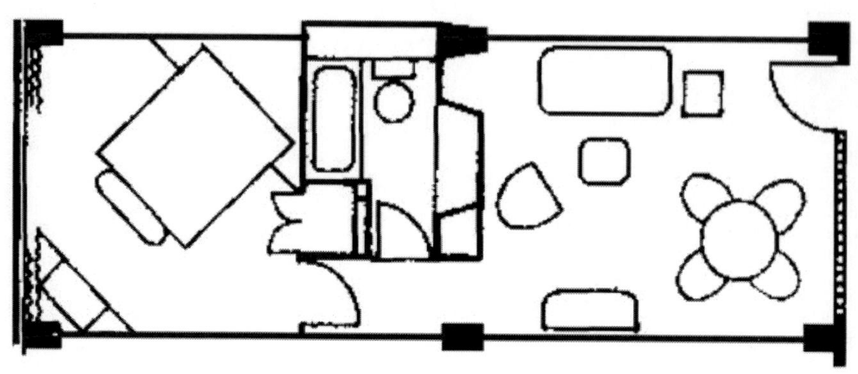

圖4-30 大進深全套房客房

圖4-31是深進深客房的形式，其中a的形式與圖4-30相似，b則擴大窗前活動區為起居空間。

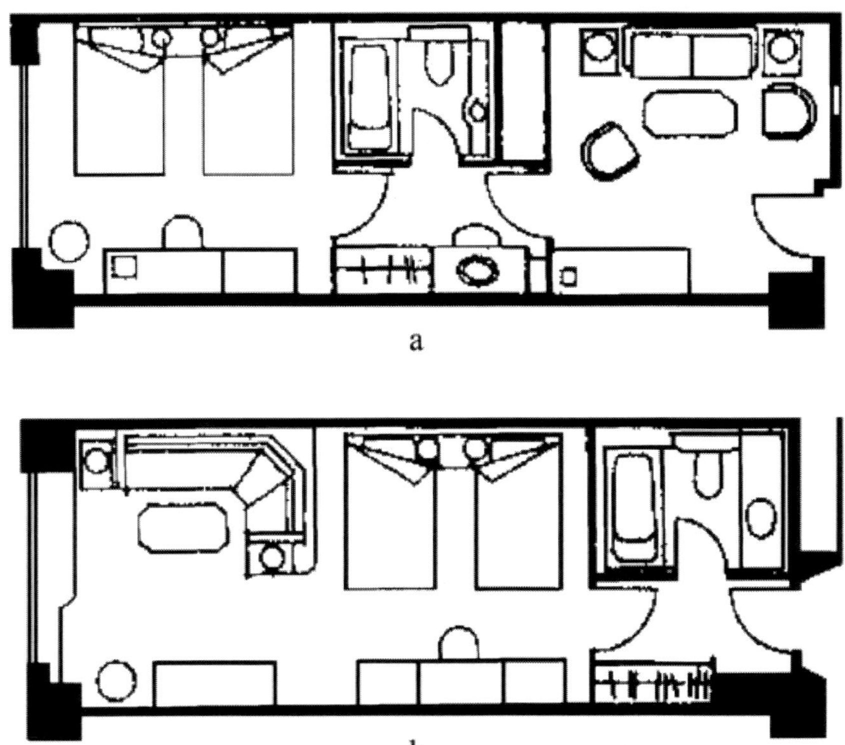

圖4-31 深進深客房

大進深客房對家庭旅遊、商務洽談、人際交往等有廣泛的適應性，客房單位面積指標也大為提高，並增加了客房的靈活性。

城市酒店為保證安全、減少干擾，一般不設陽台，但陽台作為起居空間的延伸，因能為客房提供優美開闊的視野、更接近自然而常被風景地觀光酒店所採用。

（三）儲藏空間

一般酒店客戶的儲藏空間是壁櫃或箱子，用以儲存旅客的衣物、鞋帽、箱包，也可收藏備用的臥具（如枕頭、毛毯等），視具體情況而定。

壁櫃常位於客房小走道一側、浴廁間的對面；客房開間小或經濟級旅館的客房壁櫃可在浴廁間同側牆面。在豪華級客房，壁櫃常設在床的一側，占有與浴廁間長度相等的整片牆面，顯得頗有氣派。

一般雙床房壁櫃進深55～60公分，衣服可垂直牆面掛放、容納數量較多，壁櫃寬度平均每人60～100公分，經濟級或單床房的壁櫃進深可壓縮至30公分左右，衣服平行牆面吊掛，可容數量較少（如圖4-32a、b）。

壁櫃門的開啟需注意是否影響客房內的走道使用，因此推拉門、折疊門已成常見的形式，而經濟級單人間的壁櫃處也可僅設織物折簾。近年在舒適的客房壁櫃內部，裝有隨櫃門開閉而自動開閉的燈，既增加壁櫃內亮度又節能，中低檔客房則可透過小走道的照明解決亮度問題。

1970年代以來，為了提高客房的舒適程度並向客人提供更多的服務以取得更高的收益，舒適級、豪華級客房紛紛設微型酒吧，並通常與壁櫃組合在一起，其上半部為玻璃杯、茶杯、托盤等，下部放一小型冰箱（如圖4-32c）。

有的客房則將電視機櫃組合在整片牆面的壁櫃中段，不用時有櫃門封閉。

壁櫃門常根據室內設計的基調、風格選用材料，如木板、藤編、鏡面等，有的作通風百葉。

近年有些新建酒店不僅在總台設存放貴重物品的保險櫃，還在客房內設微型保險箱，以方便客人自編密碼存放現金和貴重物品，確保安全，頗受歡迎。保險箱常位於小走道一側，有的套房置於書桌或梳妝台一側。這給客房儲藏空間增加了新的內容。

（四）浴廁間

客房浴廁間是客人出入使用率最高的地方，化妝、洗臉、洗手、刷牙、洗澡、沐浴、大便、小便、吐痰……即使白天使用浴廁間也要開燈，而且頻繁，浴廁間內還不止一個照明燈，還要有排氣扇，幾個開關往往安裝在一起，客人順手一按就都打開了，有時忘了關燈，浪費耗電之大可想而知。

封閉式浴廁間的通風條件一般都不好；很難真正達到「乾、溼分離」的要求；在雙人標準房裡，封閉式浴廁間不可能為兩個人同時使用；封閉式浴廁間限制了布局、位置和空間設計的多樣性。封閉式浴廁間的門被關上時，裡面「無人燈亮」的情況不宜被臥室中的客人及時發現，浴廁間與客房臥室區分隔，一旦進入，就與外隔絕，不能共享室內外景觀，不能共享電視，不能共享更開闊的空間，是非人性化的。

在現代酒店設計概念中，封閉化浴廁間的設計思想是狹隘的、陳舊的、單調的，是不利於酒店經營、發展的，也是非美學的。在安全方面和老弱客人應用方面，封閉式浴廁間也是弊大於利的。

綜上所述，首先，「黑洞」浴廁間在經濟上給業主造成的損失是很大的。中國有些地區電費還很高，試想一個幾百套客房的酒店在客人早上起床後梳洗時，店內幾百個浴廁間燈火齊明，這是多大的一筆消耗；加上有人用完不隨時關燈，再加上有人用自己的一個卡片插在門卡取電板上後出門，使節能的插電卡開關形同虛設，又產生「延時浪費」現象。如果浴廁間內有自然採光，不僅可以減少浪費，而且符合了環保節能的原則。

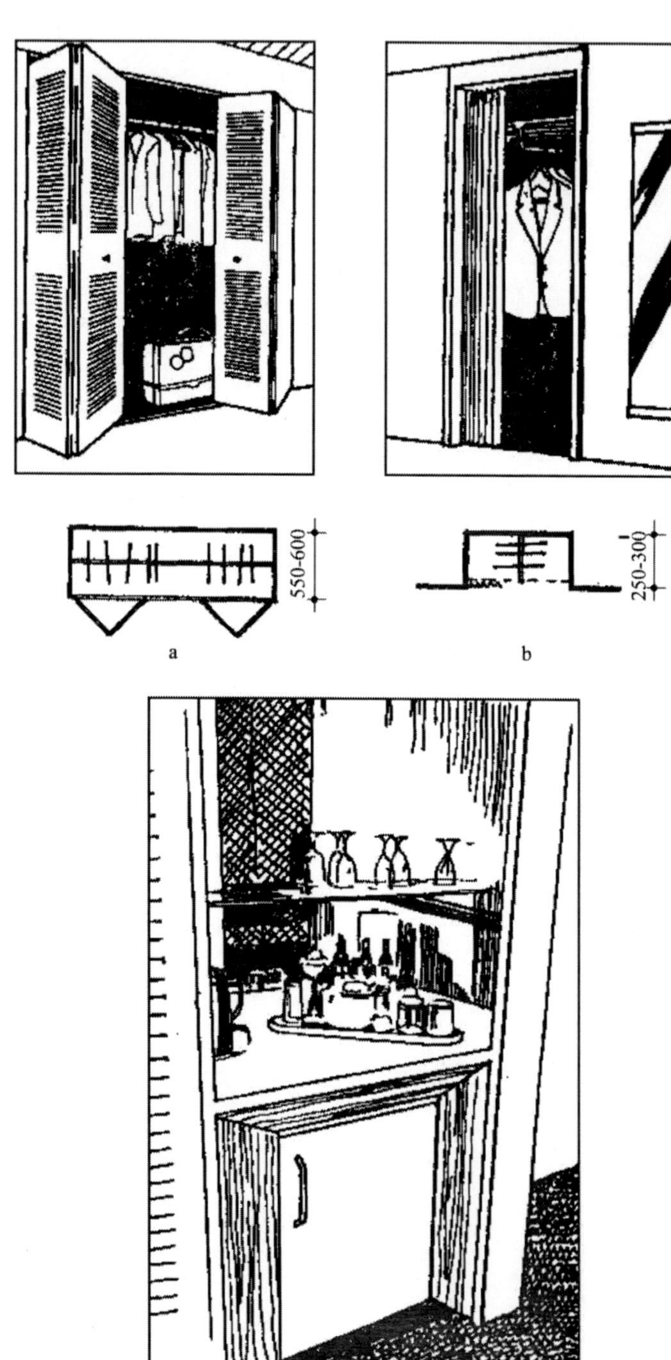
550-600
250-300
a
b
c

圖4-32 壁櫃

其次，「黑洞」浴廁間使客房整體布局呆板、拙劣和無活力，客人進入浴廁間後基本上進入「臨時禁閉」的狀態，這和我們今天倡導的「綠色、人文、環境」的主題格格不入。目前，已經有一些很好的度假酒店的客房採用了開敞式浴廁間的做法，其實，無論地處海濱、山林還是城市，酒店客房都是最應該和自然環境緊密融合的部分。既然如此，客房中最能體現人的需要的浴廁間，就要能與自然對話，能延伸或變化一下空間，從而讓小小的客房更加豐富和生動。

第三，酒店業近年來提倡浴廁間「乾、溼區分離」的思想。所謂「乾」與「溼」，其實只是一個概括而抽象的比喻，實際上說的是客人進入浴廁間後的三種不同程度的行為。其一，只使用洗臉台和洗臉盆，雖有用水，但只溼及手、臉，不必寬衣，所以稱其為「乾」，這是一種相對獨立的行為；其二，需要「方便」，也用水，有限寬衣，亦可稱其為第二種「乾」行為；其三，要洗澡、沐浴，大用水、全寬衣，完全「溼及全身」，屬於「溼」的行為。乾、溼分離，可以將客人的不同需要、不同的使用時間、不同的使用區域都分開，從而極大地方便了客人；同時，乾、溼區分開布置後，又可以在隔氣味、隔潮溼、隔音等方面起作用。如果我們能告別封閉式浴廁間時代，讓乾、溼區都享受到自然採光，那麼將會出現更豐富、更方便、更富有創意的人性化浴廁間設計方案，酒店客房的傳統模式也將為之變革和發展。

（五）走廊及門廊區

客人使用客房是從客房大門處開始的，一定要牢記這一點，公共走廊宜在照明上重點關照客房門（目的性照明）。門框及門邊牆的陽角是容易損壞的部位，設計上需考慮保護，鋼製門框應該是個好辦法，不變形，耐撞擊；另外，房門的設計應著重表現，它與房內的木製家具或色彩等設計語言互通有關，門扇的寬度以88～90公分為宜，如果無法達到，那麼在設計家具時一定要把握尺度。

戶內門廊區：常規的客房建築設計會形成入口處的一個1～1.2公尺寬的小走廊，房門後一側是入牆式衣櫃。我們建議：如果有條件，盡可能將衣櫃安排在就寢區的一側，客人會感到極方便，也解決了門內狹長的空間容納過多的功能，造成使用不便。當然，入口處衣櫃也可以做，特別是在空間小的客房。一些投資小的經濟型客房甚至可以連衣櫃門都省去不裝。只留出一個使用「空腔」即可，行李可直接放入，方便、經濟。高檔的商務型客房，還可以在此區域增加理容、整裝台，台面進深30公分即可，客人還可以放置一些零碎用品，是個很周到、體貼的功能設計。

（六）工作區

工作區以書寫台為中心。家具設計是這個區域的靈魂。強大而完善的商務功能在此處體現出來。寬頻網路、傳真、電話以及各種插口要一一安排整齊，雜亂的電線也要收納乾淨。書寫台位置的安排也應依空間仔細考慮，良好的採光與視線是很重要的。不一定要像過去的客房那樣面壁而坐了。香港君悅酒店客房中的書寫台可算新設計中的一個典範（註：以上為商務酒店模式，度假酒店可另做考慮）。

（七）娛樂休閒區、會客區

在以往商務標準的客房設計中，會客功能正在漸漸地弱化。從住房客人角度講，他希望客房是私人的，是完全隨意的空間，將來訪客人帶進房間存在種種不便。從酒店經營者角度考慮，在客房中會客當然不如到酒店裡的經營場所會客。後者產生效益，何樂而不為？這一轉變為客房向著更舒適、更愉快的功能方向完善和前進創造了空間條件。設計中可將諸如閱讀、欣賞音樂等功能增加進去，從而改變人在房間就只能躺在床上看電視的單一局面。

（八）其他設備

衛浴廁間高溼高溫，良好的排風設備是很重要的。酒店一般選用排風面罩與機身分離安裝的方式（面板在吊頂上，機身在牆體上），可大大減少運行噪音，也延長了使用壽命。安裝吹風機的牆面易在使用時發生共振，也需注意！客房裡的電路控制，一般就是指燈光的迴路與開關的控制。很顯然，老式的集中控制面板使用很不方便，不宜再繼續使用。「家庭化」的要求使客房的控制方式又回到了家居模式——在相應的照明燈具附近有相應的開關面板控制，簡明清楚，符合客人的使用習慣。

一些新技術的出現也為客房燈光控制模式提供了新的思路。例如，全遙控式的客房燈光控制系統，用電視遙控器大小的一個紅外遙控器就可以隨意開關燈光，連開關面板都省了，當然也省去了牆內的一些布線。

日新月異的科技發展推動社會前進，客人對酒店客房的科技品質也不斷有新的要求。專業酒店設計師要時刻關注這些領先的新技術。例如，透過客房與房務中心、前台的互動的電腦系統，客人隨時可在房間內查詢自己的消費明細帳單，酒店也可以隨時掌握客人是否在房間或已外出等訊息。

酒店是城市新科技、新技術的載體，是城市文明的窗口，也是城市中會呼吸的器官，設計師只有意識至此，才會感到肩頭沉重的使命感。

二、客房空間尺度

客房的開間、進深、層高、單位面積、淨面積等是客房設計的關鍵，對客房功能結構、平面設計、酒店等級與造價有顯著影響。

現代酒店客房的空間尺度隨酒店的等級提高而擴大，與客房的舒適程度成正比。在不同國家、地區，酒店管理集團及設計部門對客房的空間尺度有不同的規定和建議，並隨著酒店業的發展而變化。關於旅館標準雙床房的開間，經濟級約為3.3～3.6公尺、舒適級約為3.6～3.8公尺、豪華級則在4公尺左右。

在中國1980年代所建城市旅館中，舒適級、豪華級的客房空間尺度已達到國際水準，如上海靜安希爾頓大酒店雙床房開間4公尺、進深5.95公尺，浴廁間開間2.5公尺，客房單位4公尺×8.5公尺；上海新錦江酒店雙床房房間4公尺×5.2公尺，浴廁間2.3公尺×1.7公尺，客房單位4公尺×7.6公尺。

對於中、低檔酒店客房而言，其開間宜採用合理的最小尺寸，並相對增加房間進深，以節約造價（縮短外牆與走廊長度）；創造客房的靈活性即布置雙床房時，有一定的窗前活動區，扶手椅及小桌位置適度。需要加床時，搬走扶手椅及小桌，可在窗前增設單人床和床頭櫃成三床房。此時，房間淨進深＝3×1公尺（床寬）＋3×0.5公尺（床頭櫃寬）＋0.1公尺（邊床距牆）＝4.6公尺。

因此，在進行中、低檔酒店的客房設計時，需進一步研究酒店特點、客房功能對經濟、舒適、靈活的要求，不必拘泥於標準雙床房的家具布置方式而需對家具尺寸、布置方式作新的安排，如經濟級客房的床頭板可縮至5公分、寫字台可設50～55公分寬，浴廁間可採用最小尺寸或淋浴小間，從而在開間、進深上進行緊縮，只有這樣精打細算並對可能的變化做出預計，才能取得經濟的客房和高效益的客房層平面。

在客房空間尺度中，層高與淨高的壓縮也具有經濟意義。據估計，層高降低0.6公尺，建築工程及室內裝修費用降低3%，還利於節能。因此，國際上酒店設計重視降低層高的種種措施。中國在經歷了1950、1960年代酒店客房空間高大的階段後，在1980年代新建酒店中客房層高已逐步降低，如廣州白天鵝賓館全空調客房層層高2.8公尺、中國大酒店2.75公尺。有的高層酒店客房被要求安裝自動噴淋滅火裝置，客房設吊頂，層高相應提高到3公尺左右。

中國酒店建築設計規範規定：客房的起居、休息部分的淨高不應低於2.5公尺，有空調時不應低於2.4於，局部淨高不應低於2公尺，浴廁間和客房內小通道、壁櫃內淨高不應低於2公尺，這反映了既節約經濟又保持舒適的空間尺度的潮流。

客房窗台高度和窗的高度同樣影響旅客對客房的空間感覺。在風景區或有良好景觀條件的酒店往往採用低窗台甚至落地窗，一般酒店為安全起見常採用約9公分的窗台高度，當客房淨高低於2.5公尺時，窗台高度常低於8公分，以改善低矮的空間感覺。

三、客房類型

（一）客房類型配置

客房類型的配置是酒店前期工作與設計階段的重要內容，也是客房設計的依據之一。由於酒店客房在一定時期內相對穩定，直至投資重建與改建，很少變化。因此，客房類型配置需既有科學性，根據市場分析、酒店等級、經營特點與對象等，以對經營有利為原則配置；又有靈活性，以適度的靈活性適應市場可能發生的變化，一般酒店常以1～2種類型客房為主，另配1～2種類型，以擴大接待對象。單純一種客房類型對客源的選擇要求較高，而豪華的城市酒店則又以客房類型眾多、規格齊全為特色。

在旅遊酒店中，雙人客房單位（雙床房）占多數，常稱此為「標準房」。

單人客房單位即單床房，由於其提供了相當的私密性，免卻了兩人合住的某些不便，因此在發達國家的酒店中所占比例逐漸提高，其中商務酒店的單床房比例更高。

雙床房的面積、設備配置、家具陳設水準等隨酒店的等級高低而相差懸殊。

套房客房單位是顯示酒店等級的重要方面，套房的陳設、設備水準高於一般客房。在一、二星級酒店中可以不設或減少；三、四星級酒店中套房約占客房總數的5%；五星級豪華酒店的套房比例更高。中國國家旅遊局制定的旅遊涉外酒店星級規定和標準中規定：三星級有套房。四、五星級有適量的套房及有特色的豪華套房。

套房間數自二套房至十幾套房，種類繁多，等級越高，間數越多，五星級酒店總統套房常在六間以上。套房的設置尤應因地制宜，不切實際的攀比、追求大而全將造成人力、物力的浪費。

近年美國、日本相繼出現全套房酒店以適應商務、家庭旅行，或稱家庭酒店、或稱大使套房，凡客房單位均配起居室和臥室，富有家庭氣息，利於接洽商務。

（二）客房類型

1.單床房

單床房是一般酒店中面積最小的客房，設計經濟、實用。

單床房在客房層中的位置，需同時處理好結構、立面等問題。或單床房與雙床房分開，單獨成一翼；或在同一柱網中，雙床房在一個開間內布置二間、單床房為在一開間內布置三間，分列走廊兩側。

單床房的家具、電器、裝修單獨配套設計，三者功能互相結合，盡力壓縮空間。有的床頭板兼有床頭櫃的功能，設各種電器開關，放電話、日曆及記事本等。有的窗台板兼寫字台，電視機置於其上；有的壁櫃改為深30公分的壁龕式掛衣處，壁櫃門改為折疊布窗；還有的將外牆作成45° 轉角外凸，將單人床斜放至窗邊，以擴大空間感，見圖4-33。

單床房仍配置單獨使用的有三件衛浴設備的浴廁間，這對短期出差、旅遊的人是十分重要的條件，使單床房有廣泛客源；同時，浴廁間的尺度必須與客房的尺度相適應，緊湊經濟，常用盒式浴廁間，因空間節約、功能齊全、容易清潔而迅速發展。

圖4-33 單床房

單床房稍放大尺度，加一張沙發即成兩用型客房，一般作單床房用，長沙發作會客、休息之處，必要時兼作床位，作雙床房用，使客房具有靈活性。這種客房因面積、房價在單、雙床房之間，很實用。

2.雙人床房

只設一張雙人床的客房稱雙人床房，在一般酒店中，這種客房適於夫妻或帶小孩的旅客。其位置常在雙床房中闢出幾間，由於只放一張大床，相應擴大了室內的起居空間。

近年隨著對人的行為的研究和酒店舒適程度的提高，豪華級酒店的床的寬度紛紛加大，甚至達到國王級尺度190～200公分（寬）×205公分（長），出現了豪華級酒店中的單床房即雙人床房的情況。這類單床房的進深、浴廁間及設備等與雙床房完全一樣，在海特國際標準中常與雙床房間隔布置，其寬大的起居空間、窗前活動區可布置會客、休息及書桌（如圖4-34）。

3.雙床房

雙床房是酒店中最普通的客房類型，單位面積一般在16～38平方公尺，客房淨面積約8～24平方公尺。

典型的雙床房布局是進門小通道一側為壁櫃和微型酒吧，另一側為浴廁間門，門邊牆上有可照全身的穿衣鏡，房內兩張單人床平行於窗，離浴廁間牆約30公分以便整理床鋪，兩床之間是床頭櫃、床頭燈，對面是長條書寫桌、行李架，桌上放電視機，中間牆上有鏡子，桌下側有小冰箱及茶具，靠窗是扶手椅、小餐桌或沙發與茶几。由於形體、開間、進深及等級和管理的不同，雙床房的設計也有許多變化（如圖4-35）。

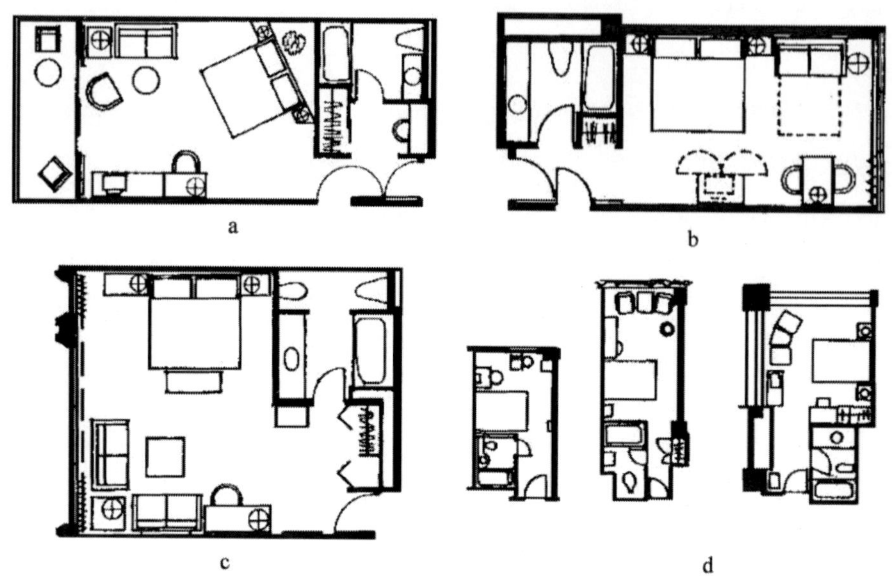

圖4-34 雙人床房

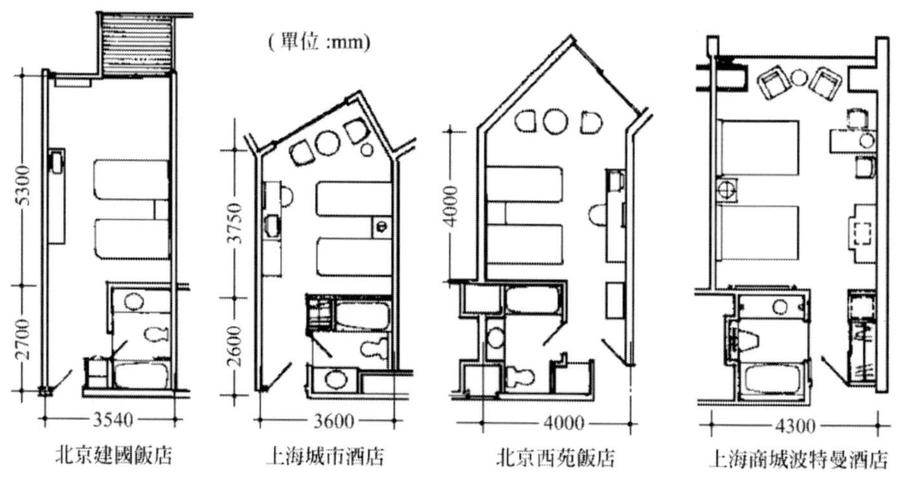

圖4-35 雙床房

4.兩個雙人床的客房

這種客房是雙床房的發展，客房面積較大，兩張雙人床可供2～4人使用，顯示酒店等級豪華或有獨特的經營方式（如圖4-36）。

美國假日旅館集團對旗下的某些酒店的雙床房規定了兩個雙人床客房的設計標準，並留有加小床（供小孩用）的餘地，這樣的客房具更大的靈活性，從而增強了與其他酒店競爭的能力（如圖4-36）。

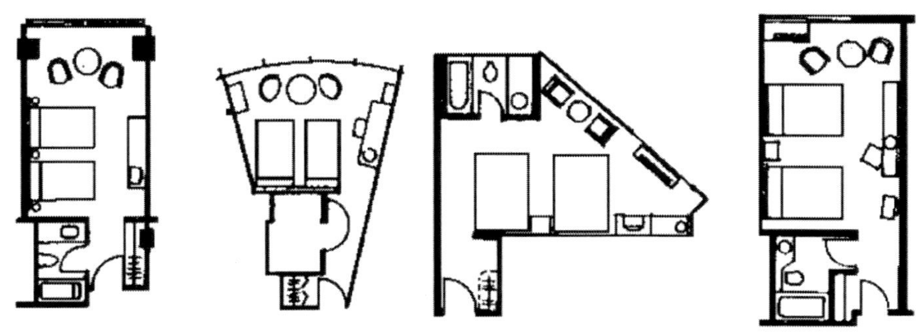

圖4-36 兩個雙人床的客房

5.三床房和多床房

設三張以上床位的客房稱多床房。旅遊酒店適應家庭、團體、學生旅客之需，用加大進深或開間的方法設三床房，從而增加使用的靈活性，其浴廁間與雙床房一樣（如圖4-37a）。

經濟級酒店三床房緊湊，浴廁間可設淋浴、不設盆浴，有的只設洗臉盆。中國許多社會酒店的多床房無浴廁間，隨著社會生活水平的提高，將逐漸改善條件，如設帶淋浴的小浴廁間等（如圖4-37b）。

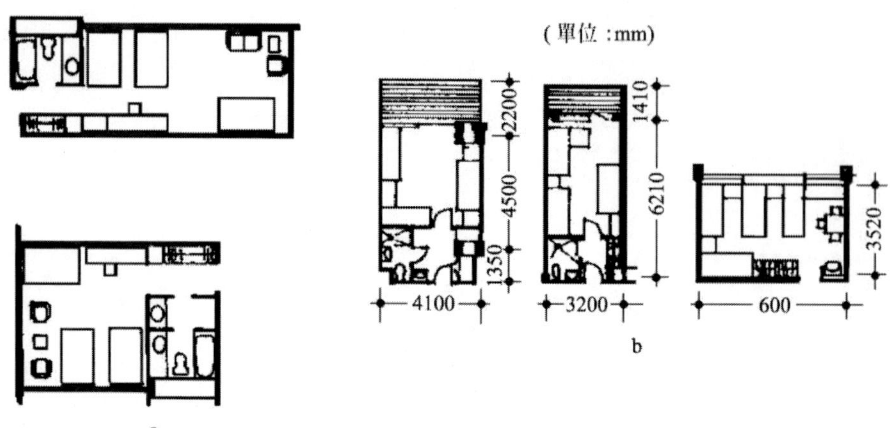

圖4-37 三床房和多床房

6.可相連用單間標準房和可變動雙套房

它們在設計中可稱之為靈活套房。在使用時，可以按兩個獨立的雙床房出租，也可作一個套房（一間布置成起居室、一間為臥室）或兩個相連的單床房。兩間客房之間的門是隔音雙扇門，鎖上後任何一方無法走入另一房間，此門的構造質量要求較高（如圖4-38）。

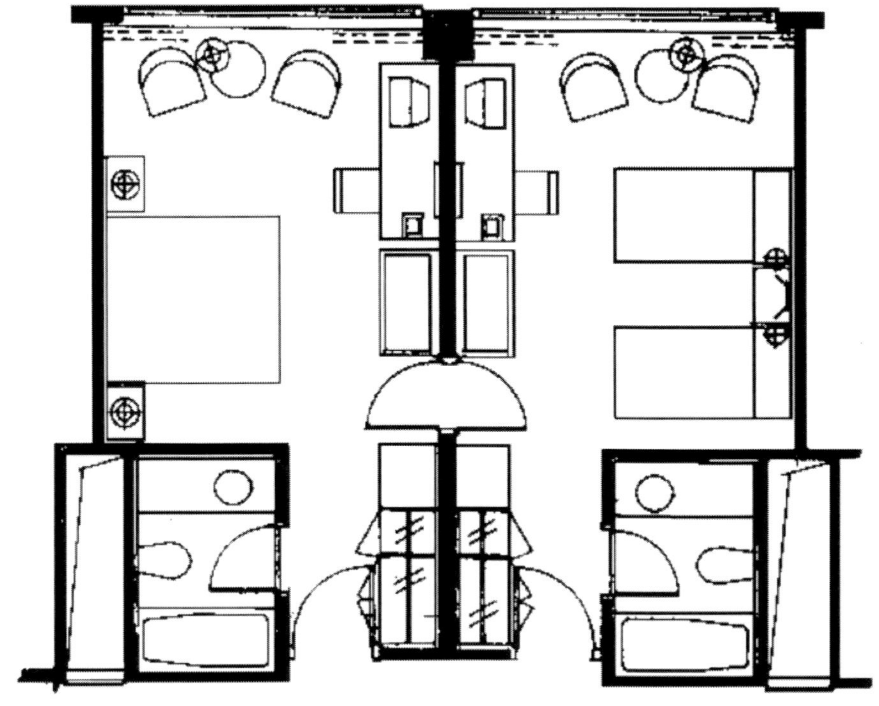

圖4-38 靈活套房

7.套房

二間以上的房間組合成一套客房稱套房。隨著套房內間數的增加，從會客室到小餐廳、書房、化妝間等，增加了功能。現代豪華級酒店的總統級套房猶如一幢豪華別墅，提供當代最新式的設備和精緻的室內裝修，成為酒店等級與精華的象徵之一。

套房的類型很多，如用隔斷分隔的套房、二套房、三套房、躍層式套房、和式套房、總統級套房等。

（1）用隔斷分隔的套房

這是一種面積經濟的套房，沒有固定的分室隔斷，而用活動隔斷或家具在需要時將客房分成臥室和起居室，也可以拉開隔斷作整間使用，感覺寬敞。

（2）二套房

這是酒店中普通的套房，最常見的形式是將兩個雙床房打通而成。起居室作起居、會客、休息兼用餐空間，其旁盥洗室內有兩件衛浴設備：洗臉盆和馬桶。為適應經理級商務旅行的需要，有的酒店在二套房的起居室邊還布置小備餐間或小酒吧，如圖4-39。

（3）三套房

一般由起居室、餐廳（會議廳）、臥室三者組成，並配備客用盥洗室、小備餐間和臥室浴廁間（如圖4-40）。

（4）躍層式套房

將起居、臥室分層設置的套房富有家庭氣息，臥室在上層，有很好的私密性，寬80公分左右的小樓梯或成旋轉狀、或成直角狀，在起居室一隅，成起居室之點綴，但不適於老年人或上下樓不便的旅客（如圖4-41）。

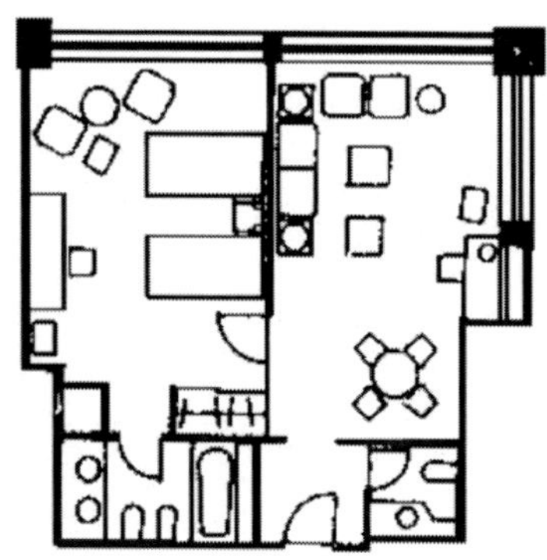
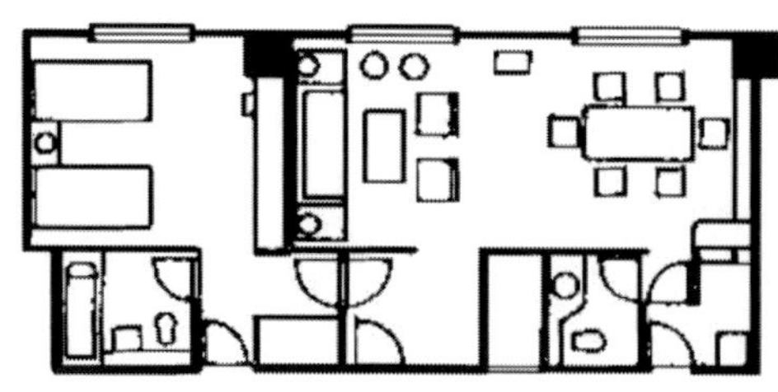

圖4-39 二套房

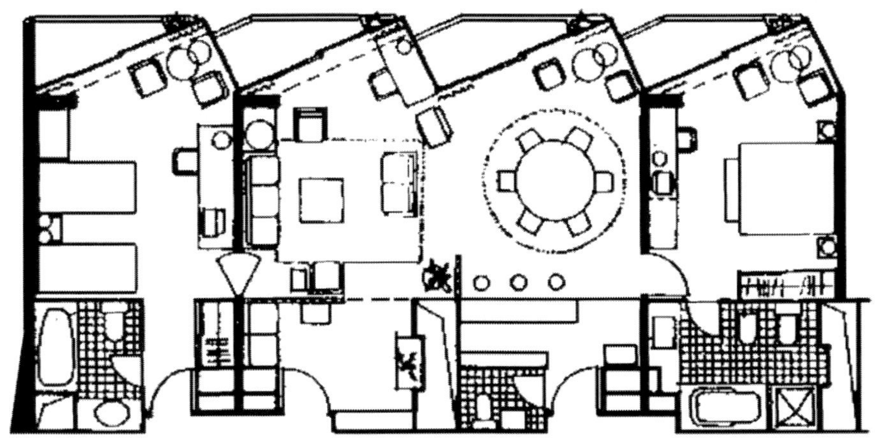

圖4-40 三套房

（5）豪華套房

在多層和高層城市酒店中，四間以上組成的套房，位於接近頂層的走廊一端或一側，具有良好的視野；在低層郊區、風景區酒店中則往往單獨闢出帶綠化小庭園的別墅式套房（如圖4-42）。

豪華套房的設計特點：

①高度的私密性要求、絕對安全。客人路線與服務流線互不干擾，也有設幾個起居空間的，便於分區使用與服務。有的總統級套房還配備專用電梯與小電梯廳，兼作專門送餐服務，以保證貴賓安全。有的別墅式套房設計了為來訪客人規定路線與入口的專用會客廳。

②豪華套房門的外側，往往配備幾個房間供警衛、祕書、隨從等使用，以便工作聯繫，有的酒店安排二套房或三套房。房間布局避免單調呆板的走廊兩邊房間「一」字形排列的模式，吸取別墅、公寓等居住單位靈活、既富人情味又有氣派的特點組織平面。

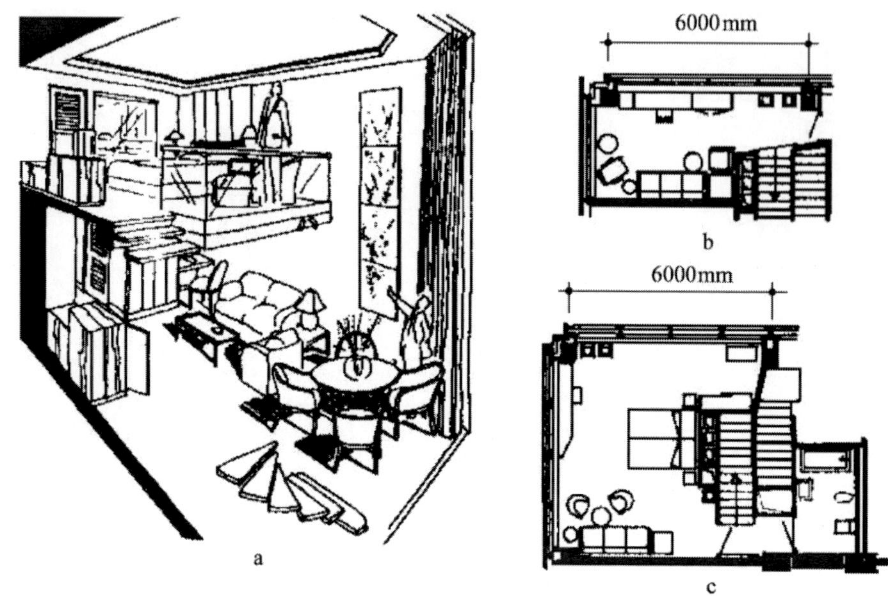

圖4-41 躍層式套房

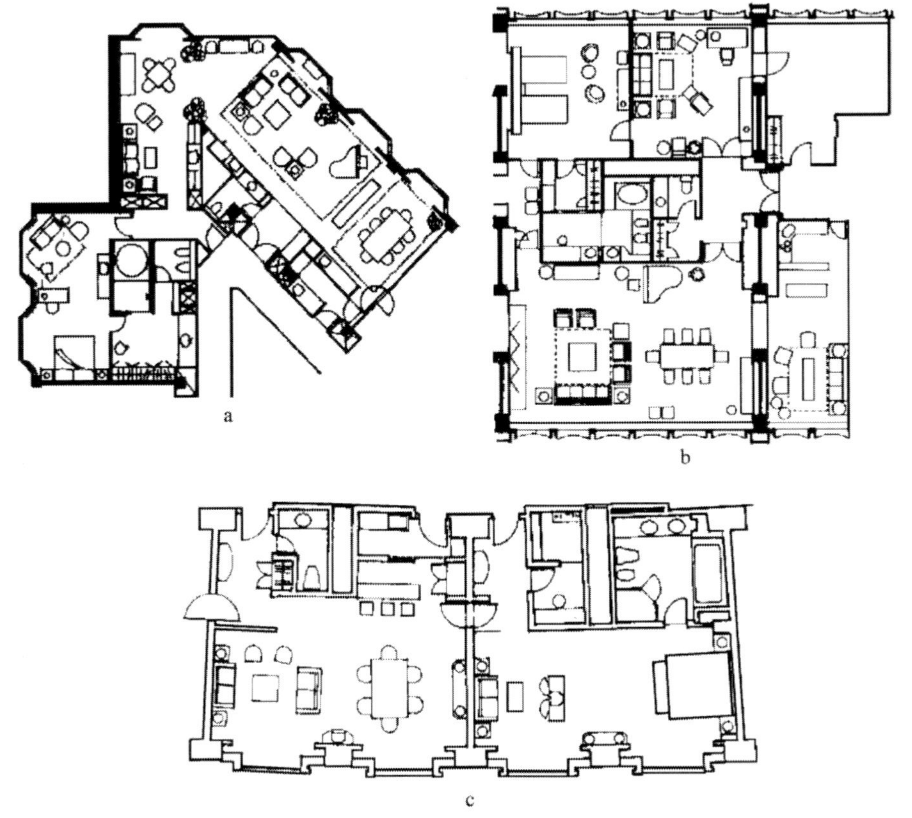

圖4-42 豪華套房

總統級豪華套房常有兩個主臥室，均配置國王級或王后級尺寸的單人床，其中夫人臥室還有梳妝間。浴廁間尺度大、分隔多、設備考究、種類多，往往有盆浴、淋浴、按摩浴缸之分，另有馬桶器、淨身盆及寬台大鏡的洗臉盆，衛浴設備的五金零件發展到用鍍金材料。

總統級豪華套房的家具、室內陳設的設計風格獨特，以採用套房命名的國家地區的室內設計見長，高雅華貴，加工製作精緻，有的陳設昂貴的藝術品。香港文華酒店、上海和平酒店、東京京王廣場酒店等均有以不同國家命名的豪華套房，享有盛譽。

（6）和式套房

日本的現代高級酒店，為了迎合部分旅客對日本傳統文化、民俗的興趣，並吸取部分傳統民居的特點，在客房部分闢出少量客房作和式套房。在低層酒店中常是有庭園環繞的幾幢民居式套房；在高層酒店則往往將和式套房置於客房部分的最下一層，以便利用公共部分裙房屋頂布置和式小型放寬園。

和式套房，一般進客房門為前廳，入室後過廳脫鞋，旁邊為壁櫃和浴廁間，然後再進入較小的套房——「和室」中，和室兼起居與臥室，靠牆有龕式，飾書法條幅和插花，靠窗有（緣）。在與窗脫開作寬窗台的日式推拉窗較大的套房中，前庭一側有茶室，和室鄰間為有冰箱的側廳，其中央地板下凹，以便用日式飲食。也有的套房在「和室」邊設一布置著沙發的起居室，供外來客人調劑使用（如圖4-43）。

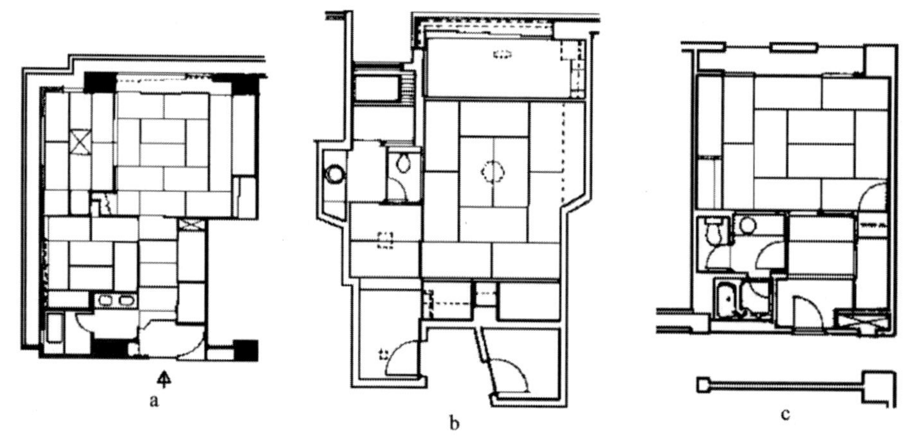

圖4-43 和式套房

和式套房的浴廁間，有西式的，設三件衛浴設備；也有採用西式便桶和洗臉盆結合日式「風る」的，能望得見日式庭園綠化的日式浴池。

與和式套房相配的日式小庭園構成套房的窗景，占地很小，或鋪白石子作枯山水，或以四時綠化、竹籬點綴石燈籠，或以一泓清水襯托……從套房和室內低視點望去，是一幅清麗幽雅的畫面。

由於位置與公共活動部分相近，所以，和式套房除供住宿外，也可兼作日式婚禮的化妝、休息處或日式小宴會室。

8.殘障人士用客房

隨著人類文明的發展，許多發達國家對殘障人士的權益、處境日益關注。近年，歐洲出現了專供殘障人士使用的酒店。在較高級酒店中還出現了供殘障人士專用的客房。

殘障人士用的客房應布置在適於輪椅進出的交通路線最短處，低層酒店的一層或高層酒店的裙房頂、客房部分的底層並直接面對電梯廳。

客房內通道留足夠寬度，供輪椅車進出；浴廁間入口處需放大尺寸，供輪椅轉彎；浴廁間門與客房門一樣寬90公分；浴廁間內空地尺度需能使輪椅迴旋；在牆壁、浴缸、洗臉盆、便桶邊增設牢固扶手，扶手分水平段與垂直段，以便殘障人士隨處扶靠；門均有自動裝置，警報系統周詳，有條件者還可在地毯上設專供失明者辨別的標誌（如圖4-44）。

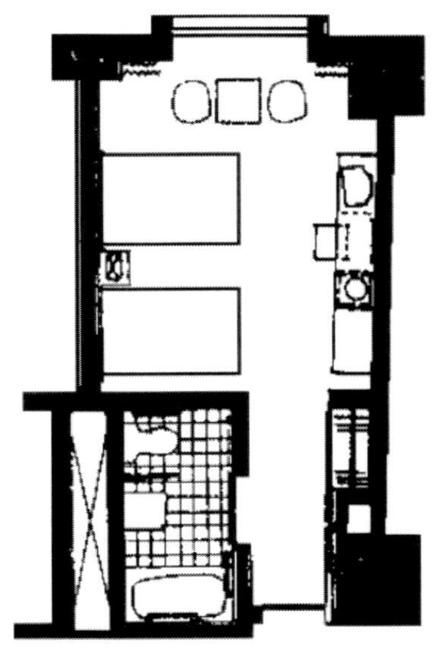

a

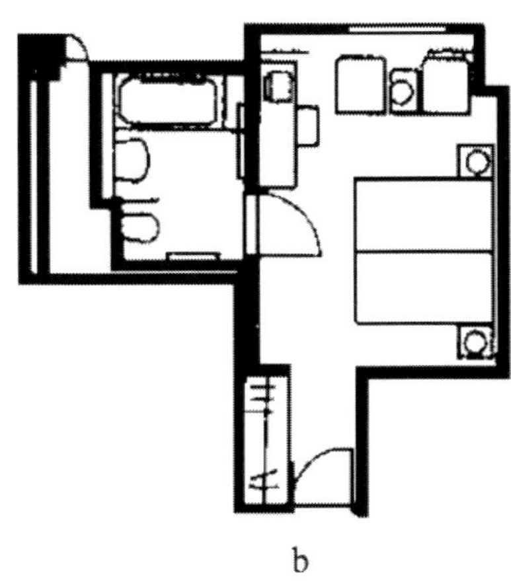

b

圖4-44 殘障人士用客房

中國《旅館建築設計規範》指出：酒店建築的坡道、出入口、走道應滿足使用輪椅者的要求。

在中國《評定旅遊飯店星級的規定和標準》中，對從三星至五星的酒店都要求配備殘障人士設施：門廳有殘障人士出入坡道，有專為殘障人士服務的客房，該房間內的設備能滿足殘障人士生活起居的一般要求。因此，酒店對殘障人士客房設計應予以重視。

思考題

1.具體說明對客房設計的要求是什麼？

2.客房平面類型有哪些？各種類型客房的特點如何？

3.說明客房的功能和對功能的具體要求。

4.現代酒店的客房有哪些基本類型。

第五章 酒店餐飲空間設計

在現代酒店經營中，客房部分的營業收益相對穩定，餐飲部分的營業收益不如客房部分穩定。不同國家、地區酒店的餐飲部分收入，因酒店向社會開放、提供服務的方式與程度的不同，在總收入中所占比例也不同。從世界範圍來看，酒店餐飲部分收入占總收入的40%左右。日本西式酒店因積極向公司社團和社會提供服務，餐飲部分的收入平均高於客房部分的收入。

在中國，由於旅遊酒店的消費水平與社會消費水平相差甚大，旅遊酒店餐飲部分的收入占總收入的比例大大低於國外酒店。隨著人們生活水平的提高，中國酒店餐飲設施的收入也將逐步提高。

第一節 餐飲空間規模與布局

一、餐飲空間的組成

酒店餐飲部分由餐廳、飲料廳（室）、宴會廳（多功能廳）和廚房四部分組成。

（一）餐廳部分

酒店餐廳接待住宿旅客和社會客人用膳。餐廳應各具特色，現代飲食服務業向豪華與方便兩端發展的趨勢也體現在酒店餐廳中：既滿足希望在較短時間內用餐的客人要求，設快餐或自助式服務；也滿足視用餐為高消費享樂的客人要求，設高檔餐廳。室內設計的優劣與供應的菜餚直接影響酒店餐廳的競爭力。

酒店餐廳分各類中、西餐廳，風味餐廳、陪同餐廳與內賓餐廳等。

（二）飲料部分

飲料部分即咖啡廳、雞尾酒廳、酒吧、茶室及其輔助用房。這是酒店向客人提供的舒適的休息和交際場所。

（三）宴會廳部分（含多功能廳）

宴會廳部分是對社會開放的大、中、小型宴請活動場所。其室內設計反映酒店的等級與經營特色，有的甚至成為酒店的標誌。現代酒店為適應社會的多種需要，常將宴會廳設計成可多種分隔、多項使用功能的廳堂。

宴會廳部分由前廳、大小宴會廳、多功能廳、儲餐室等組成。

（四）廚房部分

廚房是餐廳、宴會廳的後方，是供應菜餚、點心的基地，由各類中、西餐廚房，風味餐廳廚房（包括洗滌、加工、儲藏、烹飪、備餐等），及咖啡準備室、酒吧服務間等組成。

二、餐飲的空間規模

餐飲部分的規模以面積和用餐座位數為設計指標，其確定並無絕對的公式，均應以市場調查為依據，並受酒店規模、等級、經營方式等因素的制約。

經濟級酒店的餐飲面積較小，可借助周圍社會餐館為旅客服務；郊區酒店的餐飲部分主要為住店旅客服務；城市大中型酒店的餐飲部分的規模確定較複雜，雖具有向旅客、向社會服務的兩個方面，但存在旅客到社會的餐館去用餐的現象，不同國家、地區還有不同的習俗。

在中國酒店設計規範中，綜合面積參考指標已對餐飲面積指標做了等級劃分。從面積指標看，中國酒店餐飲部分所占比例與國外的相近，甚至更高，而這部分收益所占比例卻相差許多，經濟效益問題有待深入研究和改善。

衡量餐飲部分的另一個指標餐座數包括餐廳餐座、宴會餐座和飲料座。其與上述面積指標相輔相成，需因地制宜、深入研究方能確定。

中國旅遊業接待團體客人比例較高，團體包飯常由酒店供應；同時，可接待外國旅客的社會餐館不多，所以，中國旅遊酒店餐廳餐座數比較高，與床位比約為1：1～1：1.2（不包括宴會廳座）。隨著中國經濟的開放、社會餐館水平的提高，客人選擇的機會增加，酒店床位與餐座比有可能逐漸下降，建議在1：1.2～1：1.5之間，餐飲比則可在0.8：0.2～0.9：0.1之間。

中國社會酒店中的餐廳，早晚用餐者多，中午用餐者少，餐廳規模應因地制宜，不必求大求全，並應增加周轉率、提高餐廳使用率，床位與餐座比可降至1：0.3～0.5，並可不設或少設飲料座，每餐座可以以1平方公尺計。同時，由於受地區供應條件的影響，雖因餐廳供應相對簡單，廚房內容比旅遊酒店少，廚房面積比例仍略高。

三、餐飲空間的布局

餐飲部分的布局根據酒店整體布局進行，以構成完整的系統並適應酒店經營。

國外酒店的餐飲部分既服務於旅客，又對公眾服務。許多酒店的餐廳、咖啡廳是酒店租出的獨立經營單位，所以，其面積不論大小，均很富特色，且布置緊湊合用。中國絕大部分酒店自己管理餐飲部分。

餐飲部分一般布置在酒店公共活動部分中旅客和公眾最易到達的部位，同時必須考慮餐廳與廚房的緊密關係、廚房與後勤供應的頻繁聯繫，並盡可能區分客人進餐廳流線與送菜流線。因此，餐飲部分的布局不是隨意的，須解決人與物的流線以及餐飲部分內部與其他部分間既有緊密聯繫又互不干擾的關係。

其布局方式可分為下列幾種：

（一）獨立設置的餐飲設施

建於用地較大的郊區、風景區、休療養地的酒店，總體多為分散式布局，餐飲部分設在公共活動區域或單獨布置，與客房樓分立，餐廳有優雅的用餐環境，廚房進貨、出垃圾及廚房到餐廳的送菜路線均較便利。餐飲設施的開間、進深、層高較靈活，通風採光條件良好，但建築用地不夠經濟，從客房到餐廳的路線也較遠，如無連廊，逢雨雪天甚為不便。

中國南方地區有些酒店採用此種布局，如珠海賓館、深圳東湖賓館、香蜜湖度假村、中山溫泉賓館等。

（二）餐飲部分以水平流線為主、橫向布局

這是酒店餐飲部分最常用的布局方式，即餐飲部分在裙房或中庭周圍，與客房樓水平相接，餐飲部分本身也圍繞著各式廚房，組成群體，形成大、中、小系列服務。

餐廳之間有的是封閉的隔牆，一間間餐廳具有相當的私密性；有的全部敞開在中庭四周，以共享理論為依據，模糊各餐廳之間的界限，餐座滲透到中庭各個角落，有利於創造充滿人情味的可以人看人的用餐空間，但私密性空間相對減少。

有的中、小型酒店的餐廳、酒廊、酒吧均布置在首層，與門廳相通。中國多數酒店將這些廳室分隔成間，並以不同的裝修風格命名；國外許多酒店將橫向布局的部分餐飲空間串聯貫通，圍著廚房布置，形成豐富活躍的用餐空間。在設計中，還應注意排煙、排氣問題。

（三）餐飲部分在低層豎向分層布局

基地狹小的城市酒店常採用這種布局，各類餐廳分層重疊在門廳上方。有關廚房也分層重疊在餐廳之側，客人到餐廳靠豎向交通，路線很短，餐廳與廚房聯繫密切，廚房物品均需垂直運輸，有時，餐廳內部布置受結構構件的限制。

（四）頂層觀光型餐飲部分

在城市中心、地處鬧市並可供客人俯瞰城市景觀的高層酒店常在屋頂層設空中酒吧、咖啡廳、餐廳或旋轉餐廳。頂層餐飲部分層高不受限制，排油煙、排氣較方便，但客貨垂直交通量增加。由於為客人提供向外觀景的條件，餐廳餐座宜靠近外牆；酒吧和咖啡廳的準備間面積小，可布置在核心部分；餐廳所需的廚房較大，應設在緊鄰餐廳處，由於運輸量較大，廚房必須與服務電梯有內部聯繫通道。

並非所有高層酒店均需在屋頂設餐飲部分，有的因地理位置欠佳、外部景觀不吸引人，有的為避免設計的複雜性或減少豎向交通量等，就不必勉強設置。

第二節 餐廳

一、餐廳類別

酒店餐廳的類型可謂五花八門，分類方法多樣，一般隨等級與規模的提高，餐廳類型增多。

（一）按供應菜餚的特色分類

烹調作為文化的內涵之一，在世界各地以千變萬化的系列和級別使旅客飽以口福，中國旅遊酒店常設富有地方特色的中餐廳和國際流行的西餐廳。

（二）按使用對象分類

在中國旅遊酒店內，接待外賓的稱外賓餐廳，接待內賓的稱中賓餐廳，還有陪同外賓的中方人員餐廳、為市民服務的社會餐廳及職工餐廳等。

（三）按級別分類

西方常對餐廳冠以等級劃分：

1.豪華級

餐廳室內裝修富麗豪華，常採用傳統形式，提供菜餚也傳統古老，服務員比例最大、價格最高。

2.中級

室內有一定特色的裝修，點菜範圍較小，價格較低。

此外，還有自助餐廳、社區餐廳等，以簡單的服務提供快速、價廉的食品。

（四）按服務方式和餐廳環境特色分類

1.餐廳供應

這是酒店餐廳的主要服務方式，旅客在餐桌就座後，斟酒、倒茶、送菜、上湯等均由服務員提供服務。餐廳的形式規模按酒店的功能需要日趨多樣，氣氛高雅、親切，可滿足不同層次的需要，見圖5-1。

2.快餐與自助餐供應

在美式自助餐廳，服務員將各類菜餚、點心、水果、飲料等鋪在條形桌上，旅客擇其喜愛將菜餚放入盤中用餐，最後由服務員收拾餐桌、餐具。

在歐式自助餐廳又稱快餐廳，旅客在規定的快餐套菜中選用，由於套菜種類不多，故出菜快、周轉率高。有的快餐廳讓人觀看到烹調過程，見圖5-2、圖5-3。

圖5-1 餐廳

圖5-2 快餐廳

圖5-3 自助餐廳

這類餐廳空間經濟，室內裝修簡潔明快，常用現代材料和機械製品，坐椅可疊合存放，但餐廳內人流易混雜，供菜櫃台占用面積較多。

3.風味餐廳

風味餐廳的供應最富特色，餐廳氣氛按食品風味和烹調特點設計，細緻幽雅、獨具匠心，見圖5-4、圖5-5。

圖5-4 風味餐廳（火鍋）

4.娛樂餐廳

包括歌舞餐廳、劇場餐廳等。在這類餐廳中，人們可邊品嚐、邊欣賞；室內燈光多變，場內氣氛熱烈；多種活動交錯滲透，有利於吸引旅客，見圖5-6、圖5-7。

圖5-5 風味餐廳（燒烤）

圖5-6 歌舞餐廳

5.露天餐廳、中庭餐廳和食街

現代酒店餐廳設計也注重室內外空間的交隔。有的地處亞熱帶、熱帶的酒店設露天餐廳，餐桌排列在花園中；有的餐廳設在酒店中庭內，取消了與公共活動部分的分隔，把室外活動特點納入室內；有的酒店的食街則把城市街道市井生活、小街小巷的菜店酒肆引入酒店，小型多樣的供應豐富多彩，見圖5-8、圖5-9、圖5-10。

圖5-7 劇場餐廳

圖5-8 中庭餐廳

圖5-9 露天餐廳a

二、餐廳設計

（一）餐廳規模

餐廳規模取決於酒店規模、使用功能與服務效益。1970年代以前，中國酒店一般都設大餐廳，可容數百人，空間高大，十分「氣派」，但是這些大餐廳服務路線長、缺乏親切的用餐氣氛，不能適應隨時點菜的零星散客的需要。

當用餐成為交際、消遣的方式之一時，酒店餐廳逐漸向小型多樣、富有特色的方向發展，以進一步吸引旅客和社會客人。

酒店規模與餐廳面積存在正比關係，中型酒店的主餐廳面積不宜大於500平方公尺　（約少於300座）；小型酒店的主餐廳面積不宜大於350平方公尺（約少於200座）。

酒店中的餐廳應大、中、小型相結合。大、中型餐廳餐座總數約占總餐座數的70%～80%，小餐廳約占總餐座數的20%～30%。餐廳應有可適應各種來客需要的餐桌布置方式，以提高餐廳效率。

圖5-10 露天餐廳b

設靈活隔斷的餐廳具有更大的靈活性，有時一個小餐廳可容1～2桌，三四個小餐廳相連可容4～8桌。

（二）餐廳面積指標

餐廳面積指標以每餐座平均面積計，以每餐座的平方公尺為單位。

1.影響面積指標的因素

（1）酒店等級

酒店等級越高，餐座要求越寬敞，餐座間通道和服務通道相應增寬，餐廳安逸舒適，服務迅速，面積指標提高。酒店等級低，一般餐廳經濟緊湊，面積指標降低。

（2）餐廳等級

同一酒店內常設不同等級餐廳以迎合不同層次旅客之需，其供菜及服務不一，也影響面積指標。

（3）餐廳大小

餐廳大，則面積指標相對較低；餐廳小，則面積指標相對提高。

（4）餐座形式

不同的餐座形式產生各種不同的面積指標。

2.種類餐廳面積指標

各國酒店餐廳面積指標雖有不同，但同類餐廳的指標大體接近。

據英國資料統計，西餐廳面積指標：豪華酒店為1.7～1.9平方公尺／座；一般酒店為1.3～1.5平方公尺／座。

在美國SOM酒店設計標準中，各餐廳面積指標為：餐廳1.8平方公尺／座，西餐廳2.2平方公尺／座，風味餐廳2平方公尺／座，小餐廳2平方公尺／座，夜總會2.2平方公尺／座。以上指標適於高級酒店。對中低檔酒店而言，指標下降為：主餐廳1.5平方公尺／座，快餐廳1.3平方公尺／座，風味餐廳1.5平方公尺／座。

日本餐廳因和式家具布置占面積較大，一般指標為1.9～3.6平方公尺／座。

三、餐廳光線設計

用餐環境的好壞，除了與餐廳空間的設計和陳設有關之外，光線更是不容忽視的重要一環。

餐飲店堂的光線不外乎自然光、飾光、照明光三種。在通常情況下，原生的光線適宜於廳堂的時段有限，因而飾光與照明光是廳堂光線的主要部分。

燈光是餐飲廳堂的重要物質要素。燈光的功能與食客的味覺、心理有著潛在的關聯，與餐飲業的經營定位也息息相關。與餐飲業定位相適應的光源能有機地襯托餐飲業的個性和風格，因此，餐飲業的燈光布置是一個整合的過程，要正確處理明與暗、光與影、實與虛等關係。人天生具有自覺的視覺補償功能，因此，餐飲業應該藝術地構置、設計燈光系統，調動食客的審美心理，從而達到飲食之美與環境之美的統一。

燈光必須與經營定位相適應，不同的餐飲業有著不同的燈飾系統。麥當勞、肯德基等西式快餐在中國作為一種休閒餐飲，用餐的對象多為婦女、兒童，光源系統以明亮為主，有「活躍氣氛」之意。傳統的咖啡廳、西餐廳是最講究情調的地方，燈飾系統以沉著、柔和為美。不同的國家有不同的情調，如英國式的古典莊重、法國式的活潑明朗、美國式的不拘一格等，都需要燈光來配合。根據中國傳統的用餐心理，中餐廳應燈火輝煌、氣氛熱烈。

餐飲的燈飾還往往勾起人們的餐飲記憶。如果一家西餐廳燈火通明，大紅燈籠，人們肯定以為經營的不是西餐，這就是燈光在人們印象中所起的暗示作用。因此，燈光要和人們傳統的用餐記憶相吻合。

此外，就目前餐飲業的發展態勢來看，個性餐廳不斷湧現，許多主題餐廳正在顛覆著傳統的廳堂布置格局，其燈飾設置與傳統習慣完全不同，但都是基於燈飾服務於經營定位的基本思路，所以燈飾系統的設置不是一成不變的，關鍵要處理好變與不變的關係。

燈光的種類選擇要為餐飲經營服務，不同的燈具，如吊燈、吸頂燈、宮燈、壁燈、筒燈、暗燈等，只有系統化使用，才能顯現出它們的魅力。

現在人們越來越重視光源在餐飲中的作用，但還遠遠不夠，餐飲企業不能僅僅限於燈飾問題的研究，更應推及整個餐飲裝飾領域，因為在餐廳裝飾過程中已經出現了很多不好的傾向，許多餐飲企業把餐飲裝修與餐飲經營分隔開來，為新、奇、異而裝修，片面理解餐飲文化、片面追求所謂品味，出現了諸如許多餐飲廳堂博物館化、音樂廳化等現象，應引起業界的思考。

第三節 酒吧、咖啡廳

酒吧的原文為英文的「bar」，這個英文單詞的原意是「棒」和「橫木」，這十分清楚地表明其特徵是以高櫃台為中心的酒館；在譯成中文時，根據其發音和經營內容而譯成「酒吧」。

一、酒吧的類型

酒吧的類型有獨立式酒吧和附設在大酒店中的酒吧。在中國，一般旅遊酒店中都設有酒吧，它可以為異國的遊客或商務旅客解決夜晚無處排遣寂寞的困擾。獨立式的酒吧以前在中國較少，但如今在一些商業鬧市區也流行開來，它給忙碌的現代人提供了一個下班後無拘無束、交朋會友的好場所。由於酒水、飲料的銷售利潤（約在60～70%之間）高於食品，因而成為餐飲部收入的重要組成部分，不少普通的餐廳也增設了酒吧。

近年來，為了吸引不同的消費群體並突出特色，酒吧的類型變得多種多樣，它原來單純的飲酒功能拓展了出去。例如，酒吧開始與體育、消遣、娛樂設施相結合，與音樂、文學、展示、訊息等科學、文化、藝術相結合等。

二、酒吧的空間布局和環境氣氛

酒吧的面積一般不太大，空間設計要求緊湊，吊頂較低。酒吧中的吧台通常在空間中占有顯要的位置。在小型酒吧中，吧台設置在入口的附近，使顧客進門時便可看到吧台，店家也便於服務管理。酒吧中除設有櫃台席外，還設置一些散席，以2～4人座為主。由於不服務正餐，桌子較小，坐椅的造型也比較隨意，常採用舒適的沙發座。

酒吧是個幽靜的去處，一般顧客到酒吧來都不願意選擇離入口太近的座位。

設計轉折的門廳和較長的過道可以使顧客踏入店門後在心理上有一個緩衝的地帶，淡化在這方面的座位優劣之分；此外，設在地下一、二層的酒吧，可透過對必經樓梯的裝飾設計，預示店內的氣氛，從而加強顧客的期待感。

酒吧多數在夜間經營，適於工薪族下班後來此飲酒消遣以及私密性較強的會友和商務會談，因此，它追求輕鬆的、具有個性和隱祕性的氣氛，設計上常刻意經營某種意境和強調某種主題。音樂輕鬆浪漫，色彩濃郁深沉，燈光設計偏重於幽暗，整體照度低，局部照度高，主要突出餐桌照明，使環繞該餐桌周圍的人只是依稀可辨。在酒吧中，公共走道部分仍應有較好的照明，特別是在設有高差的部分，應加設地燈照明，以突出台階，見圖5-11a。

吧台部分作為整個酒吧的視覺中心，要求較高，除了操作的照明外，還要充分展示各種酒類和酒器以及調酒師優雅嫻熟的配酒表演，從而使顧客在休憩中得到視覺的滿足、在輕鬆舒適的氣氛中流連忘返。

酒吧以爭取回頭客為重要的經營手段，這一方面需要經營者與顧客間建立熟悉的關係；另一方面酒吧的設計意境和氣氛也是十分重要的，顧客會因為喜歡這家酒吧的氛圍而常來此店（如圖5-11b）。

三、酒吧吧台設計

酒吧的特點是具備一套調製酒和飲料的吧台設施，為顧客提供以酒類為主的飲料及佐酒用的小吃。吧台又分前台和後台兩部分：前吧多為高低式櫃台，由顧客用的餐飲台和配酒用的操作台組成；後吧由酒櫃、裝飾櫃、冷藏櫃等組成。吧台的形式有直線形、O形、U形、L形等，比較常用的是直線形。吧台邊顧客用的餐椅都是高腳凳，這是因為酒吧服務一側的地面下因有用水等要求，要走各種管道而墊高，此外服務員在內側又是站立服務，為了使顧客坐時的視線高度與服務員的視線高度持平，所以顧客方面的坐椅要比較高。為配合坐椅的高度以使下肢受力合理，通常櫃台下方設有腳踏桿。一般來說，吧台台面高1000～1100公釐，坐凳面比台面低250～350公釐，踏腳又比坐凳面低450公釐（如圖5-12）。

吧台席多為排列式，坐在吧台席上可看到調酒師的操作表演，可與調酒師聊天對話，適合於單個的客人或兩個人並肩而坐。為了使吧台能給人一種熱烈的氣氛，吧台需要有足夠大的量體。但由於吧台與4人座的廂型客席相比，單位面積能夠容納的客人數較少，加大吧台的量體就會減少整個店容納客人的數量。解決這一矛盾的方法是把吧台一端與一個大桌子相連，由於大桌子周圍可以坐較多的客人，從而彌補了加大吧台量體給座位數帶來的損失，同時也能在設計上打破一般常規吧台的形式而具有新意，見圖5-13、圖5-14。吧台坐椅的中心距為580～600公釐，一個吧台所擁有的座位數量最好在7～8個以上。如果座位數量太少，吧台前的坐席就會使人感到冷清和孤單而不受歡迎。

圖5-11a 卡拉OK包廂

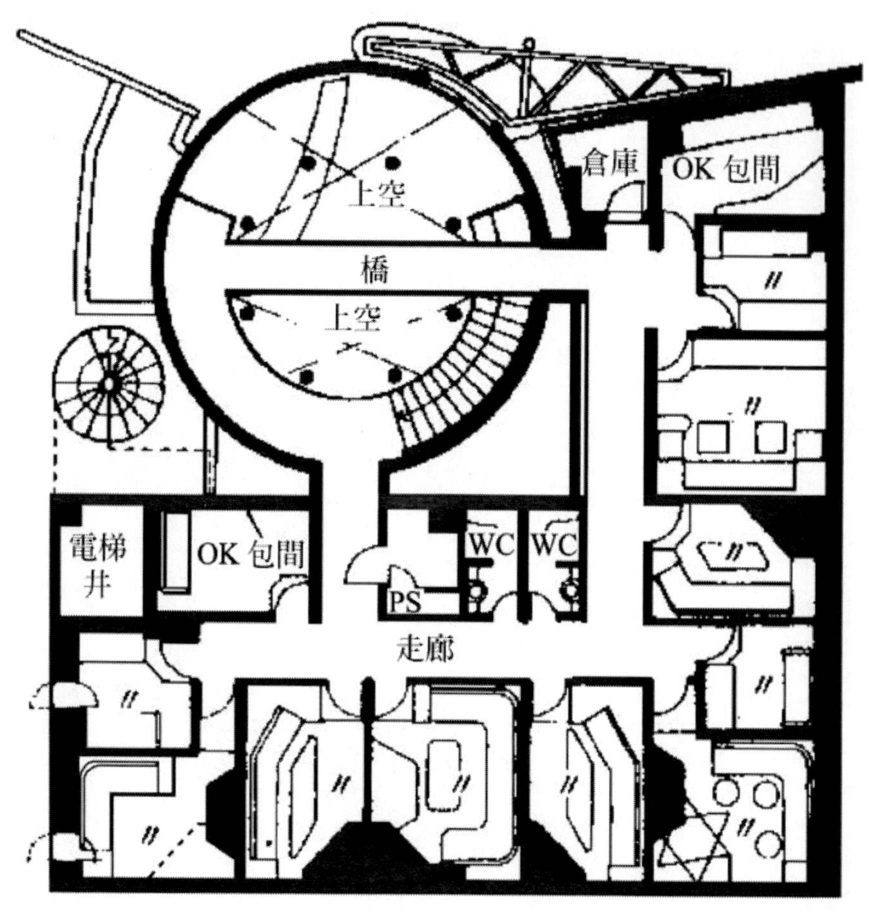

圖5-11b 帶卡拉OK酒吧

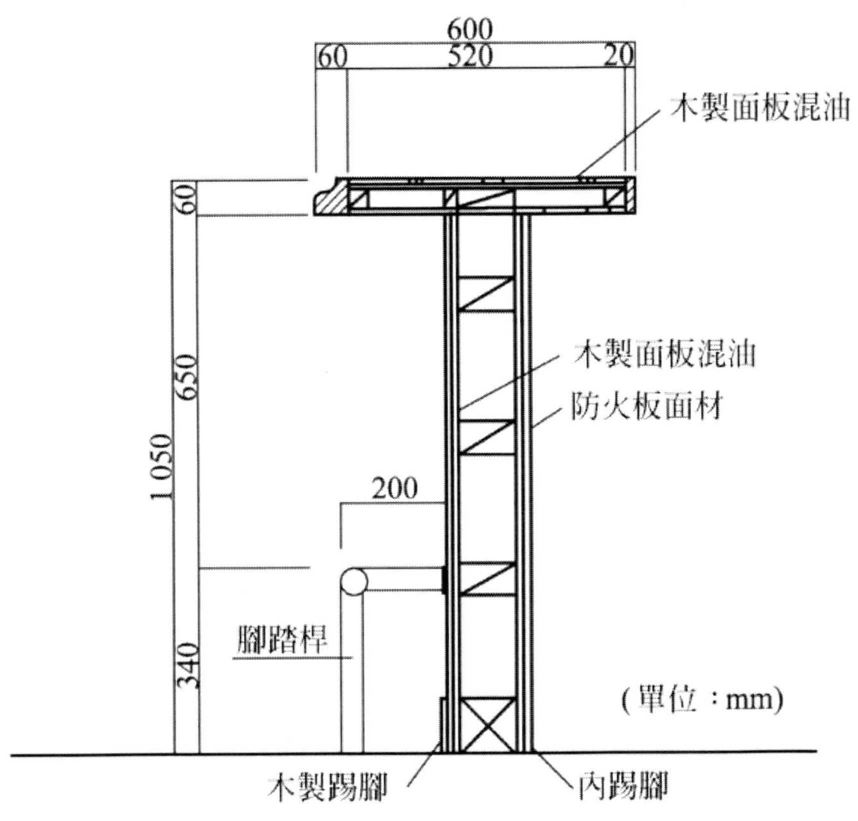
600
60
520
20
木製面板混油
60
650
1 050
340
木製面板混油
防火板面材
200
腳踏桿
(單位：mm)
木製踢腳
內踢腳

圖5-12 酒吧吧台

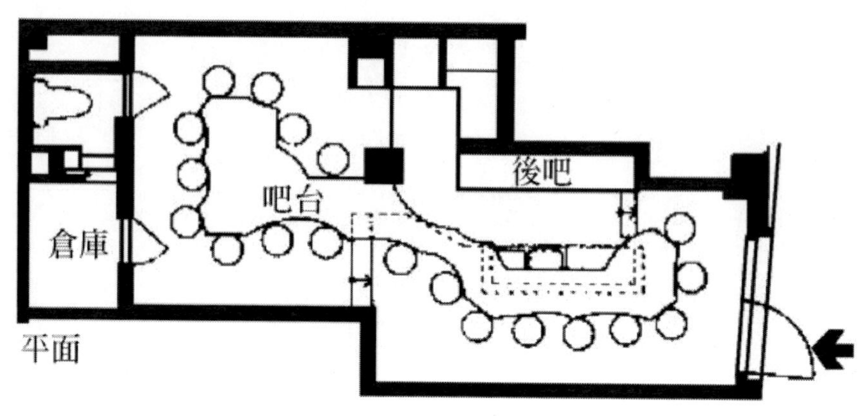

圖5-13 異型吧台實例

除了上述吧台即前吧外，後吧的設計也十分重要。由於後吧是顧客視線集中之處，也是店內裝飾的精華所在，因此需要精心處理。首先應將後吧分為上、下兩個部分來考慮：上部不作實用上的安排，而是作為進行裝飾和自由設計的場所；下部一般設櫃，在顧客視線看不到的地方可以放置杯子和酒瓶等，下部櫃最好寬400～600公釐，這樣就能儲藏較多的物品，從而滿足實用要求，見圖5-15。

一個完善的吧台應包括下列設備：酒吧用酒瓶架、三格洗滌槽或自動洗杯機、水池、飾物配料盤、儲冰槽、啤酒配出器、飲料配出器、空瓶架及垃圾筒等。

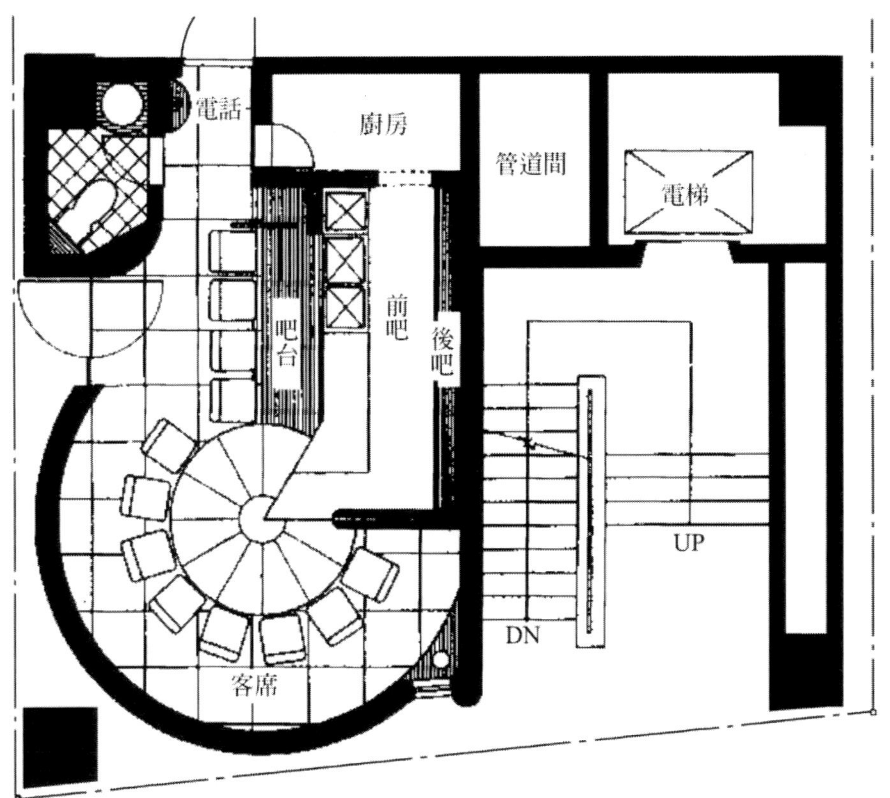

圖5-14 吧台端頭加大圓桌的實例

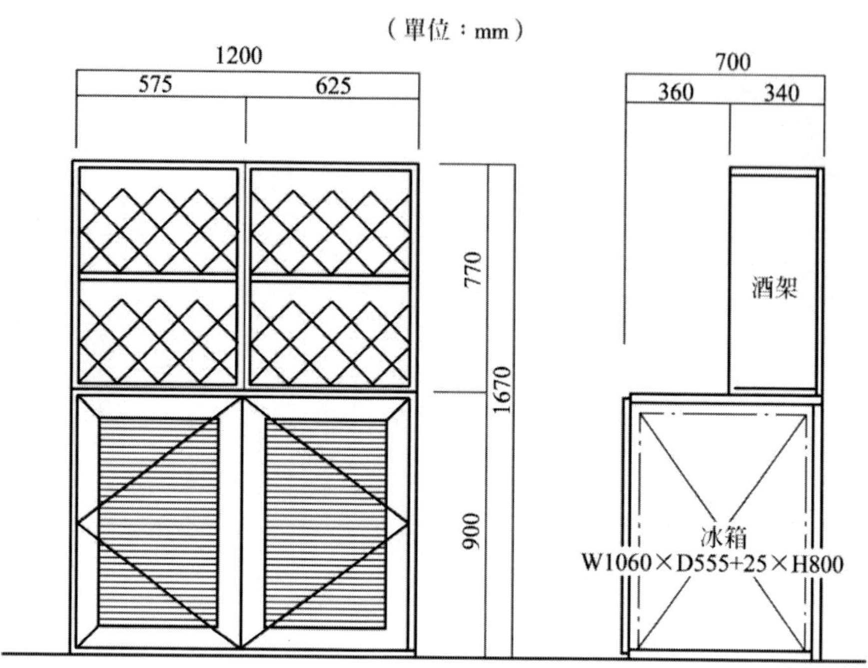

圖5-15 後吧酒架詳圖

後吧應包括以下設備：收款機、瓶酒儲藏櫃、瓶酒及飲料陳列櫃、葡萄酒及啤酒冷藏櫃、飲料、配料、水果飾物冷藏櫃、製冰機、酒杯儲藏櫃等。

前吧和後吧間服務距離不應小於950公釐，但也不可過大，以兩人通過距離為適，冷藏櫃在安裝時應適當向後退縮，以使這些設備的門打開後不影響服務員的走動。走道的地面應鋪設塑膠隔柵或條形木板架，局部鋪設橡膠墊，以便防水防滑，這樣也可減輕服務員因長時間站立而產生的疲勞。

四、酒吧廚房設計

酒吧的廚房設計與一般餐廳的廚房設計有所不同，通常的酒吧以提供酒類飲料為主，加上簡單的點心熟食，因此酒吧廚房的面積占10%即可。也有一些小酒吧，不單獨設立廚房，工作場所都在吧台內解決，由於能直接接觸到顧客的視線，必須注意工作場所要十分整潔，並使操作比較隱蔽。

吧台區的大小與酒吧的面積、服務的範圍有關，此外在狹窄的吧台內配置幾名工作人員是決定作業空間大小的關鍵因素。在滿足功能要求的前提下，空間布置要儘可能緊湊。在布置廚房設施時，要注意使操作人員工作時面對顧客，以給顧客造成親切的視覺和心理效果。工作人員面對顧客還易於及時把握顧客的需求，有利於提高服務質量。

酒吧廚房的具體設置分下列幾個部分：

（一）儲藏部分

酒吧廚房的儲藏主要用於存放酒瓶，除了展示用的酒瓶和當日要用的酒瓶外，其他酒瓶都應妥善地放置於倉庫中或顧客看不到的吧台內側；此外，還要保管好空酒瓶及其箱子。

（二）調酒部分

這是吧台內調酒師最重視的空間，操作台的長度在1800～2000公釐之間最為理想，在這個範圍內將水池、調酒器具等集中配置，會使操作順手和省力。

（三）清洗部分

小酒吧中直接在吧台內設置清洗池，大酒吧中把清洗池設在廚房或單獨的洗滌間。如果在吧台內洗酒具，應注意不要使坐在吧台前的顧客感覺礙眼或被濺到水。

（四）加熱部分

由於酒吧的主要功能是提供酒類飲料，因此加熱功能最好控制在最低限度。如果菜單上有需要加熱的食物，那麼只要空間上允許應盡可能另設小廚房。在吧台內燒開水或進行簡單的加熱時，最好使用電磁加熱爐或微波爐。

酒吧廚房實例詳圖，見圖5-16。

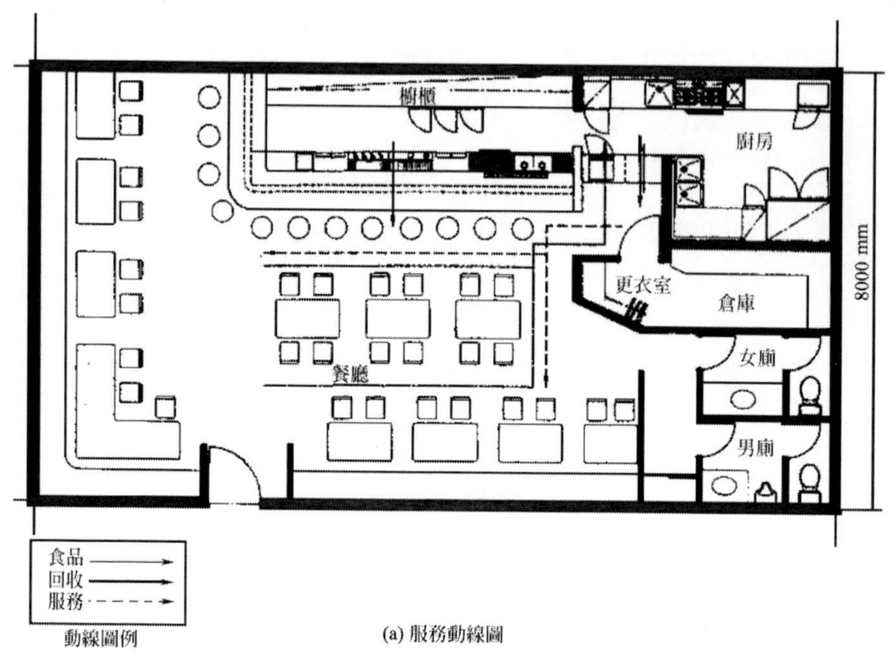

(a) 服務動線圖

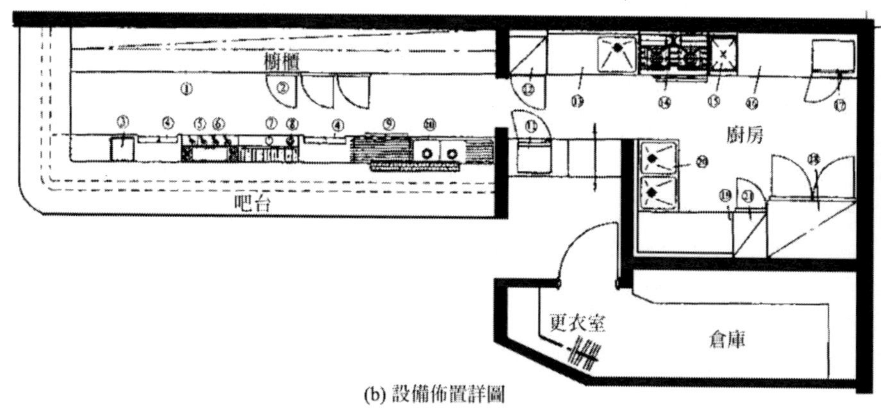

(b) 設備佈置詳圖

圖5-16 酒吧廚房實例詳圖

(1)操作台；(2)冰櫃；(3)冰淇淋櫃；(4)抽拉櫃；(5)製冰機；(6)攪拌器；(7)粉碎機；(8)混合器；(9)洗杯器；(10)水池；(11)毛巾加熱消毒櫃；(12)玻璃冰櫃；(13)操作台；(14)瓦斯爐；(15)油炸箱；(16)操作台；(17)微波爐；(18)冰

箱；(19)操作台；(20)水池；(21)製冰機

五、咖啡廳

咖啡是具有興奮作用的飲料，當今已成為西方人大眾化的日常飲品，它在各國的消耗量逐年增加，咖啡廳也由此遍及全世界。咖啡廳的存在至今已有3000餘年歷史。

咖啡廳一般是在正餐之外，以喝咖啡為主服務簡單的飲食並使客人稍事休息的場所。它講求輕鬆的氣氛、潔淨的環境，適合於少數幾人交朋會友、親切談話等。由於它不是服務正餐，客人在咖啡廳中可作較長時間的停留，是其午後及晚間約會的好場所，因此很受白領工薪階層和青年、女士們的歡迎。

咖啡廳在各國的形式多種多樣，用途也參差不一。在法國，咖啡廳多設在人流量大的街面上，店面上方支出遮陽棚，店外放置輕巧的桌椅。客人可一邊喝咖啡、熱紅茶，一邊眺望過往的行人，或讀書看報、或等候朋友。服務生則穿著黑制服白圍裙，穿梭於桌椅之間，形成一道法國特有的風景，見圖5-17、圖5-18。

圖5-17 法式咖啡廳（Ⅰ）

圖5-18 法式咖啡廳（II）

在義大利，咖啡是在酒吧喝的。在日本，雖然門面上都寫著咖啡廳，但經營的內容彼此差別很大。中國咖啡廳很早已有，但數量不多，近幾年隨著生活的現代化和餘暇時間增多，咖啡廳也像雨後春筍般在各地生長出來，然而目前像歐美那樣很純粹的以品嚐咖啡為主的咖啡廳並不多，多數應稱作冷熱飲店或小吃店。

（一）咖啡廳的空間設計

咖啡廳造型以別致、輕快、優雅為特色。咖啡廳的平面布局比較簡明，內部空間以通透為主，一般都設置成一個較大的空間，廳內有很好的交通流線，座位布置較靈活，有的以各種高矮的輕隔斷對空間進行二次劃分，對地面和頂棚加以高差變化（如圖5-19）。在咖啡廳中用餐，因不需用太多的餐具，餐桌較小，如雙人座桌面有600～700公釐見方即可。餐桌和餐椅的設計多為精巧型，為造成親切談話的氣氛，多採用2～4人的坐席，中心部位可設一兩處人數多的坐席。咖啡廳的服務櫃台一般設在接近入口的明顯之處，有時與外賣窗口相結合。由於咖啡廳中多採用顧客直接在櫃台選取飲食品、當場結算的形式，因此付貨部櫃台就較長，付貨部內、外都需有足夠的迂迴與工作空間。

圖5-19 高矮的輕隔斷的咖啡廳

咖啡廳的立面設計成大玻璃，透明度大，使人從外面可以清楚地看到裡面，出入口設置明顯、方便。

咖啡廳多以輕鬆、舒暢、明快為空間主導氣氛，一般透過潔淨的裝修、淡雅的色彩並結合植物、水池、噴泉、燈具、雕塑等小品來增加店內的輕鬆、舒適感；此外，咖啡廳還常在室外設置部分座位，使內外空間交融、滲透，從而創造良好的視覺效果（如圖5-20）。

一級咖啡廳，裝修標準較高，要求廳內環境優雅，桌椅布置舒適、寬敞。其使用面積最低為1.3平方公尺／座；若設音樂茶座或其他功能時，可相應加大到1.5～1.7平方公尺／座。二級咖啡廳使用面積應不少於1.2平方公尺／座。

圖5-20 咖啡廳在室外設置的部分座位

（二）咖啡廳的廚房設計

咖啡廳的規模和標準差別很大，後部廚房加工間的面積和功能也有很大區別。一些小型的咖啡館，客席較少，經營的食品一般不在店內自己加工，冷食、點心、麵包等採用外購存入冷藏櫃、食品櫃的做法，有的僅有煮咖啡、熱牛奶的小爐具及烤箱，對廚房要求很簡單（如圖5-21）。大型咖啡廳多數自行加工、自行銷售，並設有外賣，其飲食製作間需滿足冷食製作和熱食製作等加工程序的要求。冷食製作包括冰淇淋、冰點心、冰棒和可食容器的製作等。熱食製作主要為點心、麵包等食品和熱飲料的製作，因此廚房面積比較大。自行加工的廚房應設置下列加工間：原料調配、煮漿、冰淇淋、冰點心、冰棒、飲料、可食容器、點心麵包等製作間。

由於咖啡廳所要求的各種原料用量不大，所以食品倉庫不必分類。咖啡廳所用的食器具也比一般餐廳少，食具存放和洗滌消毒空間相應縮小。冷食製作的衛生要求高，因此在冷食加工間和對外的付貨部之間應設簡單的通過式衛生處理設備，如在地面上設置噴水設施以及排水蓋板和排水溝，至此經沖鞋後方能通過。冷食、蛋糕等食品必須冷藏，除在相應的加工間設置冰箱、冰櫃等之外，還可設專門的成品冰庫。自行加工廚房各加工間的流線布置如圖5-22所示。

咖啡廳根據所經營的內容設置飲食製作間，製作間的大小並非取決於座位數的多少，所以製作間的面積與飲食廳的面積無固定比例，可根據實際情況自定。

（三）咖啡廳的發展趨勢

當前國內外對於咖啡廳有所更新，國內一改傳統冷飲店髒、亂、小的弊病，以高雅的格調裝修，或是以連鎖店的方式經營，呈現嶄新的經營風貌。國外更是與都市的現代化生活和休閒氣氛結合起來，出現多種形態並行經營的咖啡廳，如咖啡廳＋VCD影視、咖啡廳＋電腦網路廳……這類新型的咖啡廳符合現代年輕人的口味，使他們能從中獲取屬於自己精神世界的小天地，並快樂地渡過時光（如圖5-23）。

圖5-21 咖啡廳的廚房

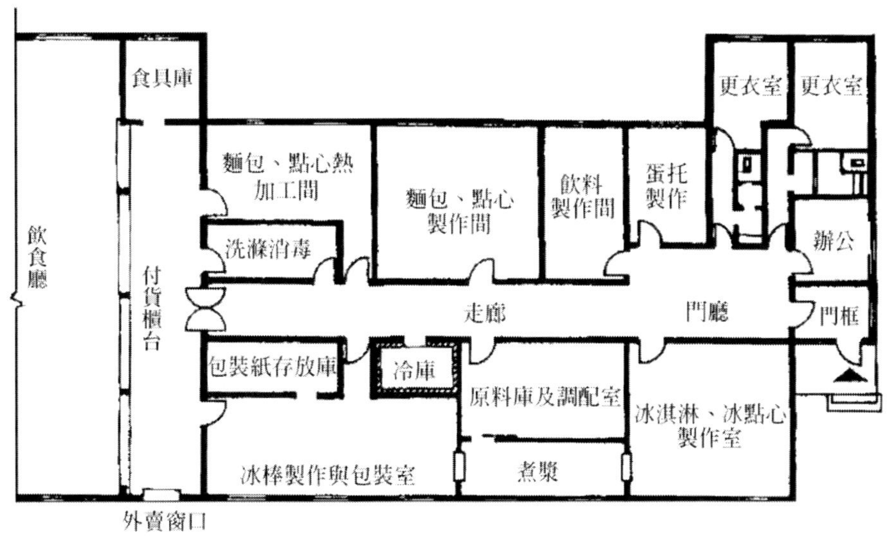

圖5-22 自行加工廚房各加工間的流線布置

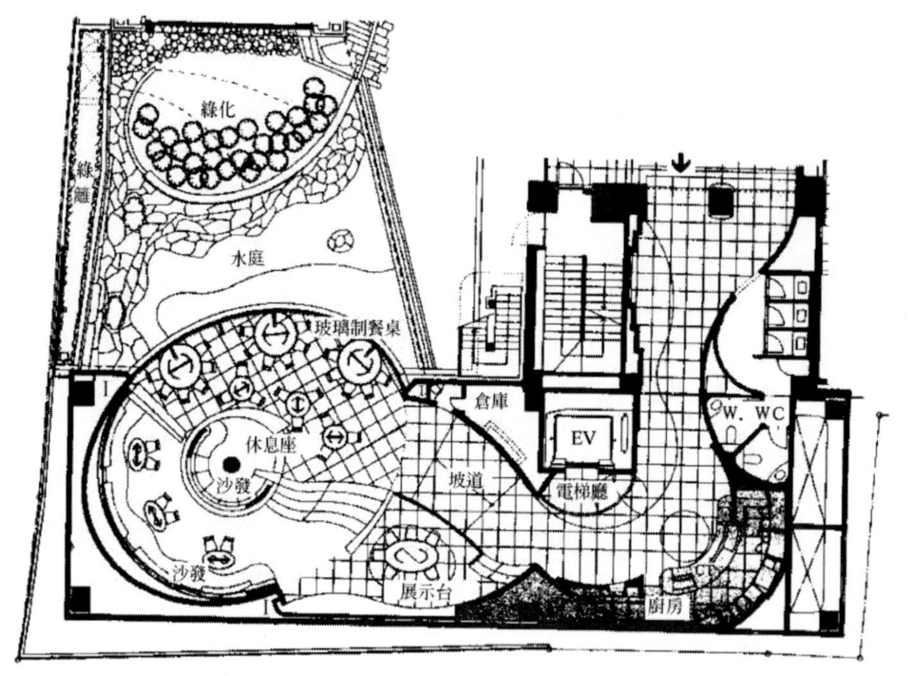

圖5-23 新型的咖啡廳平面布局

第四節 宴會廳與多功能廳

一、宴會廳

（一）宴會方式

1.正餐宴會

宴會有一定規格，是政府、外交、公司乃至婚禮等舉行的正規宴會，採用坐餐式，事先排定座位，定時舉行。其內容可以是中餐、西餐或日餐。

中餐宴會一般為10人圓桌，主桌大、地位突出。西餐宴會一般長桌式布置，規模大時可採用U形、口形布置，主座在長軸中央。日式宴會布置以口形居多，也有主座在端部，長向數排對列。

2.雞尾酒會

雞尾酒會是人與人之間自由交際、餐飲的宴請方式，氣氛輕鬆，客人可先後出入，時間的約束較小。宴請以飲用調配的混合酒為主（如馬丁尼、曼哈頓等統稱為雞尾酒），飲料與食品的台子，無須排座位，可自選食品、邊選邊吃。

3.冷餐酒會

冷餐酒會一般也在正餐時間進行，其既有雞尾酒會輕鬆、自我服務的特點，又有如正餐宴會般豐富的菜餚可供選擇。中央展台常有鮮花、冰雕或奶油雕。西餐菜餚、點心、水果則列於長桌上。

各種宴會廳的布局形式見圖5-24、圖5-25、圖5-26、圖5-27。

圖5-24 哈爾濱香格里拉大酒店宴會大廳

圖5-25 大連富麗華大酒店宴會大廳

圖5-26 大連香格里拉大酒店宴會大廳

圖5-27 日本東京京王廣場酒店宴會大廳

（二）宴會廳規模與面積指標

宴會廳面積與規模、用餐方式有關。

近年來，大型城市酒店的主宴會廳規模有增大趨勢；同時，為適應多功能使用之需，紛紛設置中、小宴會廳。宴會廳的前廳是必要的交際場所，面積一般為宴會廳的1/6～1/3。

（三）宴會廳設計要點

1.宴會廳出入口應與酒店住宿部分出入口分離；總體有條件者，分設出入口；受條件限制只設一個出入口者，進門後即導向不同方向，以避免高峰時宴會人流對住宿客人的干擾。

2.宴會廳地位以近地面層為佳，便於大量宴會人流集散，大宴會廳在樓層需配置運輸量大的自動扶梯或大轎廂客梯。

3.宴會廳客人流線與服務流線明確區分，避免交叉，處理好宴會廳與廚房的關係。常用模式，需既便於服務，又防止廚房噪音、油煙進入宴會廳。

4.宴會廳淨高：小宴會廳淨高為2.7～3.5公尺；大宴會廳淨高為5公尺以上。

5.宴會前廳或宴會門廳：是宴會前的活動場所。此處設衣帽間、電話、浴廁間等。前廳如採用靈活隔斷，必要時，可打開以組織大型酒會。

6.宴會廳附近宜設有一定容量的家具庫儲存在酒會時不用的坐椅、桌子和各種尺度的圓台面等。

二、多功能廳

大型酒店的多功能廳具有宴會、會議、展覽、觀演、教學等多種功能，以不同的家具布置及靈活隔斷等適應不同功能要求（如圖5-28）。因此，多功能廳旁應設有關輔助和設備用房。

多功能廳常舉辦的展覽有時裝、產品介紹等。有的需設活動的舞台，有的需固定展品。多功能廳應有相應設施，並需提供搬運展品的設備、空間及展覽用照明。有的酒店在多功能廳側設大轎廂電梯。例如，上海太平洋大酒店在三層多功能廳旁設專用起吊設備，供布置大型展品之需。

多功能廳的舞台分固定式、活動式兩種，活動式舞台又分升降式與拆裝式等。例如，上海虹橋賓館多功能廳即採用升降式舞台，平時與地面平齊，需要時升起。

近年酒店多功能廳又出現作活動地板的嘗試。例如，日本京都酒店的1600平方公尺多功能廳進一步將地面分成14塊，每塊均可電動升降，按需形成不同高度的地面，適應室內的不定性要求，可用作宴會、會議、階梯形教室、有T形舞台的服裝表演廳等。

為適應不同規模的多功能使用，多功能廳需靈活分隔，常採用下列方式：

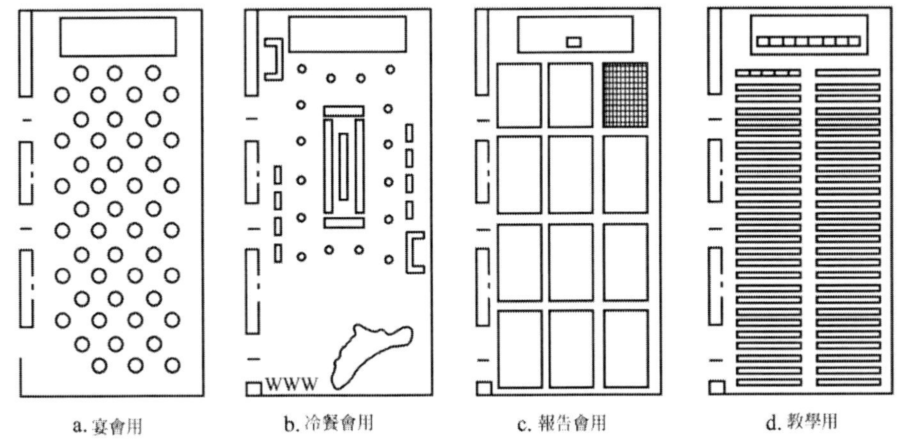

圖5-28 多功能廳多種功能平面布置

（一）帷幕式靈活隔斷

以兩道有一定間距的活動帷幕分隔空間。其間距可隔音。

（二）折疊式靈活隔斷

以相互連接的折疊式門扇作靈活隔斷。平時折疊式門扇疊合牆內，需要時拉出成隔斷，上部懸掛於吊頂骨架內，下部有可降下的橫檔固定位置，隔音效果良好。這種隔斷適於大空間的靈活分隔，寬度達20公尺以上，最大高度6公尺。

（三）手風琴式靈活隔斷

外表如手風琴可伸長、縮短，用人造革或織物等軟性材料作飾面，內有鋁合金百葉、連桿、滑輪等，平時亦藏於牆內，可呈弧形分隔空間。因其離地面有10公分縫隙，故隔音較差。

（四）翻板式靈活隔斷

豎向向上翻起的靈活隔斷，適於淨高較低的空間，隔音效果較好。

多功能廳的各種布局見圖5-29、圖5-30。

圖5-29 大連香格里拉大酒店多功能廳

圖5-30 大連賓館多功能廳

第五節 廚房設計

一、廚房類別

根據酒店等級、規模的不同，廚房的大小、繁簡不一。廚房分類方法有：

（一）按主次關係

可分為主廚房和一般廚房。主廚房（或稱中心廚房）面積大，含廚房工藝流線中多個工序，如儲存、粗加工、點心製作、烹飪等，多數位於酒店底部地面層（或地下層）。例如，臺灣環亞凱悅大酒店的主廚房在地下二層，面積達1500平方公尺之多。

一般廚房面積較小，僅精加工和烹飪兩個工序，某些半成品和點心等來自主廚房，位置可在酒店中部、上部和頂部。

（二）按供應菜餚品種

可分為中餐廚房、西餐廚房、和式廚房等。各式菜餚製作有不同要求，廚房各有特點。例如，炒中菜，要求火頭旺，用凸形圓底鍋；西菜常用平底鍋；所以兩種烘頭不能通用。大型西餐廚房常設麵包房；中廚房則設米飯蒸煮處；粵邦菜廚房還設熬粥處；和式廚房的冷菜製作需相當面積。

（三）按服務內容

可分為餐廳廚房、宴會廚房、客房服務廚房與職工廚房等。餐廳廚房供點菜、分菜；宴會廚房供宴會，同一次宴請的菜餚規格一樣；客房服務廚房適應現代酒店需要提供客房用早餐的服務項目，國外較普遍，其服務時間幅度大、路線長。

二、廚房的工藝流程與組成

（一）廚房的工藝流程

雖然小型或經濟級酒店廚房工藝流程簡單、大型高級酒店廚房工藝流程複雜，但總的過程都是由生到熟：從貨物入→儲存→食品加工→烹飪→備餐出菜，並從餐廳收集用過的餐具及垃圾，分別洗滌、清除。其中，食品加工中的粗加工與精加工可同層分區，亦可分層分區；高溫的蒸煮間或烘烤間以及洗碗間一般圍成小間；冷盆熱食間需嚴格衛生要求，設單獨小間；其餘視實際條件定（如圖5-31）。

（二）廚房組成

1.貨物出入區。

2.貨物儲存區。

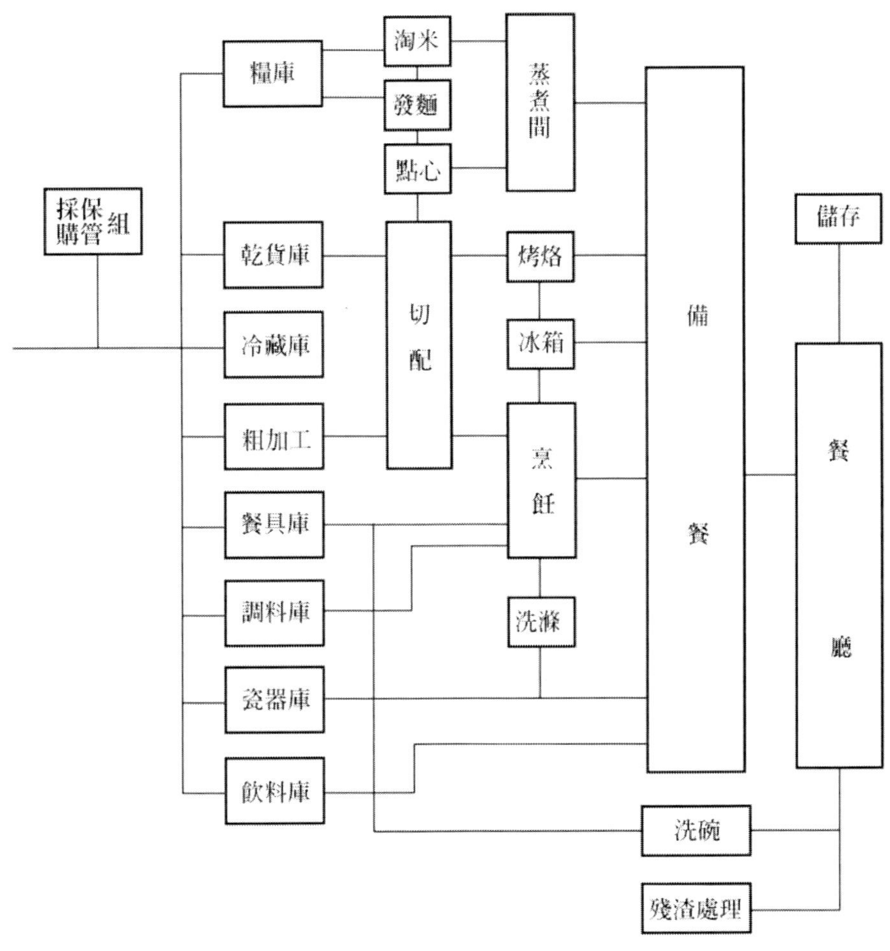

圖5-31 廚房工藝流程

3.食品加工區。

4.烹飪區。

5.備餐出菜區。

6.洗滌區。

三、廚房面積

（一）影響廚房面積的因素

國內、外廚房面積有很大差異。

1.原料加工程度不同。發達國家對食品原料的加工已實現社會化，如豬肉已分為排骨、里肌等，分門別類、按質按需論價；中國國內酒店常得到去內臟的半片豬，並需酒店分類加工。

2.供應菜餚中有許多菜餚製作工藝複雜（如發海參需多道工序），故中餐廚房面積大於西餐廚房。

3.設備的先進程度與空間的利用率，也影響廚房的面積。

（二）廚房面積

廚房面積是指各類餐飲空間的廚房、準備室及廚房工藝過程中的所有面積之和，但世界上對於有關的倉庫（如調味品庫、玻璃器皿庫與廚房工作人員的辦公、生活用房等）是否劃入有不同做法，國外常將它們列入後期服務面積中，中國國內兩者皆有。

四、廚房布置方式

（一）統間式

統間式是小型廚房的主要布置形式，將廚房加工區、烹飪區、洗滌區等布置在一個大空間內，平面緊湊、面積經濟，有自然通風條件，各工序間聯繫方便，見圖5-32。

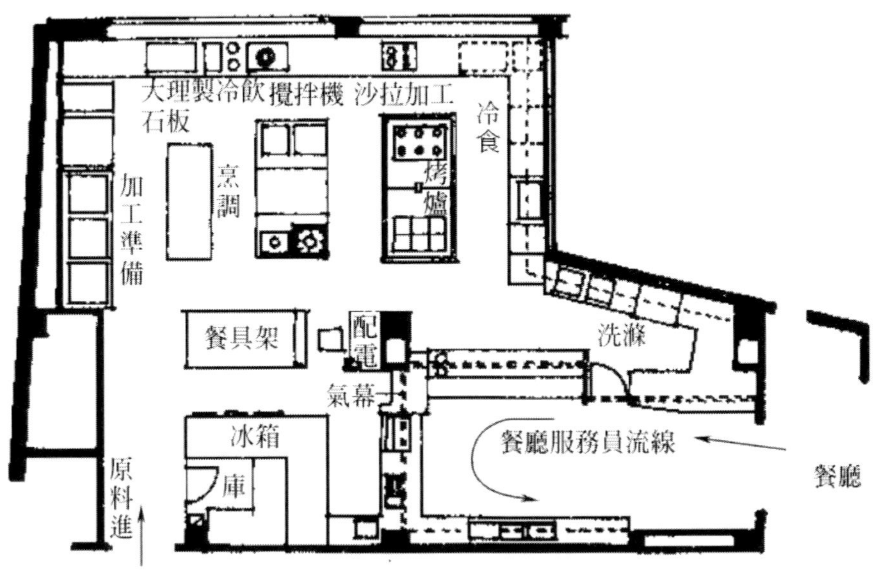

圖5-32 統間式廚房

（二）分間式

分間式將切配加工、烹飪、點心製作、洗滌等分別按工藝序列布置在專用房間內，衛生條件良好，相互影響少，但適合於有空調的廚房，面積比統間式大，見圖5-33。

（三）大小間結合式

這是結合前兩者特點的方式，一般切配、烹飪在大間，點心與冷盤製作、洗滌在小間。這種廚房衛生條件較好，聯繫也方便，是一般大中型廚房常用的布置方式，見圖5-34。

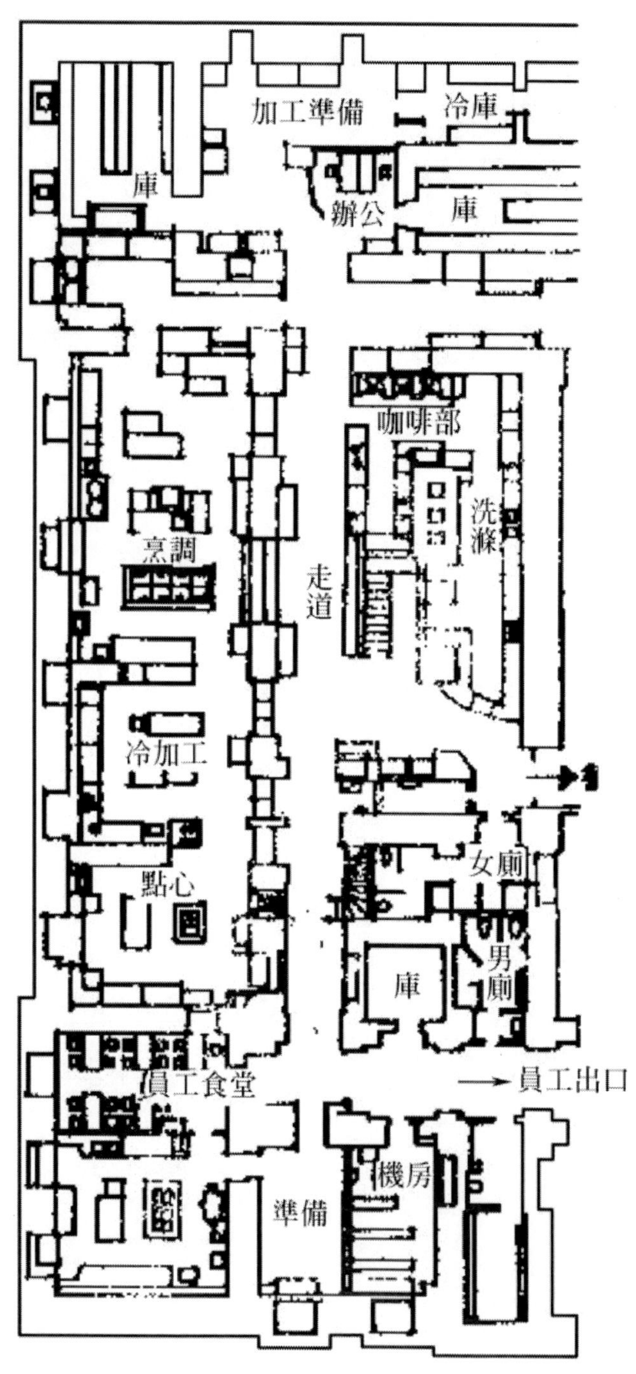
加工準備
冷庫
庫
辦公
庫
咖啡部
洗滌
烹調
走道
冷加工
女廁
點心
男廁
庫
員工食堂
員工出口
機房
準備

圖5-33 分間式廚房

五、廚房設計要點

（一）處理好廚房與餐廳的關係

廚房應與餐廳聯繫密切，為縮短服務員送菜距離，兩者宜長邊相連，一般從取送菜點到餐桌的服務距離不大於40公尺。

廚房與餐廳盡量同層，不應以樓梯踏步連接餐廳，如無法避免高差時，應以斜坡處理，並應有防滑措施和明顯標誌，以引人注意。如同層面積不夠容納全部廚房面積時，可移出倉庫、冰庫、點心製作等房間到上、下層，但要求它們與主廚房有方便的垂直交通聯繫。

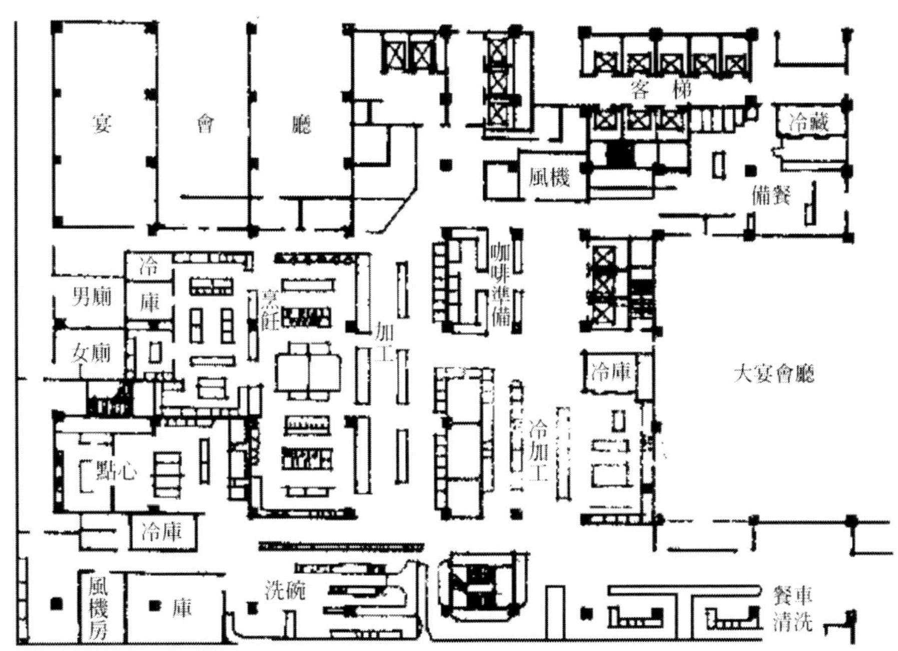

圖5-34 大小間結合式廚房

（二）合理布置工藝流線、滿足衛生要求

廚房內部應合理布置、盡量縮短工藝流線，避免多餘往返交叉，這樣既減少勞力、運輸量，又利於衛生要求。

廚房必須明確區分「生與熟、清與汙」流線，嚴格確保生熟、清汙分離和互不交叉的原則。廚房設計需經當地衛生防疫部門審查。廚房工藝流程中從生到熟的流線稍有反覆，就將使廚房衛生無法保證。

廚房工作人員廁所必須在汙物區，以防工藝流線經過廁所門前而不潔。

（三）廚房內乾、溼、冷、熱分開

點心製作、備餐間等要求乾燥；洗碗間則十分潮溼，相互之間應遠離，避免干擾；同時，冷盤間、西點製作、廚房冰箱與烹飪部分宜分開，以防冷、熱相互影響。

（四）選用易潔、防水的地面和牆面材料

廚房衛生工作的經常性、週期性已成規章制度，為利於清潔打掃，高級酒店廚房常採用光而不滑、防水防油的地面磚，牆面瓷磚貼至頂，並適當放大地面排水坡度，設地溝與集水井。

（五）防止廚房油煙、噪音影響餐廳

現代酒店廚房在空調設計中作負壓區，即廚房比餐廳空氣壓力低，並增加廚房換氣次數以迅速排出烹飪部分的油煙與洗滌部分的水蒸氣。在全空調的現代酒店中，廚房無窗在某種程度上講更易組織氣流。

在油煙、蒸汽發生集中的烹飪區、蒸煮區、洗碗間，需配備專用的排油煙罩和排氣罩，有的高級酒店配置的排油煙機同時可放水清洗，且可向廚師操作位置送新鮮空氣。

為保持餐廳優雅的氣氛，必須防止廚房的烹飪、洗滌等各種工作噪音及部分設備噪音外傳，為此，常透過備餐間或過廳的門的轉折方法，形成聲鎖。在備餐間、過廳等緊鄰餐廳的空間，不應放噪音很大的空調、消音箱等設備。

（六）交通流線方便通暢

廚房、供應入口、倉庫之間應有方便的交通流線。手推小車已成內部運輸工具，所以出入口寬度應留出充分餘地並對門扇、牆角採取保護措施，有的酒店作不鏽鋼包角，以免小車碰撞。

提供客房服務的酒店廚房應有食梯或專用電梯與客房服務間直接聯繫，這類廚房應有足夠停放手推車的面積。

第六節 餐飲空間設計

一、餐飲空間設計的原則

（一）餐飲空間應該是多種空間形態的組合

人們厭倦空間形態的單一表現，喜歡空間形態的多樣組合，希望獲得多彩的空間。因此，餐飲建築室內設計的第一步是規劃設計出多種形態的餐飲空間，並加以巧妙組合，使其大中有小、小中見大、層次豐富、相互交融，客人置身其中感到有趣和舒適（如圖5-35）。

（二）空間設計必須滿足使用要求

規劃設計必須具有實用性。因此，所劃分的餐飲空間的大小、形式及空間之間如何組合，都必須從實用出發，也就是必須注重空間設計的合理性，方能滿足餐飲活動的需求，尤其要注意滿足各類餐桌椅的布置和各種通道的尺寸以及送餐流程的便捷、合理。

（三）空間設計必須滿足工程技術要求

材料和結構是圍隔空間的必要的物質技術手段，空間設計必須符合這兩者的特性。而聲光熱及空調等技術，又是為空間營造某種氛圍和創造舒適的物理環境的手段，因此，在空間設計中，必須為上述各工種留出必要的空間並滿足其技術要求。

二、餐飲室內界面設計

餐廳和飲食廳的空間圍合元素中，除牆面、隔斷、地面、頂棚外，還包括列柱、欄杆、燈柱、酒吧台以及各種可移動的家具、燈具、陳設、綠化、小品等。

因此，在室內空間設計基本確定以後，便要對圍合空間的實體進行具體設計，使空間設計得以具體實現。

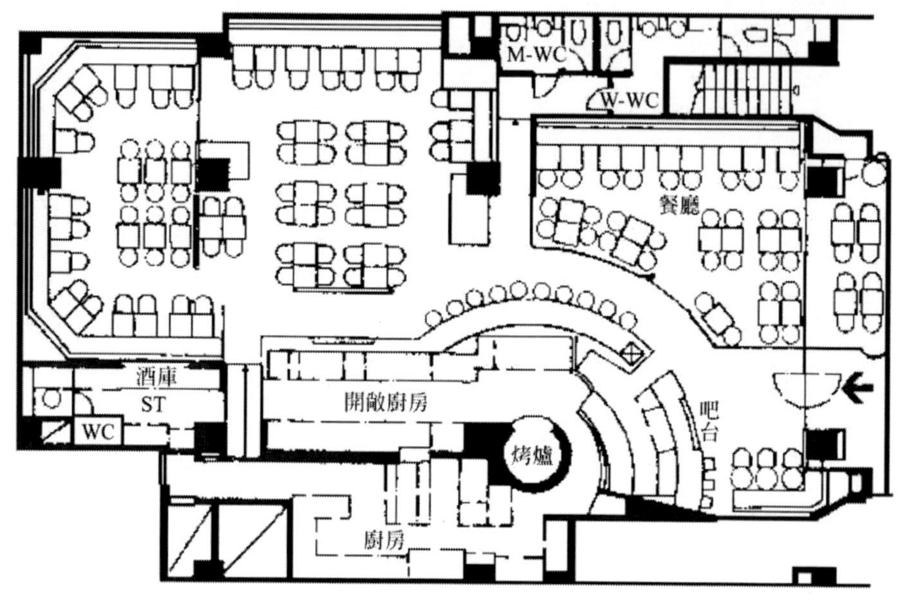

圖5-35 多種形態的餐飲空間

室內界面設計，是指對圍合和劃分空間的實體進行具體設計，即根據對空間的限定要求和對圍合與滲透的不同需求，來設計實體的形式和通透程度，並根據整體構思所需，來設計實體表面的材質、質感和色彩並進行表面裝飾設計等。界面設計對室內環境氣氛的創造有直接影響，是整體環境設計的最主要部分。它不僅僅是一般室內裝修所指的表面處理，更重要的是如何同整體氣氛設計有機地結合起來，使空間設計進一步落實和深化。

（一）界面的作用

1.分隔空間和組織空間

餐飲空間根據不同的使用要求以及空間的趣味性需要，往往用牆、隔斷等界面來進行分隔、圍合，使其成為多種形態的餐飲空間，並加以巧妙組合。比如，一個大空間的餐廳往往需要用一些非承重的、同時又有濃郁藝術特點的隔牆、隔斷來劃分空間，從而形成錯落有致、大小均衡、開敞與私密相結合的多種空間的組合。這些界面除隔牆、隔斷外，也有可能是屏風、帳幔、有反射效果的鏡面及由綠化組成的圍合面等其他形式。

如圖5-36所示，採用蒙古包的形式在大空間中圍合出小空間、小雅間，使用餐環境更富情調。使用鏡子的界面，除分隔空間外，還有從視覺上擴大空間的作用（如圖5-37）。

圖5-36 蒙古包餐飲廳

圖5-37 鏡子的界面餐飲廳

2.創造環境，體現風格，營造氛圍

牆面、地面、頂棚、隔斷、欄杆等界面是組成餐飲廳室內環境的主要部分，因此，界面的造型、色彩、質感，界面的藝術氣質及裝飾性，直接影響室內整體效果和氣氛。界面是表達構思的載體，也是體現某種風格的載體。不同立意構思、不同風格的用餐環境，會有不同的空間組合和平面布局，也必然會有不同的界面設計及陳設配置。而不同形式的界面將造就不同意境、不同風格的用餐環境。因此，設計師透過界面設計可以創造出某種構想的環境並體現某種風格，也可以營造某種特定的氛圍，使餐廳獨具特色，也使客人在享用美食的同時，感受獨特的餐飲文化氛圍，如圖5-38、圖5-39。

不同民族和不同地域都有各自的文化特徵。界面設計要透過各種處理手段來表達和強化餐廳的特色和風格。例如，具有伊斯蘭風格的室內，多有連續的拱券柱廊，柱子輕巧纖秀，拱券及天花板上多覆滿幾何形的裝飾紋樣，室內常有水體等，如圖5-40。

中式風格的餐飲空間界面，宜採用中國傳統的造型因素，一般多以紅木為主調，色彩沉隱，造型莊重、典雅。天花常以複式藻井呈現，雕梁畫棟，飾以宮燈相配。牆面以木裝修為主，造型常承襲隔扇、檻窗、觀景和帶有詩文、花鳥、山水等圖案的木板牆隔斷等形式，並配合匾額題識、懸掛字畫、陳設玩器等，共同烘托出一種含蓄而清雅的境界。隔斷常採用屏風、博古架、花罩、落地罩、陳列架、欄杆罩等傳統形式，如圖5-41、圖5-42。

圖5-38 透過界面設計營造夜色美景的特定氣氛

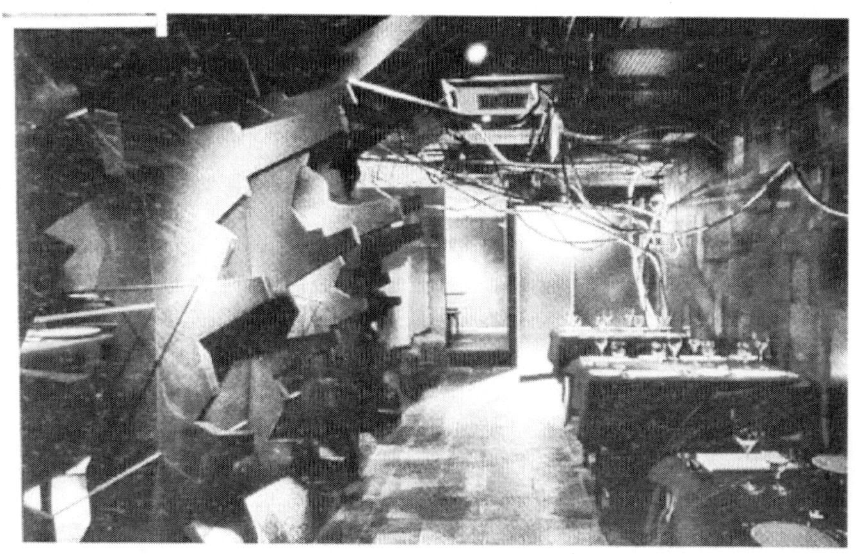

圖5-39 透過界面設計營造獨特餐廳氛圍

歐式古典風格的界面設計，常以巴洛克、洛可可時期的作品樣式為空間特徵，多用各式柱頭、重疊的線腳、磨光大理石、磨光大鏡片、複式華麗的水晶大吊燈、以直線與曲線協調架構的貓腳家具及各式拱券等複雜裝飾手段，構成室內富麗豪華、流光溢彩的環境氣氛，如圖5-43。現代歐式餐廳中，裝飾已大大減弱，造型顯得簡潔、大方，色調也比較素靜，但仍不失歐風意味。日式餐廳中，除適當採用和室、榻榻米、木架屋等傳統方式外，設計者還常採用庭園造景的方式，建構另一種「柳暗花明」的意境，如圖5-44。

圖5-40 伊斯蘭風格餐廳

（二）界面設計

界面設計服從空間設計，空間設計是界面設計的基礎。在具體設計中，因為室內空間環境氣氛的要求不同，構思立意不同，材料、設備、施工工藝等技術條件不同，界面設計的表現內容和手法也多種多樣。例如：表現結構體系與構件構成的技術美；表現界面材料的質地與紋理；利用界面凹凸鏤空變化的造型特點與光影變化形成獨特效果；表現界面色彩和色彩構成；強調界面圖案設計與重點裝飾，等等。

界面設計主要由三部分組成：界面造型設計、界面色彩設計、界面材料與質感設計。

1.界面造型設計

界面造型設計主要是指對界面本身的形狀、界面上的圖案、界面的邊緣以及界面交接處的處理、界面上的凹凸鏤空等進行的設計。

（1）界面的形狀

界面的形狀較多情況是以結構構件、承重牆、柱等為依託，以結構體系構成輪廓，形成平面、折面、拱形、弧面等不同形狀的界面，如圖5-41、圖5-42、圖5-43、圖5-44、圖5-45。也可以根據室內使用功能對空間形狀的需要，脫開結構層另行考慮。例如，在原先是水平的樓板下，因有各種管道，需重新加吊頂天花，再結合環境氣氛的要求，設計成弧形、半圓形、折形或局部鏤空等形狀，如圖5-46。又如，燒烤店，因有排煙的實際功能需要，也需要設計吊頂，其吊頂造型就可以脫開結構層而另行考慮，如圖5-47。除了按結構體系和功能要求外，界面形狀還可按所需氣氛設計（如圖5-48）。這一點在餐廳設計中彈性較大，因為餐飲環境風格各異、變化多端，因而界面形狀也可千變萬化。例如，快餐類的餐飲廳的界面形狀可活潑多變、簡潔明快，以幾何形體為主；中式正餐類的界面形狀一般比較嚴謹、莊重，面上飾以木雕或字、畫作品。

圖5-41 具有傳統中式風格的餐廳界面（Ⅰ）

圖5-42 具有傳統中式風格的餐廳界面（II）

圖5-43 具有傳統歐式風格的餐廳界面

圖5-44 採用庭園造景的日式餐廳

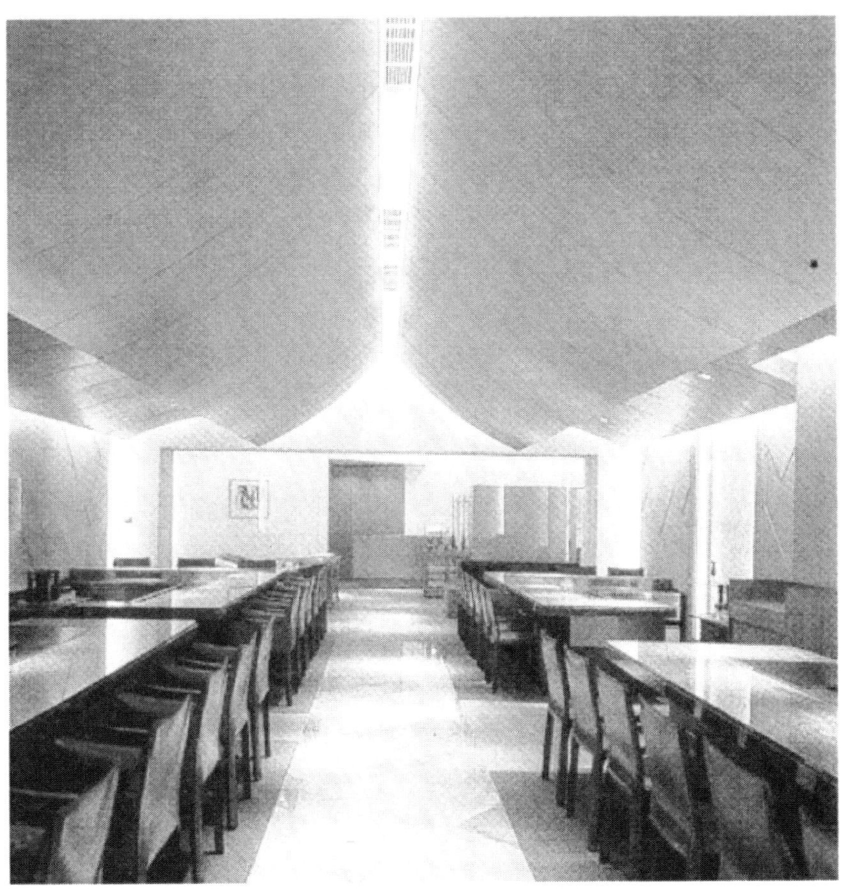

圖5-45 弧形天花界面造型

圖5-46 圓形頂棚造型

圖5-47 結合排煙功能而設計的二次吊頂

圖5-48 界面造型脫開結構，根據環境所需而設計

（2）界面上的圖案

界面上的圖案必須順應室內環境整體氣氛的要求，造成烘托、加強餐廳特定氛圍的作用。根據不同的風格特點，圖案可以是具象的或抽象的、有彩的或無彩的、有主題的或無主題的。圖案的表現手段有繪製的、有同質材料變化的或同材料製作的等；同時，界面上的圖案還需考慮與室內織物相協調（如圖5-49）。

圖5-49 界面圖案設計

（3）界面的邊緣以及界面交接處的處理

界面的邊緣、交接處、不同材料的連接點的造型和構造處理，即所謂「收頭」，是界面設計的困難之一。界面的邊緣轉角通常用不同斷面造型的線腳處理，如木裝飾牆面下的踢腳和上部的腰線壓條等線腳。光潔材料和新型材料大多不作線腳處理，但也有界面之間的過渡和材料的「收頭」問題。值得注意的是，像界面的圖案、線腳這些細部的處理及其花飾和紋樣，也是室內設計藝術風格定位的重要表達語言。

2.界面色彩設計

餐廳是人們進餐的場所，人們在整個進餐過程中自始至終受餐廳空間界面色彩的影響。色彩不僅影響著人的心理和生理感受，同時左右著整個餐廳的環境氣氛。

（1）色彩心理

色彩對於人心理上的影響很大，特別是處理室內界面時尤其不容忽視。一般地講，暖色可以使人產生緊張、熱烈、興奮的情緒，而冷色則使人感到安定、幽雅、寧靜。暖色使人感到靠近，冷色使人感到隱退。兩個大小相同的房間，著暖色的會顯得小，著冷色的則顯得大。不同明度的色彩，也會使人產生不同的感覺。明度高的色調使人感到明快、興奮，明度低的色調使人感到壓抑、沉悶。此外，色彩的深淺不同給人的重量感也不同。淺色給人的感覺輕，深色給人的感覺重。因此，室內色彩一般多遵循上淺下深的原則來處理，自上而下，頂棚最淺，牆面稍深，踢腳板與地面最深，這樣上輕下重，穩定感好。不同色彩在不同界面上使用時也會產生不同的效果（如表5-1）。

表5-1 色彩在不同界面的使用效果

	頂棚	牆面	地面
紅色	干擾性大、份量重	進犯的、向前的	突出的、警覺的
粉紅色	精緻的、愉悅舒適的或過分甜蜜	軟弱、粉氣	過於精緻、較少使用
褐色	沉悶壓抑	沉穩、多爲硬木裝飾	穩定、沉著
橙色	引起注意、興奮	暖和的、發亮的	活躍、明快
黃色	興奮、發亮	過暖，彩度太高不舒服	上升的、有趣的
綠色	冷，較少使用	冷、安靜	冷、柔軟、輕鬆
藍色	如天空、冷	冷、遠	結實、有運動感
紫色	不安、較少用	刺激	沉重、多用於地毯
灰色	淺灰用得較多，顯暗	中性色調	中性色調
白色	有助於擴散光源、簡潔	蒼白、素靜	禁止接觸

餐廳、酒吧的室內空間有大小之分，小型餐廳及酒吧的室內色彩應沉著，給人一種安寧的私密性氣氛，照明也不宜太亮，色調應以暖色為主，如橙色、黃色等。大型的餐飲廳、宴會廳色彩應明朗、歡快，與明採光相配合，使其既金碧輝煌又賞心悦目。

（2）色彩的統一與變化

色彩環境在設計中要統一基調，簡言之，要有一個主色調。有了主色調，方能創造富有特色的、有傾向性的、有感染力的環境氣氛。一首樂曲要有主旋律，一張繪畫要有主色調，室內色彩設計中失去了主色調，讓多種色彩等量齊觀一起上，就好比一支沒有主旋律的樂曲，各種樂器各奏各的調，注定要失敗。因而設計師必須十分慎重地選擇和確定總體的基本色調，十分細緻地考慮各部分的色彩變化同主色調相協調。

在複雜的空間組合中，各種空間可以各有傾向性色調。但是首先，這些空間必須是從屬於一個主空間，而主空間必須要有一個主色調。其次，儘管這些空間色調各異，但它們之間應當有秩序地聯繫。簡單的，比如以春、夏、秋、冬四季命題，或以花卉植物命名，或以地方民族特色立意，等等。第三，應當有一兩種共通的輔助色起呼應協調作用，這些輔助色可以是黑色、白色、金色、銀色、灰色和材料的天然本色，它們無論同什麼顏色搭配，基本上都可以協調。

在實務中，色彩繽紛的大自然是色彩構圖的總源泉。從奧妙無窮的天空雲霞到神祕莫測的夜色星空，從斑斕陸離的礦岩樹木到魚龍鳥獸的皮毛羽尾……一幅幅都是令人嘆為觀止的色彩構圖範例。抓住朝夕更替一瞬間，或取其一鳥羽、一花卉標本，都可以從中得到色彩構圖的啟示和靈感，從而在室內設計中創造出巧奪天工的色彩環境與氣氛。

3.界面材料與質感設計

餐館的內部形象給人的感覺如何，在很大程度上取決於裝飾材料的選用。每種材料都具有特殊的潛能，若能準確地把握材料的特性並加以巧妙運用，就能創造出完美的室內空間。丹麥設計師克林特曾指出：「只有用正確的方法去處理正確的材料，才能以直率和美的方式去滿足人類的需要。」

任何一種材料都具有與眾不同的特殊質感。材料的質感可以歸納為：粗獷與細膩、粗糙與光滑、溫馨與寒冷、華麗與樸素、沉重與輕巧、堅硬與柔軟、剛勁與柔和等基本感覺形態。自然材料的質感相差懸殊、趣味無窮，用得巧往往能構思得妙。人工材料簡潔明快、精緻細膩，能造出機械美、幾何美，也往往很有秩序感。一個餐廳設計的成功與否不在於單純追求昂貴的材料，而在於依據構思合理選用材料、組織和搭配材料。昂貴的材料固然能以顯示其價值的方法表達富麗豪華的特色，而平凡的材料同樣可以創造出幽雅、獨特的意境。天然材料中的木、竹、藤、麻、棉等材料給人以親切感，餐廳室內採用顯示紋理的木材、藤竹家具、草編鋪地以及粗略加工的牆體面材，粗獷自然，富有情趣，使人有回歸自然之感，可以表達樸素無華的傳統氣息和自然情調，從而營造出溫馨、宜人的用餐環境。不同質地和表面不同加工的界面材料，給人的感受也不一樣。平整光滑的大理石：整潔、精密；全反射的鏡面不鏽鋼：精密、高科技；紋理清晰的木材：自然、親切；清水勾縫磚牆面：傳統、鄉土情；具有斧痕的假石：有力、粗獷；大面積灰沙粉刷面：平易、整體感好……

和室外空間相比，室內空間和人的關係要密切得多。從視覺方面講，室內的牆面近在咫尺，人們可以清楚地看到它極細微的紋理變化；從觸覺方面講，伸手則可以觸摸它，因而就建築材料的質感來講，室外裝修材料的質地可以粗糙一些，而室內裝修材料則應當細膩、光潔、鬆軟一些。當然，在特殊情況下，為了取得對比，室內裝修也可以選用一些比較粗糙的材料，但面積不宜太大。

儘管室內裝修材料一般都比較細膩、光潔，但它們的細膩程度、堅實程度、紋理粗細和分塊大小等是各不相同的。它們有的適合於做頂棚，有的適合於做牆面，有的適合於做地面，有的適合於做裝飾……例如，頂棚或各種吊頂，人們接觸不到它，又較易於保持清潔，因而宜選用鬆軟的材料（如抹灰粉刷等）。地面則不同，它需要用來承托人的活動，而又不易保持清潔，因而宜選用堅實、光滑的材料（如水磨石、大理石等）。某些有特殊功能要求的房間（如多功能餐廳中的舞台部分），為保持彈性或韌性適於採用木地板。牆面的上半部人們是接觸不到的，而下半部則經常接觸它，這就使得許多牆面採用護牆的形式：把下半部處理成為堅實、光滑的材料，以起保護牆面的作用；上半部則和頂棚一樣，可以採用較軟松的抹灰粉刷。如何把具有不同質感的材料結合在一起並利用其粗細、堅柔及紋理等各方面的對比和變化，是界面設計的關鍵。

目前，「回歸自然」成了室內設計的趨勢之一，因此在選材上選用天然材料也成為一種時尚。即使是現代風格的餐廳，室內裝飾也常常選配一些天然材料。例如，木材：質輕、強度高、韌性好、熱性能好、手感好、觸感好、紋理優美、色澤宜人，易於著色和油漆，便於加工、連接和安裝。常用於飾面的木材主要有水曲柳、樺木、楓木、橡木、櫸木、柚木、櫻桃木、雀眼木、桃花心木、花梨木等。石材：渾實厚重、耐磨性好，紋理和色澤優美，且各品種特色鮮明。其表面根據裝飾效果需要還可做多種處理，如燒毛、鑿毛、拋光及噴砂、噴水亞光處理等。

（三）頂棚、地面、牆面及其他界面設計

空間是由界面圍合而成的，一般的建築空間多呈六面體，這六面體分別由頂棚、地面、牆面組成，在餐飲空間中還常有隔斷、屏風、懸掛物等，處理好這些要素，不僅可以表現空間的特性，而且還能加強空間的意境和氣氛。

在一般餐飲建築中，頂棚和地面是形成空間的兩個水平面，頂棚是頂界面，地面是底界面。地面的處理相對來說比較簡單，因其涉及的工程技術方面的因素比較少，多考慮其具體的形式、材質以及表面的圖案等。頂棚的處理則比較複雜，這是由於頂棚和結構的關係比較密切，在處理頂棚時不能不考慮到結構形式的影響。另外，頂棚又是各種燈具所依附的地方，在一些設備較完善的餐廳中，還要設置各種空調系統的送、迴風孔，消防系統的煙感器、噴淋頭，背景音響的喇叭口等，這些在頂棚的設計中都應給予妥善的處理。牆面、柱子用來承重，一般情況下形式比較固定，但有時因功能或造型需要也往往設計成斜牆、弧形牆、斷裂牆和變形柱等。隔斷的處理在餐飲建築中最為靈活，且形式變化多樣。界面的處理雖然不可避免地要涉及很多具體的細節問題，但首先應從建築空間整體效果的完整統一出發，才不至於顧此失彼、各行其是而毫無章法。

1.頂棚設計

頂棚，作為空間的頂界面，最能反映空間的形態及關係，但透過頂棚的處理則可以使這些關係明確起來。另外，透過頂棚處理還可以達到建立秩序，克服凌亂、散漫，分清主從，突出重點和中心等多種目的。

透過頂棚處理來加強重點和區分主從關係的例子很多。例如，在一些設置柱子的大廳中，空間往往被分隔成若干部分，這些部分本身可能因為大小不同而呈現出一定的主從關係。若在頂棚處理上再作相應的處理，這種關係則可以得到進一步加強，如圖5-50。

空間上部的頂棚，由於其位置高，不被遮擋，特別引人注目，透視感也十分強烈。利用這一特點，透過不同的處理，有時可以加強空間的博大感，有時可以加強空間的深遠感，有時則可以把人的注意力引導至某個確定的方向或加強空間的序列感，如圖5-51、圖5-52。

圖5-50 透過頂棚造型處理，進一步強化主次關係

圖5-51 透過頂棚造型和照明設計，加強空間序列感

圖5-52 透過頂棚造型和照明設計，加強空間深遠感

頂棚的處理，在條件允許的情況下，應當和結構相結合。例如，在一些傳統的建築形式中，頂棚處理多是在梁板結構的基礎上進行加工，並充分利用結構構件起裝飾作用。近現代建築所運用的新型結構，有的很輕巧美觀，有的其構件所組成的圖案具有強烈的韻律感，這樣的結構形式即使不加任何處理，也可以成為很美的頂棚。

總的來說，對於餐廳頂棚設計，設計者應根據餐飲廳空間的構思立意綜合考慮建築的結構形式、設備要求、技術條件等來確定頂棚的形式和處理手法，透過對頂棚的深入設計，為空間環境增色。頂棚的處理隨餐廳空間特點的不同，有各式各樣的處理手法，一般可歸納為：顯露結構式；圖案裝飾式；天窗式，等等。從具體處理手法上，頂棚大體可分為以下七種類型：

（1）具有自然採光功能的頂棚。一般採用在鋼結構或鋁合金結構上做玻璃頂光。由於有大面積的頂光，餐飲空間明亮、開朗，同時還能節約能源。設計多注重結構形式，如圖5-53。

圖5-53 突出燈具造型的頂棚

（2）模仿自然的頂棚。例如，模仿夜景，設計者透過色彩和燈光，可營造繁星點點的夜色浪漫情調，如圖5-54。

（3）突出燈具造型的頂棚。這種頂棚本身一般較簡潔，而以燈具造型作為頂棚的重點點綴，裝飾效果好，既有重點又解決了照明問題（如圖5-55）。

（4）結合燈槽、光棚、光帶的頂棚。頂棚的分格、分區處理並結合光帶、光棚，是頂棚處理較常見的手法，不僅使頂棚富有變化和層次，同時也解決了照明問題，如圖5-56、圖5-57、圖5-58、圖5-59。

（5）強調造型和圖案。採用一定的母題或幾何圖形在頂棚上進行處理，其中造型和圖案在其他界面一般都有所呼應或重複，使餐飲環境具有統一整體感，如圖5-60、圖5-61。

圖5-54 模仿夜景的頂棚處理

圖5-55 突出燈具造型的頂棚

圖5-56 結合光棚的頂棚處理

圖5-57 結合光帶的頂棚處理

（6）採用織物構成頂棚（如圖5-62）。頂棚分格利用織物構成，使餐廳更具自然情調。此類用得最多的是大塊織物，既取得了效果又經濟節約，如圖5-63。

（7）利用高架裝飾構件（如圖5-64），既豐富了頂棚造型，又有圍合餐座小空間的作用。

2.地面設計

地面作為空間的底界面，是以水平的形式出現的。由於地面需要用來承托家具、設備和人的活動，所以其顯露的程度是有限的。從這個意義上講，地面給人的影響要比頂棚小一些。但從另一角度看，地面又是最先被人的視覺所感知的，所以它的色彩、質地和圖案能直接影響室內的氣氛。

（1）地面圖案處理。地面圖案設計大體上可分為三種類型：地面圖案自身獨立完整；地面圖案連續，具有韻律感；地面圖案抽象。第一種類型的圖案不僅具有明確的幾何形狀和邊框，而且還具有獨立完整的構圖形式，這種類型很像地毯的圖案，如圖5-65。近現代建築的平面布局較自由、靈活，一般比較適合採用第二種類型的圖案。這種圖案較簡潔活潑，可以無限地延伸擴展，又沒有固定的邊框和輪廓，因而其造就性較強，可以與各種形狀的平面相協調。第三種類型採用抽象圖案來做地面裝飾，這種形式的圖案雖然要比地毯式圖案的構圖自由、活潑一些，但要想取得良好的效果，則必須根據建築平面形狀的特點來考慮其構圖與色彩，只有使之與特定的平面形狀相協調一致，才能求得整體的完整統一。

圖5-58 頂棚的分格處理

圖5-59 頂棚的分區處理

圖5-60 頂棚的造型設計

圖5-61 頂棚的圖案設計

圖5-62 彩色織物裝飾頂棚，親切溫暖

圖5-63 用大塊織物裝飾頂棚

（2）地面材質處理。餐廳的地面一般選用比較耐久、結實並便於清洗的材料，如石材、水磨石、毛石、地磚等。較高級的餐廳選用石材、木地板或地毯。花崗岩地面因其材質的均勻和色差小，能形成統一的整體效果，再經過巧妙的構思，往往能取得理想的效果（如圖5-66），毛石地面經過拼貼組合，再加上其本身的自然特性，對營造餐廳的特色氣氛能造成很大的作用。在圖5-67　中，地磚鋪地變化較少，但透過圖案設計和色彩搭配，也能取得很好的效果。木地板因其特有的自然紋理和表面的光潔處理，不僅視覺效果好，而且顯得雅致、有情調。圖5-68　　中的地面處理，除採用同種材料變化之外，也可用兩種或多種材料構成。圖5-69　中的走道採用石材，用餐區採用地毯，既有了變化，又具有很好的導向性。

圖5-64 利用高架裝飾構件的頂棚造型

圖5-65 地面圖案處理

圖5-66 毛石地面處理

圖5-67 地磚地面處理

圖5-68 地板地面處理

圖5-69 多種材料相結合地面處理

（3）地面的光藝術處理。在地面設計中，有時可利用光的處理手法來取得獨特的效果。圖5-70、圖5-71在地面下方設置燈光，既豐富了視覺感受，又在入口處造成了引導作用。有時也可用配置地燈的方式取得類似的效果。在圖5-72、圖5-73中，地面的光設置除了起導向作用外，還能作為地面的裝飾圖案。總之，若能巧妙運用光的手段，在地面設計中則能取得別具一格的效果。

圖5-70 地面光藝術處理（Ⅰ）

圖5-71 地面光藝術處理（II）

3.牆面設計

牆面也是圍合空間的重要因素之一。牆面作為空間的側界面，是以垂面對的形式出現的，對人的視覺影響至關重要。在牆面處理中，大至門窗，小至燈具、通風孔洞、線腳、細部裝飾等，只有作為整體的一部分而互相有機地聯繫在一起，才能獲得完整統一的效果。

圖5-72 配置地燈，既有導向又有裝飾效果

圖5-73 具有導向、裝飾作用的地面處理

牆面處理，最關鍵的問題是如何組織好門窗、牆面開洞、鏤空、凹凸面等之間的關係。門窗為虛，牆面為實，門窗開口的組織，實質上就是虛實關係的處理，虛實的對比與變化則往往是決定牆面處理成敗的關鍵。牆面的處理應根據每一面牆的特點，有的以虛為主，虛中有實；有的以實為主，實中有虛，應盡量避免虛實各半、平均分布的處理方法。同時，還應當避免把門、窗等孔洞當做一種孤立的要素對待，而力求把門、窗組織成為一個整體。例如，把門窗納入到豎向分割或橫向分割的體系中去，這一方面可以削弱其獨立性，同時也有助於建立一種秩序。在一般情況下，低矮的牆面多適合於採用豎向分割的處理方法，高聳的牆面多適合於採用橫向分割的處理方法。橫向分割的牆面常具有安定感，豎向分割的牆面則可以使人產生興奮感、高聳感。

另外，牆面處理還應當正確地顯示空間的尺度，過大或過小的裝飾處理、牆面圖案和牆面分格，都會造成錯覺，並歪曲空間的尺度感。

餐廳牆面設計應綜合考慮多種因素，如牆體的結構、造型和牆上所依附的設備等，同時應自始至終地把整體空間構思、立意貫穿其中；然後，動用一切造型因素，如點、線、面、色彩、材質，選擇適當的手法，使牆面設計合理、美觀，並呼應及強化主題。下面略述幾種典型的餐廳牆面處理手法：

（1）設大片落地玻璃窗，與室外空間在視覺上流通，把室外景觀引入室內，增加室內空間活力，如圖5-74所示。

圖5-74 大片落地玻璃窗使室內外空間視覺流通

（2）透過幾何形體在牆面上的組合構圖、凹凸變化，可構成具有立體效果的牆面裝飾。利用方形體塊和孤形體塊構成牆面的變化，可使餐廳獨具特點。利用圓形主題的凹凸變化、組合構圖，可使餐廳空間在統一中又富變化。

（3）合理使用和搭配裝飾材料，使牆面富有特點、富有變化。如圖5-75所示，採用竹子裝飾牆面，可取得很好的效果。

（4）運用繪畫手段裝飾牆面。內容合適和內涵豐富的裝飾畫，既豐富視覺感受，又能在一定程度上強化主題思想，如圖5-76、圖5-77。有時整面牆用繪畫手段處理，效果更加獨特，如圖5-78。

圖5-75 利用竹子裝飾牆面

圖5-76 運用繪畫手段裝飾牆面（Ⅰ）

（5）把牆面和酒櫃或其他家具綜合起來考慮。如圖5-79，利用整面酒櫃來裝飾牆面，效果奇特。

（6）利用光作為牆面的裝飾要素，將獨具魅力，如圖5-80所示。

圖5-77 運用繪畫手段裝飾牆面（II）

圖5-78 整體牆面用繪畫手段處理，效果獨特

圖5-79 利用整面酒櫃來裝飾牆面

4.其他界面設計

（1）隔斷

在餐飲空間設計中，往往需要用隔斷來分隔空間和圍合空間。隔斷比用地面在高差變化或頂棚造型變化來限定空間更實用和靈活，因為它可以脫離建築結構而自由變動、組合。隔斷除具有劃分空間的作用外，還能增加空間的層次感、組織人流路線、增加用餐依託的邊界等。隔斷從形式上來分，可分為活動隔斷和固定隔斷。活動隔斷：如屏風、兼有使用功能的家具以及可搬動的綠化等。固定隔斷又可分為實心固定隔斷和鏤空式固定隔斷。如圖5-81所示，採用實心的石材矮隔斷來劃分空間，可使被圍合的空間更具私密性。又如圖5-82所示，採用鏤空通透的網狀隔斷，使空間分中有合、層次豐富。從材料運用來分，可分為玻璃隔斷、木裝飾隔斷、竹子編排組合隔斷、石材砌築隔斷等，如圖5-83、圖5-84。

圖5-80 牆面上光藝術處理

圖5-81 石材隔斷圍合空間

圖5-82 漏空通透的網狀隔斷

圖5-83 竹子編排組合隔斷

（2）柱子

柱子一般可分為承重柱和裝飾柱。承重柱的形狀處理通常依據原柱子的形狀，一般有方柱、圓柱、八角柱等。裝飾柱因其不承重，形式比較自由靈活，且位置、大小可以改變，所以有的時候可以把排列有序的裝飾柱作為界面處理的重點。在柱子界面設計中，如能結合照明設計，往往可以取得獨特的效果，如圖5-85、圖5-86。

圖5-84 木裝飾組合隔斷

圖5-85 柱子頂部造型

圖5-86 結合照明設計的柱子

三、光環境的明暗

不同的餐飲空間，其人工光環境的明暗應該不同。但在這裡我們不討論分別該用多少照度，因為所追求的效果不同，照度會有很大差別，我們只是從對光環境的感覺上討論明暗問題。

光環境的明暗能直接影響室內氣氛。明亮的光環境使人興奮、快樂；而幽暗的光環境讓人安靜、平和，有種脱離塵囂的寧靜，使人不由自主地低聲言語。

因此，不同的餐飲空間應採用不同的明暗，以營造適宜的氣氛。宴會廳要光照明亮，以營造出熱烈歡快、富麗堂皇的氣氛。快餐廳要光照充足、氣氛輕鬆、活潑溫暖，孩子們可以大聲笑鬧。除此之外，其餘餐飲空間人工光環境的照度就不能太高；否則，如果光照如畫，一切清晰可辨，眾目睽睽會讓人感到缺乏私密感。尤其是酒吧，一般都光線幽暗，遠處的人和物只是依稀可辨，氣氛靜謐而充滿私密感，宜於客人長時間逗留並娓娓而談。而餐廳則要比酒吧的照度要高些，給人以輕鬆、舒適感。

一般來說，餐飲空間可採用局部照明突出某些重點部位，如局部照明藝術精品和陳設，將人的視線吸引到有文化氛圍和體現情調之處。如果環境照明偏暗，要用局部照明讓餐桌亮一點，以便看清菜單、食物和報紙，並形成一個只屬於該桌客人的光照空間。

在圖5-87中，連續的水平窗使人視野舒展、開闊，客人可將室外景致盡收眼底。餐桌上方構架限定出一方尺度親切的用餐空間，低矮的隔斷不僅圍合出一個個富有領域感的小空間，還使客席免受交通干擾。

圖5-87 連續水平窗

在圖5-88中，從頂部引入自然光，使餐廳明亮歡快，透過斜向天窗還能看到綠樹、天光、雲影等。

圖5-88 頂部自然光

在圖5-89中，拱形天窗不僅引入自然光，而且其加工精良的金屬框、光潔的玻璃與大片毛石牆形成鮮明對比，襯托出毛石牆的天然氣息，配上大量綠化，使咖啡廳宛如室外的自然環境。

圖5-89 拱形天窗

在圖5-90中，頂棚上這盞射燈的光束，暗示出一個只屬於這桌客人的光照的空間領域，而人工光線的頂棚又給人以天光之感。

圖5-90 頂棚射燈

第七節 餐飲空間規劃設計的發展趨勢

一、飲食觀念轉變

隨著中國經濟的高速增長，人們的個人收入明顯提高，生活水平正從溫飽型向小康型轉化。人們的飲食觀念和飲食行為亦發生了很大變化，主要體現在：外出餐飲消費明顯增長；飲食轉向享受型、休閒型；飲食志趣多樣化；快餐化。

（一）環境及氛圍的設計

餐飲的消費觀念已從充飢型逐步轉向享受型、休閒型。消費者十分注重從餐飲中獲得精神享受，而在這方面，對客人的感官情緒最有決定性影響的是餐飲的環境與氛圍，尤其是室內的環境與氛圍，它應該表現為文化與文明的內涵，優雅、舒適、溫馨，給人以某種情調的感染，使人心情放鬆並得以享受美好的生活和人生。環境與氛圍，是在多種因素周到配合下，共同烘托出來的綜合效果。在室內，首先要靠好的室內設計，同時還要有音響、燈光以及宜人的冷暖環境等的精心配合，而侍者的儀表和周到的服務、食品的形與色、飲器食具的美與雅，都會對氛圍帶來影響。如果再加上室外的庭園綠化、疊石噴泉，將使餐飲環境更加清新雅致。

目前，在中國酒店餐飲空間建築中，有的環境及氛圍搞得好，有個性特色，但相當一部分是高檔裝飾材料的堆砌和某種藝術符號的拼貼，模式類同，談不上個性及整體氛圍的藝術感染力。而更多的是，廳堂簡陋粗糙，缺乏設計，很不適應今天人們對餐飲環境的精神需求。這固然有經濟因素的原因，也有價值觀念的問題，這是個有待建築師和室內設計師開發的領域。

（二）個性化、類型化設計

受激烈的市場競爭所驅動，餐飲企業必須與競爭對手拉大差別，有自己獨到的經營，方能吸引客人。首先，菜餚食品須有自己的風味特色，否則沒有生命力；其次，還要處理好傳統特色與流行風味的關係，在保持傳統特色的同時，創新求變，創造出新的「流行味」，形成新的消費熱點，使顧客常來常新、百吃不厭，因此特色也要時常更新。

除了食品特色外，業主還在餐廳的特色化、外性化上頗費心思。有的以某個特定的消費人群為主要服務對象，如「老三屆」餐廳，以其農舍風格陳設及農家飯菜，吸引老知青在此聚首，並提供懷舊場所。類似的還有「球迷餐廳」、「單身貴族酒吧」等。在日本，出現了一種「購物型休閒餐飲」，服務對像是家庭主婦，她們經常在逛街後利用休閒餐廳與三五好友聊天、消遣。這類酒店是以營造特殊的室內環境與氛圍來吸引某個特定的消費人群的。

如今，又興起「電腦茶座」、「網路咖啡廳」，客人在那裡一邊品茶、喝咖啡，一邊玩電腦，查閱訊息資料，還可以神遊海內外名勝風光，或透過網路收發電子郵件，很受電腦愛好者歡迎。

凡此種種，都是試圖以特色吸引顧客，如果特色不易被他人模仿，則經營壽命長。經營的特色化，必然要求餐飲建築設計也要特色化、個性化。

此外，由於消費品味提高，人們的飲食志趣及需求多樣化，要求餐飲業的經營方式也要多元化，以適應不同消費群體的需求。除了原來意義上的酒樓、餐館外，快餐店、自助餐、歌舞伴餐、美食廣場、小吃街、大排檔、超市餐飲、網路咖啡廳、啤酒屋、茶館、酒吧、送餐等多種經營形式都能獲得自己的發展空間。隨著不斷探索新特色，餐飲企業將會發現更多新的經營方式，使經營更向多元化發展，餐飲建築的類型也必然會更加多樣化

二、餐飲建築的構思與創意

餐飲業競爭激烈，顧客選擇餘地很大，如果餐飲環境舒適優雅，有文化品味、情調溫馨愜意，客人就會欣然入內。因此，有人說「沒有特色別開店」，可見酒店必須特色化、個性化。而要做到這一點，當然首先是經營內容要有風味特色，美食美味，但餐飲建築本身也必須要有新意，與眾不同，環境氛圍舒適雅致，並具有濃郁的文化氣息，讓人不僅享受到廚藝之精美，而且能領略到飲食文化的情趣，吃出品味，吃出風情，方能賓客盈門。

因此，餐飲建築規劃設計的構思與創意對酒店的成敗具有舉足輕重的作用，應特別重視，構思要巧妙，創意不落俗套，重視精神表現，這是成功之本。

總的來說，餐飲建築的構思與創意大體可以從如下四種途徑入手：

（一）餐飲建築凸顯風格或流派

如果按某種特定的建築風格或流派來構思和設計餐飲建築，將使酒店的形象突出，並有明確的個性特徵。

古今中外，建築風格流派眾多，在中外餐飲建築規劃設計中都有應用。單是中國傳統建築風格的餐飲建築又可設計為：明清宮廷式、蘇州園林式、唐風以及各種地方風格。西洋的可為：古羅馬式、哥德式、文藝復興式、巴洛克式、洛可可式、歐洲新古典式等。此外，還有日本和風、伊斯蘭風格及其他各民族的傳統特色。不想做古典風格的，可以按現代風格設計，各種流派亦繁多，如後現代主義、解構主義、光潔派等。目前，中國國內許多餐飲建築談不上什麼風格，無明顯的傾向性，大多是高檔裝修材料的堆砌，形式雷同，如果能抓住某種風格的特徵來設計，做得地道，從外形到室內空間、裝修、陳設、家具都能連貫體現這一風格流派，該餐飲建築便有了明顯的個性特徵，從而具有某種文化氛圍，會令人耳目一新。當然，所謂「做得地道」，並非一定原封不動照搬原有風格，尤其對古典風格，往往應該對其要素進行簡化、提煉，並運用當今材料，使其既有古典韻味，又具現代感。

應該指出，採用何種風格流派應與酒店的經營內容相吻合，飲食與環境相互烘托，方能相得益彰。例如，和風餐廳應是經營日本料理的餐飲，伊斯蘭風格的餐廳應經營清真風味，「馬克西姆餐廳」應經營正宗法式西餐，等等。如果建築形式、風格與餐館風味大相逕庭，環境氛圍與餐飲不配套，將是失敗的。就好比，如果在中國傳統建築風格的餐館裡吃西餐，肯定讓人感到此處西餐不正宗。

（二）設計「主題餐廳」

賦予某種文化主題，設計「主題餐廳」，是餐飲建築設計成功的一條重要途徑。設計人要善於觀察和分析各種社會需求及人的社會化心理。由此出發，確定某個能為人喜愛和欣賞的文化主題，圍繞這一主題進行規劃設計，從外形到室內，從空間到家具陳設，全力烘托出體現該主題的一種特定的氛圍，使其富有新意並獨具魅力。

例如，北京有家「半畝園」快餐店，其菜單以藍作底色，折疊起來似一冊線裝古書，裡面印有「半畝園小記」和「半半歌」，令人愛不釋手：「半生戎馬，半世悠閒，半百歲月若煙，半畝耕耘田園，半間小店路邊，半個麵餅俱鮮，淺斟正好半酣，半客半友談笑意忘年，半醉半飽離座展歡顏。」店內頗具書卷氣，有水墨書畫，室內色彩別具一格，餐桌為古銅色鑲邊的墨綠色桌面。整個餐廳圍繞「半畝園」的主題設計，置身其中，使人感到有一股濃郁的中國古文化的風雅之氣，令客人心曠神怡，悠然陶醉，與缺乏個性的酒店相比，感覺大不相同。

又如，青島某大酒店內開了家「足球餐廳」。其創意以足球為主題，將足球文化引進餐館——牆上裝飾是各球隊的合影照，酒櫃裡陳設著國內外球員簽名的足球，門前的櫥窗上印著一個偌大的足球場，上有句對球迷頗具感召力的口號：「足球，我們心中的太陽，和天下球迷共圓足球夢。」餐廳主人是個足球迷，對足球頗有研究，客人在此用餐，常能聽到他談足球。餐廳內專門裝上有線電視，遇有國內外賽事，這裡便成了最爆滿的「看台」，人們邊吃邊聽邊看，與足球共歡樂，這在其他餐廳是享受不到的。足球餐廳的魅力在足球，而足球、賽事等營造的特色氛圍具有一種無形的凝聚力，從而吸引了眾多的球迷及體育愛好者。而紐約有家足球餐館乾脆將餐廳布置得酷似足球場，一間間包廂用圓木建造的「多層看台」上，服務員身著運動裝或裁判服，腳穿足球鞋，客人用餐畢還可像徵性地射一次點球。

另外，有的餐廳以地方風情為主題，如北京的「好望角餐廳」以及美國的「鄉村酒吧」、日本的「海上船屋」等。

主題眾多，設計者要充分發揮想像力，與業主共同策劃，以「奇」制勝，以特色制勝，好的主題餐廳讓人驚喜，並產生陌生感和新鮮感，令人中意。有了主題便有了個性，圍繞主題精心設計，可以營造出一種特別的文化氛圍。

（三）運用高科技手段

運用高科技手段，可使餐飲建築和餐飲過程新奇、刺激，並滿足客人喜歡獵奇和追求刺激的慾望。

例如，在洛杉磯有家「科幻餐廳」，廳內坐席的設計裝修與宇宙飛船的船艙一樣，顧客只要面朝正前方坐下來，就能看到一幅一公尺見方的屏幕，一旦滿座，室內就會變暗，並傳來播音員的聲音「宇宙飛船馬上就要發射了」。在「發射」的同時，椅子自動向後傾斜，屏幕上映出宇宙的種種景色，前後共持續8分鐘，顧客可一邊吃漢堡，一邊體驗宇宙旅行的滋味。

（四）餐飲與娛樂結合

把餐飲與遊玩、娛樂結合，將增添餐飲情趣，因此深受客人喜愛。

例如，在成都的一個高檔茶樓，有專人用鋼琴彈奏西洋古典樂曲，讓人邊品茶邊欣賞音樂。這裡有海內外華人愛喝的「泡沫紅茶」，該茶採用調製雞尾酒的方法調製，注重色、香、味，其色有黃、綠、紅、白，香型有酒香、果香、花香。起名浪漫，諸如伯爵紅茶、玫瑰紅茶、浪漫紅茶等。整個茶樓氣氛高雅，環境舒適，專門吸引收入較高的社會名流、著名藝人、企業家到此，或切磋技藝，或洽談生意，或消遣娛樂。

其實，「餐飲整合娛樂」這一觀念早在20 多年前就已在歐美產生，當時在加拿大曾出現了世界上第一家運動休閒式餐廳，它將餐飲與運動、休閒相結合。如今這一餐飲建築類型已與快餐店、咖啡廳和豪華餐廳共同構成了流行於歐美的四大餐飲建築類型。

例如，在北京西單民航大樓內開設的詹姆斯餐廳就是運動休閒式餐廳，該餐廳比一般餐廳增添了運動和娛樂的內容。在餐廳的北側有籃球場和舞廳，樓上有撞球廳、飛鏢廳、卡拉OK廳，散布其間有300多個餐位。這裡既薈萃了西方各國著名美食，又是休閒樂園。客人用餐時可以聽到悅耳的音樂，可以看到其他人翩翩起舞、打籃球、打撞球和玩飛鏢；用餐完畢後，也可以像其他客人那樣盡情娛樂。這裡是球迷們聚會的好去處，也是年輕人輕鬆休閒的好場所。

「餐飲整合娛樂」這一構想是順應當今人們生活觀念的產物，今天人們對餐飲已從單純的生理需求轉變為將餐飲作為一種休閒、消遣和享受。而且，人們喜歡多元化，希望生活豐富多彩。因此，把餐飲這一享樂方式與其他娛樂方式綜合到一起，正好迎合了人們喜歡多樣化和追求新穎、方便舒適的美好生活的願望。這樣一來，從設計來說，已不單純是設計餐飲建築，而是設計餐飲建築與娛樂建築的綜合體。

總之，構思和創意是整個餐飲建築設計的靈魂，設計人先要發揮豐富的想像力，巧於構思，產生創意，用創意來主導整個設計，方能產生別具一格的餐飲建築。值得指出的是，在創意階段，一開始我們不要把注意力集中在使用功能或技術問題的細節上，而被某些具體問題所束縛；否則，只能得到平庸的設計。設計人應該讓想像力充分馳騁，從而獲得獨特的構思和創意，再以理性思維加以落實和調整，使其既滿足使用功能所需，技術上又可行，讓創意能付諸實現。也就是說，設計人可以先有不切實際的暢想，再逐步使暢想切合實際，只有這樣才能創造出不落俗套的作品。其實，這也是其他建築創作應有的一種思維方式。

思考題

1.餐飲空間是由哪些部分組成的？它是怎樣布局的？

2.酒店餐飲空間是怎樣分類的？

3.餐飲空間的設計要點是什麼？

4.酒吧空間的布局和環境氛圍是怎樣規劃設計的？

5.咖啡廳應怎樣設計？

6.宴會廳的設計要點是什麼？

7.酒店餐飲部分的廚房是怎樣設計的？

第六章 酒店公共空間設計

第一節 酒店公共空間構成

酒店的公共空間是酒店設計的重點，是酒店的門戶，是最先與旅客、社會公眾接觸、為他們提供服務的公共廳堂和各類活動用房，其形象、環境氣氛及設施直接影響對旅客與公眾的吸引力。

不同規模、等級、性質的酒店設置的公共部分內容不一，但所需要提供的服務有相似之處，有的場所雖是無收益空間（如門廳、電梯廳等），卻對酒店的形象至關重要；有的廳室是有收益空間，如何設置應按經營之需而定。近年，城市酒店的大型、綜合化傾向，使公共部分的內容更複雜多樣。

一、公共空間構成

公共空間構成見表6-1。

表6-1 公共空間構成

大廳接待與前台管理	門廳、休息廳	總入口、宴會入口、團體入口
	總服務台	詢問、登記、結帳 行李存放 銀行兌換
	前台管理	值班經理、業務接待 旅客保安、前台辦公
	其他	郵件、傳真、計程車 旅行社、公共衛生間
會議廳室 商務中心	大、中、小會議廳	兼作會議廳的多功能廳
	結婚禮堂	

續表

會務廳室 商務中心	商務中心	複印、打字、網路室 傳真、圖文傳真、訊息辦公 翻譯、秘書服務辦公
商店	營業廳 美容美髮	各類商店營業廳與庫房
健身 娛樂	游泳池　各類球場　球室　健身房 蒸汽浴室　按摩桑拿室 舞廳　卡拉OK　電子遊戲　其他娛樂（賭場） 更衣室　洗手間　服務間	
其他	展廳　陳列廊 劇場　餐廳劇場 教室 醫務室　診所 嬰兒室 俱樂部　會議沙龍	

二、公共空間面積指標

公共部分的面積指標是酒店建築綜合指標的一部分，以每間平均的公共面積計。

在根據一些酒店設計與經營中的規律性資料的基礎上，下面介紹酒店公共空間及服務區面積指標（如表6-2），供參考。

表6-2 酒店公共空間及服務區面積指標

位　置	m^2/每位	說　明
餐飲區		
主要餐廳	1.8	每台不少於 2 位
特色餐廳	2.0	包括主題式餐廳
咖啡廳、酒吧	1.6	包括酒水服務台
夜總會	2.1	包括舞池
公共式酒吧、大堂吧	1.5	主題式或常規酒吧
雞尾酒廊	1.6	自助餐式
大堂休息區	2.0	有長沙發的
娛樂酒廊（有表演的）	1.6	封閉式座位，包括小舞台
員工餐廳	1.4	快餐式多功能廳

續表

位　置	m²/每位	說　明
宴會廳：		
一般宴會	1.2	1.0～1.4m²，依據設計調整
自助餐	0.8	0.7～1.0m²，依據設計調整
接待	0.6	站立式
前區	0.3	準備區或間休區
團體用餐	1.6	圓桌式
大型會議：		
劇場式	0.9	封閉式排列擺位
課堂式	1.6	含有書寫條桌
宴會式	2.0	10～20張圓桌
服務區（按餐飲客人總數量）：		
存衣間	0.04	
流通區	0.2	20%的調整量，依據設計調整
家具設備庫房	0.14	
主廚房	0.8	0.5～1.0m²，依據設計調整
附屬廚房	0.3	由主廚房供應
宴會廚房備餐室	0.2	主廚房的附加部分
客房送餐備餐室	0.2	每室爲30間客房服務
餐飲食品庫	0.2	依據全部餐飲座位計算

三、公共空間標準

中國《旅遊旅館設計暫行標準》及《評定旅遊涉外酒店星級的規定和標準》中，對不同等級的酒店公共部分標準各有陳述，前者著重建築、裝飾、陳設、設備的標準；後者著重設施內容與服務的標準。現綜合兩者簡述如下：

（一）一級酒店（五星級酒店）

有與接待能力相適應的門廳，內裝修具有獨特風格和豪華氣派。門廳外有三條以上停車線，足夠停車面積；設有與酒店規模、等級相適應的用中文標誌的總服務台，分區段設置接待、問詢、預訂、結帳，內有私人金庫。

有高級商店、小商場、裝飾高級的理髮美容廳、小書亭或書店、鮮花亭或花店、公共休息閱覽處。設商人中心或城市旅遊商業型酒店的商務中心，具有電傳、傳真、電報、長途電話、翻譯、打字、影印等設備。另有適量的會議場所和多功能廳。

在健身娛樂設施中，游泳池一般不小於8公尺×15公尺，有健身房、按摩室、桑拿浴室、網球場等，還設保健醫務室，並有舞廳，近年新增卡拉OK廳。

公共部分設衣帽間，分設男、女廁所。

（二）二級酒店（四星級）

相應標準的門廳內裝修要風格顯著，氣氛高雅；總台與規模、等級相適應；設商店或小商場、書店、花店、裝飾高級的理髮美容廳；城市旅遊商業酒店設商務中心；有適量的會議場所和多功能廳；有舞廳、健身房、按摩室、桑拿浴室、一般有游泳池。

（三）三級酒店（三星級）

適當規模的門廳與總台、裝修美觀別致；設商店、理髮室；設適量會議場所、多功能廳、舞廳、按摩室。

（四）四級酒店（二星級）

門廳有酒店氣氛，總台相應；設小賣部、理髮室、電視室。

（五）五級酒店（一星級）

有一定面積的門廳和總台，客房層有電話分機，設小賣部。

上述標準是中國1980年代後期擬訂的，今後將有發展。

酒店公共部分的設計貴在構思巧妙、因地制宜並恰如其分地創造有特點的室內環境，「室雅無須大」，一味追求高大齊全、高檔裝修並無益處。例如，酒店周圍有可供選用的公共設施（如網球場、保齡球場、大型旅遊商店等），酒店內相應的面積可減少；而酒店若位於市郊、附近公共設施很少且客人逗留時間較長時，則公共部分內容應較齊全。

第二節 入口、門廳

一、酒店入口

（一）功能與類型

現代酒店的大門作為內外空間交界處，設計日趨多樣、完善。大門的組合與氣候條件有關，不同等級、經營特點的酒店大門數量與位置、大小是不同的；不同習俗、不同宗教地區對大門也有特別的要求。

酒店大門要求醒目，既便於客人又便於提行李的人員進出；同時，要求防風，減少空調空氣外逸，地面耐磨易清潔且雨天防滑，有外來客人存傘處。

大門區亦即酒店迎送客人之處。因此，有的酒店作雙道門，有的作一道門加風幕，其中一道門為超音波或紅外線光電感應自動門，以減少大門開啟時間、防止空調空氣外逸。寒冷地區酒店大門尤重視此點。

門的種類分手推門、旋轉門、自動門等。高級酒店為表示對客人的尊重、殷勤，門前有專人接應，客人走至門前即有員工手工拉門迎候；一般酒店常作自動門，利於防風、節約人工，自動門的一側常設推拉門以備不時之需；旋轉門適於寒冷地帶酒店，可防寒風侵入門廳、減少門廳能源損耗，但攜帶行李出入不便，通行能力弱，其側也宜設推拉門，以便於大量人流和提行李人員的出入。近年已出現大尺度的旋轉門，大旋轉門可供雙股人流同時進出，見圖6-1、圖6-2。

圖6-1 大連北方大酒店入口大廳

圖6-2 大連賓館門廳

一般酒店在大門外側或二道門中間靠牆處設鎖傘架，供外來客人存傘。大門外階邊宜有坡道以利搬運行李。大中型酒店在專用行李大門外，除坡道外，還應使停車位靠近「行李存放室」，供剛到或即走的客人存取行李，並應與服務電梯聯繫緊密以減少搬運行李對門廳的干擾。

現代酒店常在大門內側適當位置設大廳經理辦公桌，以迅速處理客人和門廳內的有關事務。

（二）形式特點

酒店入口本身的形式多種多樣，不僅應清晰可辨、利於通行、顯示酒店的獨特標誌或文化特色；還應利於室內與室外的交流，將室外景觀引入門廳，又把室內氣氛推向室外，特別到夜間，入口的燈光特別引人，如圖6-3。

圖6-3 大連富麗華大酒店入口大廳

二、酒店門廳

門廳是吸引和招徠旅客的重要空間，亦是社交、休息、服務、交通的重要場所，是顯示酒店規模、氣派、標準、舒適、方便的重要標誌。在酒店的眾多公共場所中，大廳最能吸引客人的注意力，它的設計風格為整個酒店的設計定下了基調，因此大廳規劃設計對整個酒店的形象舉足輕重。

（一）功能分析與面積指標

門廳是酒店迎送客人的禮儀場所並接送客人行李，客人也可在此等候、休息，門廳也是酒店中最重要的交通樞紐和旅客集散之處。作為酒店的接待部分，門廳的功能是綜合性的，其風格能給客人留下深刻印象。

大、中型酒店隨著面向社會服務的發展，門廳日益社會化，不僅提供一定位置增補旅客所需的服務項目（如旅遊代辦、紀念品商店等），而且當門廳結合中庭或休息廳成巨大空間時，還可在其間布置各種公共活動，並使其成為當地文化訊息交流、社會交際的場所，這種門廳功能複雜、空間豐富多變。例如，有的酒店門廳週末布置舞台，舉行文藝演出或時裝表演等，以吸引旅客和市民，猶如街道中心廣場。

門廳的基本功能由入口大門區、總服務台、休息區和樓電梯四部分組成。

根據酒店空間與形體的組合方式及各自的使用要求，這四部分的組合有機而生動，使門廳既是通向各功能空間的交通樞紐，又是多種功能兼容並蓄的過渡空間或中心空間，既組織人流在其間運動，又容納人流在此停留小憩，如圖 6-4、圖6-5。

圖6-4 大連九州華美達酒店門廳

圖6-5 大連富源商務酒店門廳

此外，門廳常需的功能內容還有客用浴廁間、時鐘和世界鐘、新聞報紙及有關雜誌陳列架、郵政信箱等，有的小型酒店門廳內還有自動販賣機。

大、中型城市酒店根據經營之需常另外分設宴會門廳、團體門廳，其中宴會門廳需近宴會廳，門外有車道停車線，以便於宴會客人進出。團體門廳需與總服務台聯繫密切，且有團體休息區。

酒店許多公共活動空間與門廳關聯。近年中國新建的旅遊商業酒店的門廳及相關公共部分已與國外相近。

門廳面積指標各不相同，酒店門廳面積指標為0.3～0.8平方公尺／床：如以雙床房為標準房，則為0.5～1.2平方公尺／間；如結合休息廳，則指標提高至0.9～1.2平方公尺／間。

中國《酒店建築設計規範》指出：門廳內應設服務台、休息會客等面積，

一、二級酒店應有銀行、郵電、行李處置、公共盥洗等設施，並應設公用電話或隔間罩。門廳面積宜0.5平方公尺／間。當酒店規模超過500間時，超過部分按0.1平方公尺／間計。

由於門廳顯示酒店等級並與設置的公共部分的內容密切相關，因此我們認為門廳面積指標宜拉開等級，建議一、二級酒店門廳指標為0.9～1平方公尺／間、三級酒店為0.7～0.8平方公尺／間、四級酒店為0.5～0.7平方公尺／間、五級酒店與社會酒店為0.3～0.5平卜戶公尺／間。

（二）平面布局

門廳的平面布局根據總體布局方式、經營特點及空間組合的不同要求，有多種變化。

最常見的門廳平面布局是將總服務台和休息區分設在入口大門區的兩側，樓電梯位於入口對面；或電梯廳、休息區分列兩側，總服務台正對入口。這兩種布局方式都有功能分區明確、路線簡捷、對休息區干擾較少的優點。

北京長富宮中心酒店首層的東門為旅客入口門廳、西門廳為宴會門廳，兩廳均兩層高，並環以跑馬廊，兩廳之間是一層高的總服務台和電梯廳，下沉式休息廳則位於旅客門廳之東，朝東開的整片玻璃窗將室外綠化景觀引入門廳，整個門廳空間不是集中式大空間，而是由幾個起伏空間相連而成，分區明確，空間效率高，實用而豐富，如圖6-6。

（三）設計要求

1.空間分區明確

門廳的服務對象遠遠超過其他公共用房，鑑於兼容多種功能的特點，門廳的空間應開敞流動、渾然一體，人們的視線應不受阻隔，對各個組成部分能一目瞭然；同時，為了提高空間使用率與質量，在完整的門廳空間中不同功能的活動區域必須明確劃分。其中，總服務台、行李間、值班經理桌及總台前的等候屬一個區域，需靠近入口、位置明顯，以便客人迅速辦理各種手續；旅行社、出租汽車等，如不設在總台，則需有明顯標誌；休息區宜偏離主要人流路線並自成一體，以減少干擾。提供飲料服務的咖啡酒吧則在門廳中形成一個有收益的區域；樓梯、電梯廳前應有足夠面積作為交通區域，如圖6-7。

（1）運動空間的動態導向

在酒店門廳中，雖主要人流方向是從入口到電梯廳，但入口到其他方向的人流也不容忽視，旅客的進進出出，在各個方向的往與返，形成複雜的運動空間，因此，酒店需有意識地組織導向，不僅有寬敞地帶作為水平人流運動的空間，使其通暢順達，還要求從水平到豎向的交通轉換明確便捷，同時，需強調運動方向。

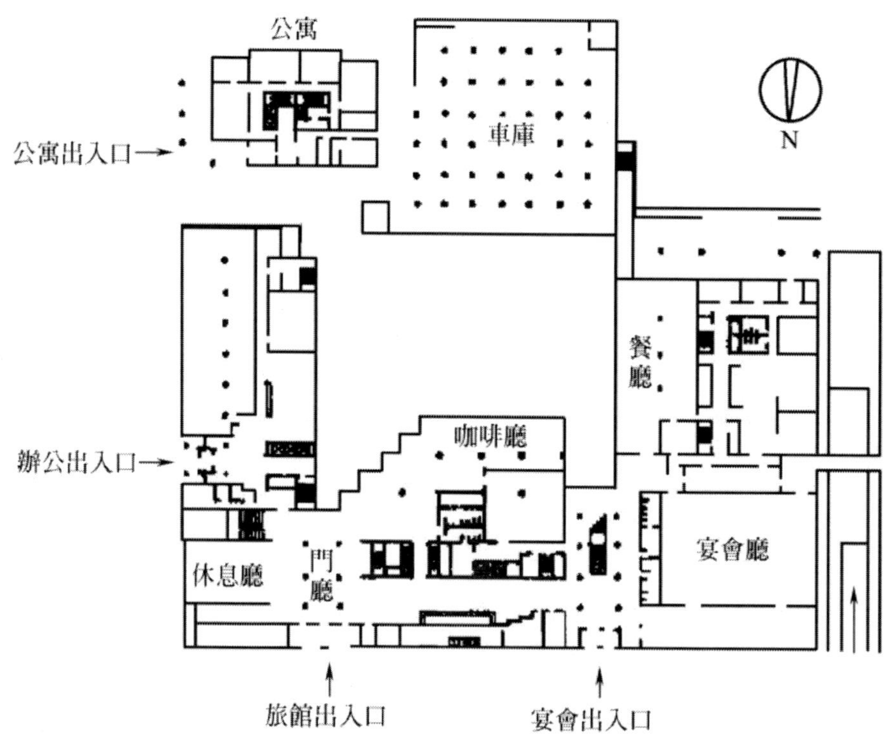

圖6-6 北京長富宮中心酒店門廳

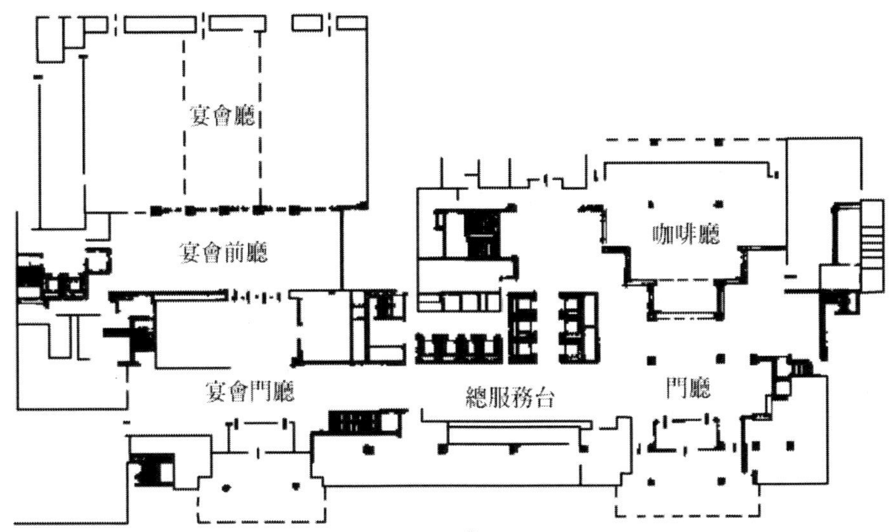

圖6-7 北京香格里拉酒店門廳平面

在建築處理上，可根據門廳布局組織導向，對稱的門廳常按強烈的中軸線加強導向。自由布局的門廳則常用連續漸變、轉折突變、引申滲透等引導方向。醒目的地面圖案、有方向性的吊頂、台階、欄杆、轉折處的對景、標誌牌等都可明示或暗示著運動方向，將人們從門廳空間引導到另一空間。

（2）休息空間的限定

門廳中的休息空間是相對安靜的區域，也需位置明顯。在大空間中劃分這一區域需採用隔而不斷、又圍又透的限定手法，既保持門廳空間形象，又減少干擾。

訂製的地毯、家具、略有起伏的地面、檯燈、立燈等均能使人在門廳空間中倍感小休息區之可親。門廳越小越低，限定也越趨近地面，對視線影響愈少。其中，休息座的成組布置是最常用的手法，這種分區還提供了不同視點的觀賞門廳。

2.縮短主要人流路線，避免交叉干擾

旅客在門廳的活動具有時間與方向的集聚性。門廳內人流可分為剛到旅客、已住店旅客和其他客人三種，主要活動路線，如圖6-8所示。

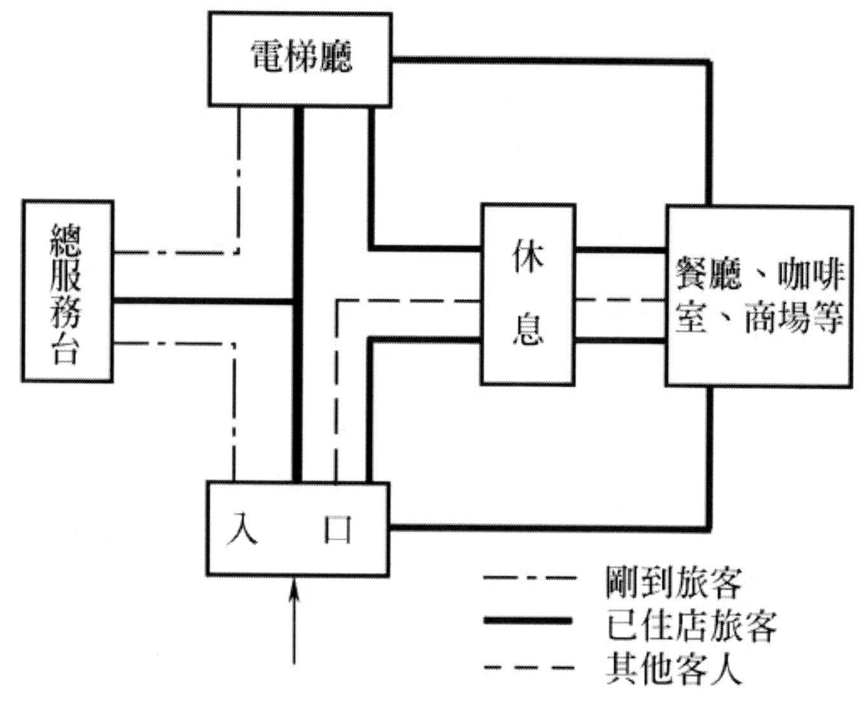

圖6-8 門廳內人流路線

一般酒店的主要人流路線是入口電梯廳、樓梯間和入口到總服務台，因此，電梯、樓梯和總台接近入口、位置明顯利於迅速分散人流，使直接到上部公共部分和客房的客人減少對門廳的穿越，即應縮短入口到電梯（樓梯）和到總台的路線。

在高層酒店中，入口常位於裙房或高層底部，電梯位於高層核心，縮小兩者間距需綜合總體布局、空間形體組合等因素。

在溫帶、亞熱帶地區，門廳內的電梯廳開口朝向入口，使客人一進門廳即一目瞭然。在寒帶，為防止冷風隨人而入並從電梯井道吸上去，有的電梯廳開口背對入口，並另作標誌引導到電梯廳的方向。中國有的酒店則為了便於管理，主張電梯廳開口稍隱蔽些，以防不速之客竄入客房。

當門廳與中庭結合時，由於其他客人的增加，人流路線更複雜，方向的集聚性減弱，通常自入口到服務台的路線短、到電梯的路線略長。

3.利於經營

門廳是接待客人時間最長、最集中的場所，在經營中不便維修，因為這將影響酒店的信譽和形象，所以設計需盡可能長久地保持良好外觀，並選用耐髒、耐磨、易清潔的面層，地面與牆面具有連續性、加強空間整體感；同時，還希望能減少噪音影響。

大型或高級酒店的行李房需靠近服務台和服務電梯，行李房門應充分考慮行李搬運和手推車進出的寬度要求。

另外，門廳設計需滿足消防規範的要求。

第三節 總服務台與前台

總服務台是酒店對外服務的主要窗口，應設在門廳內醒目的地方並有一定面積的辦公室與之相連，既要方便旅客又要便於服務。接待服務的組成，見圖6-9。

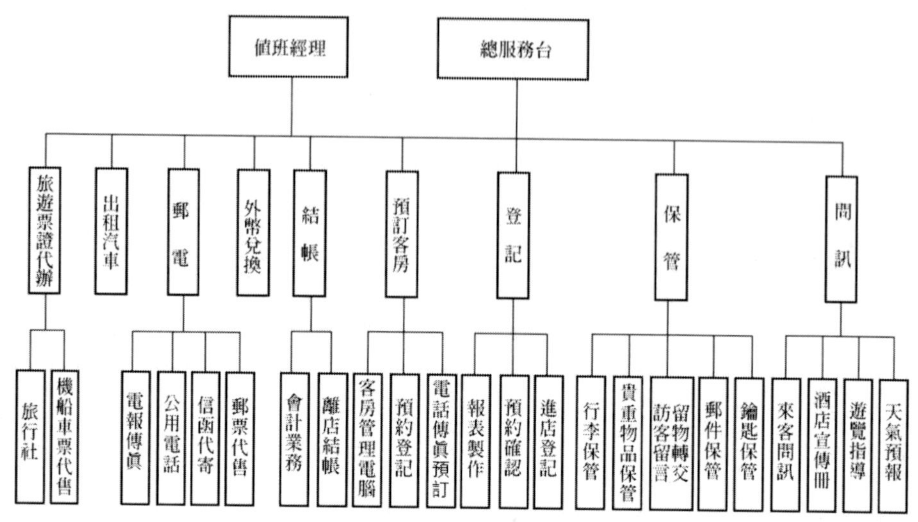

圖6-9 總服務台功能組成

問訊、出納、鑰匙管理、登記台以及電話、結帳、預訂客房、會計等屬於前台管理。此外，門廳也需設車、機票代辦、出租車服務、旅行社、郵電電信、電傳電話、銀行兌換等服務櫃台，可與總服務台結合設置，亦可單獨設置。

一、總服務台面積指標

總服務台的大小、設備的先進程度與酒店的規模、等級有關。

中國《酒店建築設計規範》中規定：服務台長度按0.03公尺／間房間設置；一、二、三級酒店按0.04公尺／間房間設置；當酒店規模超過500間時，其超過部分應按0.02公尺／間房間計算。

酒店規模、等級、管理制度和現代化設備配備程度不同，總服務台的功能也不同，一般具有客房管理和財務會計兩部分。

客房管理部分有詢問、鑰匙管理、進店登記等。總台接待人員需負責介紹客房類型、待租情況及當地一般情況，還可安排預訂客房及內部服務。一般需配置客房狀態顯示表、牌及客房鑰匙櫃、信件存放處、電腦終端、電動記錄器等。客房預訂辦公室一般與總台相鄰。

財務會計部分有會計、出納、貴重物品寄存等。在大型酒店，有的財務單據透過電腦記帳或經氣送管道傳送至總台；經濟級酒店設備較簡。

二、服務櫃台

總台的設計是門廳的一部分，通常採用與門廳空間相應的構思、風格、材料，同時還賦自身特點，使之引人注目。

傳統的服務台是分隔旅客與服務人員的，台面分兩層，外層台面供旅客使用，內層台面供服務接待人員使用。根據總台中出納、登記、鑰匙回收等不同使用要求，對櫃台尺度都有一定要求（如圖6-10）。

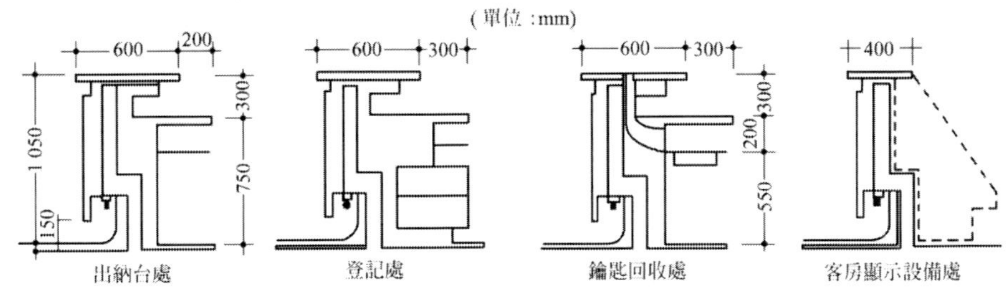

圖6-10 櫃台尺度

近年出現獨立單位式小櫃台補充長條總台的功能，密切了客人與接待人員的關係。

為提高照度，在大廳中確定總台小空間，總台平頂可降至2.4公尺左右，平頂內可布置燈。總台上方、平頂側面，應懸標誌，註明詢問、結帳等，使旅客一進門即一目瞭然。與總台有關的國際鐘、日曆、天氣預報等常掛在總台附近。總台前方宜布置休息椅，供客人使用。

櫃台應以經久耐用的材料製作，以便清洗、維修。常用的材料有磨光花崗石、大理石、硬木、裝飾面板等。櫃台側面可用石材、木材，也可採用皮革或軟包材料（如圖6-11）。

圖6-11 服務台

公用電話位置明顯，有小台面和一定隔音設施，既避免干擾又應顯示是否有人在用。幾部電話可以連排，也可獨立設置，有的還與牆面裝飾結合起來。

三、公共浴廁間

門廳公共浴廁間位置既要隱蔽又要易於找到。

（一）衛生器具設置標準

按規定，馬桶每100男子設一個，至少設兩個；女子每50人設一個，至少兩個。男子小便池每25人設一個；洗臉盆每15人設一個、每16～35人設兩個，每36～65人設三個，每65～200人設四個，每增加100人增加三個。

（二）設計要點

1.標記明顯

浴廁間入口應男女分開，門口有明顯標記，或寫字，或以圖案表示。

2.避免直視

一般要求在任何公共部位都不應看到（無論是直接看，還是從鏡子反射）浴廁間內的隔板與廁位，可以洗手間作前室，迂迴進入廁所。高級酒店公共浴廁間對視線要求更高，分前室、洗手、廁所三部分。近年為提高衛生標準，防止手推門的汙染，有的高級酒店公共浴廁間不設門，依靠曲折迂迴解決視線問題。

3.裝修材料要求易清潔

公共浴廁間的裝修標準與門廳相適應，一般比客房要求高。地面、牆面材料均應容易清潔，地面常用大理石、地磚、美術水磨石、馬賽克等，牆面常用大理石、瓷磚、塗料等。

4.照明要求

公共浴廁間應有均勻的燈照明，洗手盆鏡子前應有專門燈具，高級酒店浴廁間內，化妝台處希望有200lx的照度，並採用暖色螢光燈。公共浴廁間兼有化妝功能（如圖6-12）。

圖6-12 公共浴廁間

第四節 會議、商店及其他服務設施

一、會議設施

隨著社會的發展，當代各種國際、國內會議增加，接待會議代表住宿已成現代酒店經常的收益之一。此外，酒店所提供的各種文化活動（如藝術、工藝的交流學習、講座等）也在會議室舉行。因此，除了與大型會議中心相連的會議酒店外，現代大、中型酒店也紛紛在公共部分設會議廳或可舉行會議的多功能廳，以承接一定規模的會議及文化活動。

會議廳的位置、出入口應考慮酒店客人與社會客人同時使用的人流路線，宜與酒店客流路線分開，互不干擾，並應避免會議廳的噪音影響住店客人休息。如設大會議場作會議中心，則還需設小會議室以適應分組會議的需要，如圖 6-

13、圖6-14。

高級酒店的會議廳應具備以下先進的影視、音響設備：

（一）同聲傳譯系統

必要時，多功能廳設4～6國同聲傳譯系統。分有線與無線兩種：如採用有線系統，應在地面中預埋管道；若採用無線系統，則需設置室內天線。

圖6-13 大連北方大酒店多功能會議廳

圖6-14 大連賓館大會議室

（二）錄影設施

現代會議廣泛以影片作報告的輔助材料，投影電視設備常吊在報告講台上方，電視攝影機可記錄會議情況。

（三）幻燈、投影機放映

會議廳應配備幻燈機（至少2部）、書寫投影儀。有的大型酒店的多功能廳或大會議廳還配備35mm和16mm的電影放映機。

（四）音響設備

多功能廳、會議廳應有獨立的音響系統，以滿足會議進擴音、錄音、播放音樂或放映影片、電影之用。

（五）調光系統

現代豪華級城市中心酒店的多功能廳設調光系統，以不同的照明效果滿足宴會、會議、展覽、演出等使用要求。

會議廳附近應設公共浴廁間、衣帽間和休息間。

中國《旅館設計規範》中規定：會議廳的面積按0.7平方公尺／座設置；小於30座的會議室室內淨高不應低於2.5公尺、有空調的不應低於2.4公尺；30座以上會議室淨高不應低於3公尺，如圖6-15、圖6-16、圖6-17。

圖6-15 （瀋陽）香格里拉大酒店會議廳

圖6-16 大連富麗華大酒店會議廳

圖6-17 大連九州華美達酒店會議室

二、結婚禮堂

現代酒店中漸漸增設結婚禮堂，以承辦從結婚儀式、婚宴乃至新婚用房的系列服務，積極參與社會生活，也增加酒店收益。

西式婚禮小禮堂是一長方形廳，兩側為列柱和燭形燈飾，中央前方有講台。

結婚小禮堂邊應設盥洗間、新娘用美容更衣室、親屬休息室等。

禮堂前宜有前室，避免從走廊直接進入禮堂，親屬休息室則可設靈活隔斷，以在儀式前分隔，儀式後合成一個房間。

三、商務中心

為適應訊息時代的要求、使旅客在短暫停留期間仍能溝通訊息並進行商務活動，大、中型現代酒店中常設商務中心。

一般商務中心中設打字、電傳、圖文傳真、國際直撥電話等，有的增設複印、名片印刷、錄音、錄影、電腦中心等。有的高級酒店商務中心還配備祕書和翻譯服務，這些設施提高了酒店的等級與聲譽。

在設計中，有的商務中心採用大廳室，有的在大廳周圍附設小間。

酒店的郵電通訊設施也需隨科技發展而不斷更新，從總台附近的郵電櫃台到客房電話的服務內容應快速、方便。目前，郵電櫃台常設郵件、電報、長途電話、國際電話、電傳等。

商場的主要服務對像是酒店的客人，是酒店建築必須具備的空間部分，一般出售報紙、雜誌、禮品、藥品、日常生活用品、地方紀念品和土特產品等。一般來說，酒店商場面積都不大。例如，成都錦江酒店，商店設在過道邊或大廳的一角，數十平方公尺左右；而有些酒店的商場面積較大些，並為城市服務，如大連富麗華大酒店的商場較大，空間獨立，對外開放，所經營商品大多是服裝、電器等。有些城市型酒店建築，由於所處地段較好，從商業上考慮，設置了較大的、面向城市社會的商場，但這必須處理好人流對酒店建築本身的干擾問題。

商店在現代酒店中的重要性隨著酒店等級的不同而不同。經濟級酒店不一定設置周全的商場，只設售品部能供應旅客某些急需商品即可，更多的商品則靠酒店周圍的商店提供。舒適級酒店的商店具有一定的規模，招徠的旅客也有相應的經濟能力，酒店需要以多種經營方式盡量使旅客在住店期間多消費，因而需配置一定數量的商店，銷售旅遊紀念品、工藝品、化妝品、土特產、服裝、綢緞等。

為方便旅客，商店常布置在首層或二層人流較多的地方。按習慣，花店是酒店不可缺少的，其位置常布置在門廳顯眼的位置，五彩繽紛的鮮花能為門廳空間增添魅力。

豪華級酒店的商店和商品也反映酒店的身價，商店立面設計得與酒店大廳一樣考究。珠寶、首飾、手工藝品等高檔商品即使很少有人問津，卻仍在高照度的櫥窗內閃爍著耀眼的光輝，它們成了公共活動層裡的裝飾與廣告。這時，給旅客留下「高貴的」深刻印象可能比銷售更重要。

在酒店公共活動層內的商店與城市中的商店在設計上有所不同。酒店中的商店可謂店中之店，雖然也可做大櫥窗，但其基調應與公共活動層的設計有統一呼應之處。特別是店名商標不可能像街市上的商店那樣為招徠遠處的顧客用大字、大廣告、大霓虹燈，而是適應客人在近處注視、觀賞的特點，尺度較小，但仍鮮明突出。

四、健身康樂設施

隨著酒店建築的不斷完善和人們對健身娛樂要求的不斷提高，康樂設施已是衡量酒店建築標準的主要依據之一。對於星級酒店來說，康樂設施與星級的關係有著明確的規定。酒店建築為康樂設施提供了一個理想的場所，並為康樂設施提供了項目，一般情況下，四星級以上的酒店幾乎應具有全套康樂設施。康樂空間有較強的心理功能，現代而昂貴的設施能創造一種輕鬆和豪華的環境氣氛，客人們都喜歡它們；但大多數人都因價格或時間因素無法使用它們。酒店建築中的康樂設施應面向社會（專供私人或政府使用的酒店建築例外），並為一些體育協會提供服務或組織各種團體比賽，以實現其經濟價值。康樂空間在使用功能上有一定的連續性，各部分應較集中布置，以求聯繫方便；應較集中布置浴廁間、更衣間、淋浴間等輔助空間。對外開放的康樂空間，應單獨設出入口，以方便會員使用和不干擾酒店建築的其他部分，這就要求旅客不需穿過主門廳而到達康樂空間。對某些可能產生噪音、振動等影響的康樂設施應作必要的空間安排和技術處理。例如，保齡球對地板會產生較大振動，常設在地下層或不怕干擾的空間上層；否則，必須作必要的減振處理。

現代社會高效工作，已使多種多樣的體育、健身活動成為人們越來越有興趣的業餘消遣內容之一。為適應這種發展、變化，現代酒店的公共活動部分都包括健身中心。

不同占地條件、不同地區氣候、不同等級酒店的健身中心所配置的健身設施各不相同。位於山地滑雪區和風景遊覽區的酒店兼備滑雪項目和設置多種球場；位於海濱的酒店有進行帆船、帆板、滑水等項目的條件；依山傍水的溫泉賓館可設置跑馬場、高爾夫球場；位於市郊的酒店在其寬敞的花園中可設置游泳池、網球場；市區的酒店往往只能在屋頂花園中設置游泳池或網球場以及小型健身設施。

（一）游泳池

酒店中的游泳池與規定的體育比賽游泳池不同。酒店中的游泳池的大小、形狀可根據設計的具體情況變化。

「喜來登酒店設計指南」中提出：水池最小尺寸為8公尺×15公尺，推薦尺寸為8公尺×18公尺。廣州白天鵝賓館的江畔自由形的游泳池與波浪起伏的內院空間、藍白相間的曲線地面圖案一起使整個內院的氣氛如水波蕩漾，如圖6-18所示。特別要說明的是，這個游泳池的一半池壁用鋼化玻璃，使周圍公共活動部分旅客可以看到游泳者在池中穿梭、暢遊。

圖6-18 廣州白天鵝賓館的江畔游泳池

游泳池也可設不會游泳的旅客與兒童使用的戲水池，最深處不大於1公尺，周長不小於4.5公尺。

游泳池池邊平台應不小於4.5公尺，以供人們休息、日光浴等。一般游泳池池底均鋪砌藍色瓷磚，使淺淺的水池有較深的效果。地面須防滑，也可與健身房、蒸汽浴結合，但應設置專用出入口與淋浴設施。

（二）各類球場

城市酒店一般設置占地較小的球場，有的在室內，有的可利用屋頂，如網球、桌球、乒乓球等，種類不必齊全。郊區旅館、休養地酒店用地大，球場也可種類多，但酒店畢竟不是體育俱樂部，球場數量、類型有限。

各類球場按規定均有一定尺寸，在特殊情況下，也可有所壓縮，作為一般練習健身還是容許的。

1.網球場

網球雙打場地為10.97公尺×23.77公尺，單打場地為8.23公尺×23.77公尺。端線以外空地寬度不小6.4公尺，邊線以外空地寬度不少於3.66公尺，如圖6-19。

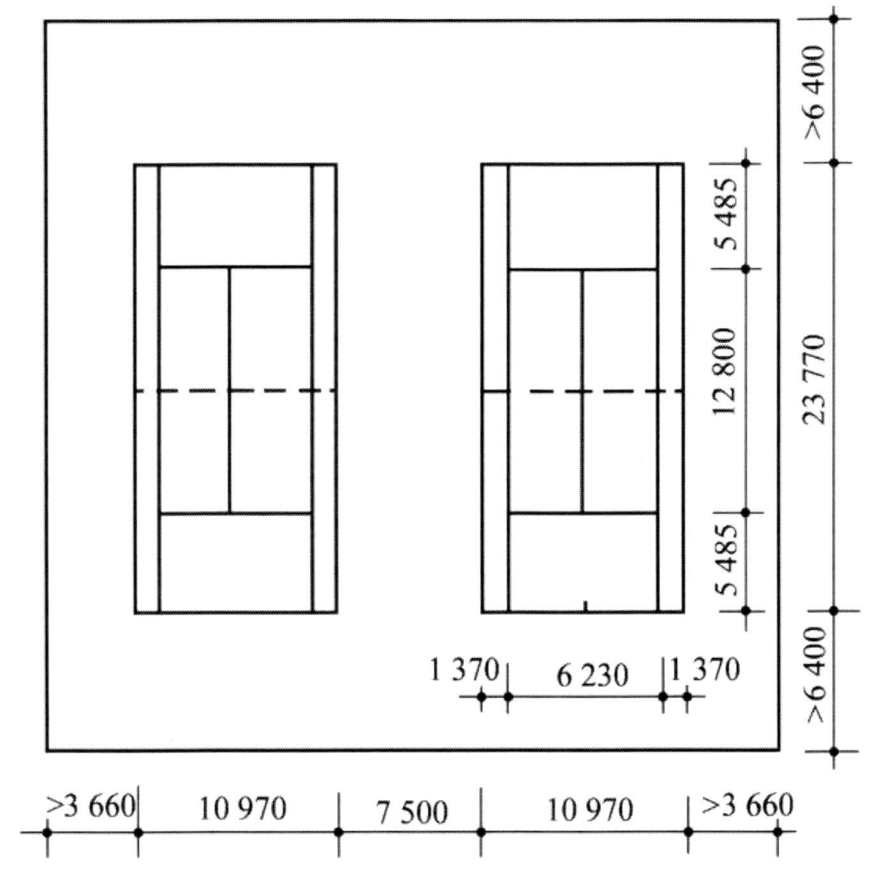

圖6-19 網球場的尺寸要求（單位：mm）

場地可分室內及室外兩種。室內為硬地球場，室外則分硬地及草地兩種。室外場地長軸以南北為主，偏差不宜超過20度。

2.羽毛球場

羽毛球單打場地為13.4公尺×5.18公尺，雙打場地為13.4公尺×6.10公尺，如圖6-20。場地四周淨距不小於3公尺。

3.乒乓球場

乒乓球台為2.74公尺×1.525公尺，高760公釐。球場一般不小於12公尺×6公尺。

4.保齡球場

保齡球是在木質地板道上用球撞擊木瓶柱的室內運動。它流行於北歐、美洲、大洋洲和亞洲國家，近年來已成為流行的健身設施之一。保齡球球道長19公尺（61英尺）、寬1.15公尺（41.5英寸），用楓木等硬木鋪成。

保齡球道一般在酒店內做4～8道。保齡球場的尺寸如圖6-21所示。

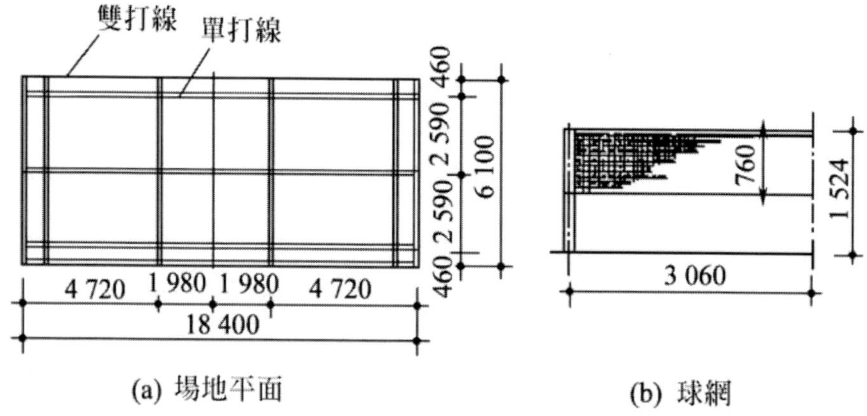

圖6-20 羽毛球場地尺寸要求（單位：mm）

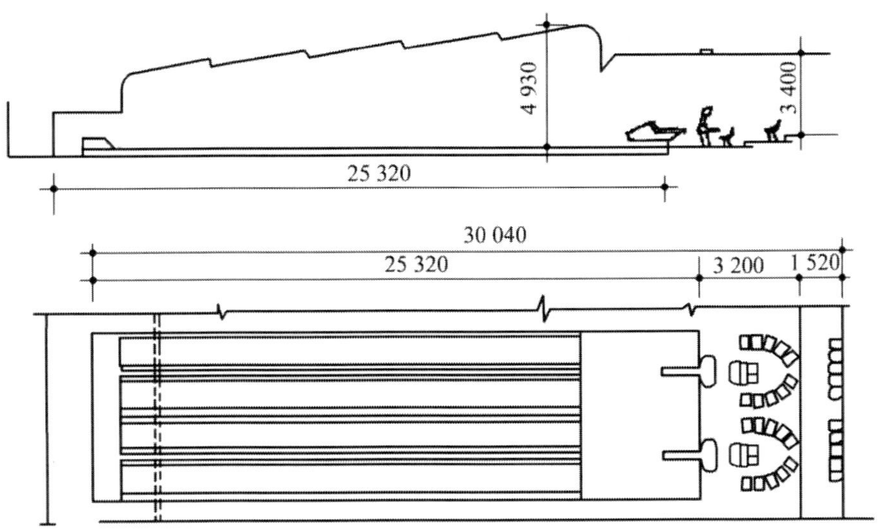

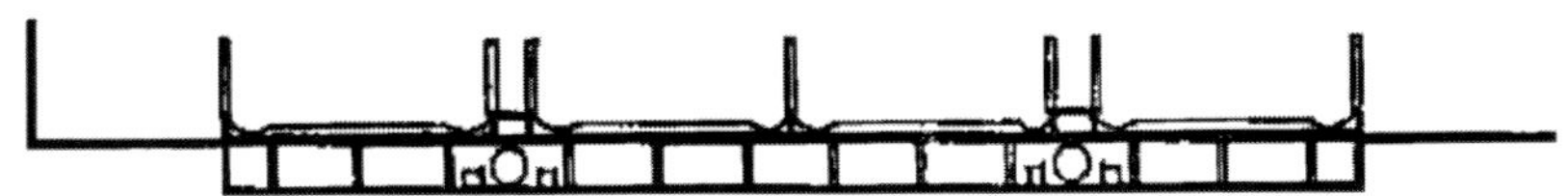

圖6-21 保齡球場地的尺寸要求（單位：mm）

5.撞球房

撞球是在特製的撞球桌上用桿子撞球的遊戲。撞球桌的尺寸一般為長2750公釐、寬1525公釐。

6.壁球場

壁球是一種兩人輪流將球打向牆壁的室內競賽。壁球場地由四個壁面圍合而成，要求前牆高、後牆低，側牆是前牆與後牆相連接的斜牆（一般以紅線畫出）。場地淨空要求不小於5.64公尺（如圖6-22）。

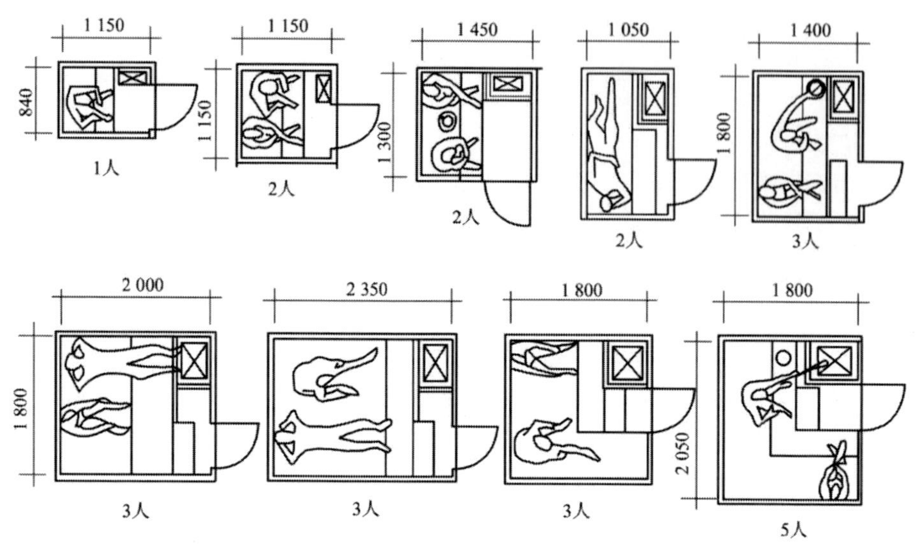

圖6-22 壁球場地的尺寸（單位：mm）

（三）桑拿浴室

在現代酒店中，源於芬蘭的蒸汽浴室已被列入常規項目之一。Sauna——桑拿是芬蘭語，桑拿浴室即芬蘭式蒸汽浴室。現在，不少廠商已將小型桑拿浴室製成定型產品，如圖6-23，大型的桑拿浴室則在酒店建造時同時設計、施工。桑拿浴具有健身、減肥作用。

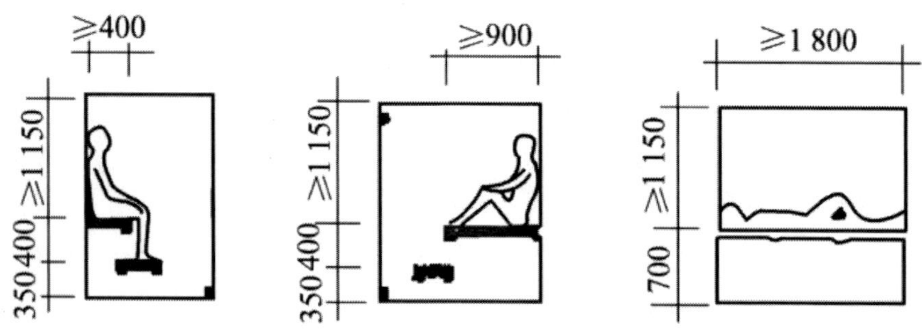

圖6-23 桑拿浴室的尺寸（1～5人，單位：mm）

（四）健身房

從1970年代起，世界一流酒店時興附設健身房或健身中心，並提供健身運動器械，如拉力器、擴胸器、腳踏車等，有的還設置彈床、啞鈴等（如圖6-24）。

健身房入口處一般設更衣室、浴廁間及淋浴室。桑拿室宜靠近健身房。

圖6-24 大連九州華美達酒店健身房

五、停車場（庫）

停車場（庫）雖屬酒店建築中的次要空間，但必須考慮設置。停車場空間分為車場和車庫（單層和多層）。車庫設在地下層的居多，車庫空間的構成取決於酒店建築類型、規模、環境等諸多因素的綜合考慮。

六、內部使用空間

內部使用空間是相對酒店建築公共空間而言的，包括洗衣房、設備用房

（水、暖、電等各種機房）、備品庫（家具、器具、紡織品、日用品及消耗品庫）、職工用房（行政辦公、職工食堂、更衣室、醫務室等），屬酒店建築的輔助空間。

七、文化設施

有的酒店還設圖書室、教室等文化設施，一則增加文化氣息，向旅客提供更多的消閒方式和興趣活動場所；二則也便於酒店更積極地介入社會生活，並增加收益。

第五節 樓梯與走廊

樓梯（包括台階）是連接不同標高建築空間的交通設施，具有重要的功能作用。另外，它在室內裝飾上的作用也是不容忽視的。在很多場合，樓梯往往是空間的主角。尤其是酒店的大廳樓梯，更是大廳空間構圖和視覺的焦點。因而，對酒店大廳樓梯進行精心設計，應該是必要的。

大廳樓梯的量體和尺度不完全取決於人流數量，而首先必須滿足空間構圖的需要，因為它的裝飾作用遠高於交通作用。

樓梯造型、用料和細部裝飾須與大廳造型風格相協調，並與樓梯上部吊燈和下部水池等相匹配，不可格格不入。在別墅式酒店中，起居空間一側的小型樓梯或台階同樣是室內最活躍的部件，在營造空間情趣中起著舉足輕重的作用。一段格調高雅的樓梯和欄杆，既能豐富空間層次，形成空間的趣味中心，又能決定室內裝飾的基調，實在是不可輕視的，見圖6-25、圖6-26。

圖6-25 上海華亭賓館旋轉樓梯

走廊是兩個較大空間之間的過渡地段，有時還兼作某些空間的前廳或休息廳。人在這種空間中最容易產生單調感，因而走廊既不能過於華麗，又不宜過於簡陋。明亮的光照，色彩淡雅的界面，都是走廊所必需的。臨面如能做出檐口線和扁倚柱，將大幅度活躍走廊氣氛。起碼，一幅畫、一盆花或一塊石，也足以破除令人煩躁的單調感。

圖6-26 大連富麗華大酒店樓梯

第六節 中廳

中廳，即貫穿多層者的大廳，也稱共享大廳，是酒店建築空間組織的核心，是現代酒店建築的靈魂，是給予旅客感受建築內部空間環境印象的起點和焦點。它具有使用功能和心理功能雙重性。現代酒店建築大廳包含許多功能部分，一般有：入口、服務總台、大廳值班經理台、交通通道、休息區、零售商店等輔助設施。現代酒店建築尤其是大型酒店，已習慣於把各種零星的功能集中在中廳裡，以創造新奇的空間尺度感，從而改善空間質量，並營造出種種連續的生活場景。美國建築師波特曼的「共享空間」所獲得的巨大效應和華裔美國建築師貝聿銘的「場所空間」所帶來的趣味都證明了現代酒店建築中廳的這一特點。當然，一個酒店建築的中廳是否設計成功，重要的是看它能否合理滿足該建築的多種使用功能；同時，面積又恰到好處不至於浪費。酒店建築的中廳雖在逐步地擴大以滿足許多用途目的和未來的功能變化，但衡量中廳的空間環境質量並不應從規模和檔次上看，而應看中廳是否適合該建築的實際情況。此外，中廳結合休息空間，能滿足旅客的多種生理、心理需要，並增加空間場力，從而成為人們理想的交往空間。

酒店中廳不是一個孤立發展的空間形式，它是社會生活和科學技術高度發展的必然產物。從中廳在酒店中出現到大量運用是既有繼承、借鑑又有創新的過程。

一、酒店中廳的演變

西方中世紀宗教建築曾以高聳、宏偉的室內空間感動信徒，中國古代寺廟中供奉數丈大佛的多層樓閣也令人感到莊嚴而神祕。近代中國商業建築吸取古寺廟多層樓閣的特點，並繼承傳統民居中集交通與活動於一身的天井空間處理手法，以多層環廊圍繞中廳，頂部天窗還增加了底層鋪面的照度，如杭州胡慶餘堂和上海雜雲軒書畫店等。

1893年建成的美國科羅拉多州丹佛市的布朗皇宮旅館是第一個帶中廳的酒店，八層高的客房環廊繞著中廳，上下視線交流，中廳內如典型沙龍，也可謂中央酒吧，該酒店因中廳而自豪。

20世紀上半葉起，隨著結構學科的進步，中廳漸在西方的火車站、股票交易所、辦公大樓等各類公共建築中出現。現代建築運動的大師們也不斷探尋高空間的功能與表現力。

1950年代起，還出現了多層有頂商業街和中心式室內廣場等富於人情味的高空間。

1960年代，在上述背景下的現代酒店的設計面臨新的挑戰。隨著環境科學、行為科學的興起，酒店設計除了滿足使用功能外，還要滿足精神功能的要求，強調酒店形體與室內環境的識別性，透過進一步研究酒店公共空間的視覺形象、組景規律與人的心理反應，大酒店的封閉分隔各公共用房的做法已不能滿足新的要求，於是，將中廳引入現代酒店公共部分，使這高大開敞的多功能空間成為公眾共享的場所，已大勢所趨。

1970年代，酒店中廳設計著重空間形式的創造及陳設的標新立異，以別出心裁的中廳增加酒店的吸引力。例如，美國舊金山凱悅酒店中廳作為艾姆巴卡迪羅中心的主要部分，以別致的直角三角形金字塔空間形式及內部設施、流水、綠化形成壯麗的空間，其中引人注目的構圖中心是由立於靜水面上的三根矮柱所支撐的大型中空金屬鋁管球體雕塑，球體直徑35英尺，高40英尺。該中廳成了獨具魅力的城市空間並吸引著旅客和市民，見圖6-27。

1980年代的酒店中廳又有新的發展，中國第一個現代酒店中廳於1980年代初出現於廣州白天鵝賓館。隨著現代城市大型綜合中心的建設和設計理論與結構技術的發展以及關於中廳環境、節能、消防等研究的深入，中廳空間更穿插多變，應用最新科技成果，並吸取城市歷史保護的成績，裝飾更豐富，從而賦予中廳文化更深層次的表達。例如，1987年落成的日本名古屋東急旅館中廳內立面做成西洋古典式立面，配以幾何形咖啡座和西式古典廳園燈，迎合社會崇尚西方文化的心態，創造了戲劇性的室外感。其中廳作為多方位、富有層次的場景，使客人雖在日本卻如置身於歐洲某地，並可領略或回味西式廳園的情趣，見圖6-28。

現代酒店建築的室內設計已成為社會物質與文化發展階段的一個重要標誌。一個好的酒店建築，其室內環境應在為旅客提供一種身心舒適和視覺愉悅感的同時，還應是一個現代科學技術與人類文化藝術的結晶，對這個環境，每個人都以自己不同的品味去感受和體驗，並達到滿足與和諧。

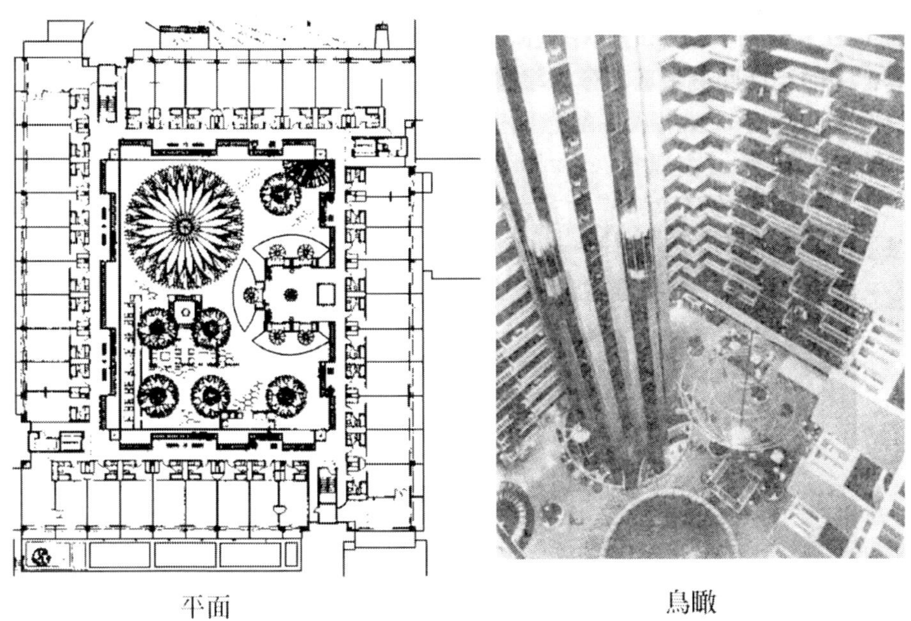

圖6-27 美國舊金山凱悅酒店中廳

圖6-28 名古屋東急旅館中廳

二、中廳空間構成

酒店中廳是在有管理、區分出入口等條件下向公眾開放的半社會、半酒店公共空間。中廳空間與酒店融合交織，有的酒店將中廳出入口與客房出入口、觀光梯與客房電梯分開。

按與城市關係，酒店中廳可分為以下兩類：

（一）酒店獨用中廳

大部分酒店中廳僅屬酒店所有，它作為連接酒店各公共部分的中心，位於裙房或客房樓中，社會公眾到中廳活動一般使酒店得益。

（二）「中心」式中廳

當酒店與其他高層建築組成「中心」時，中廳作為連接各建築的樞紐，常是開放的室內廣場，公眾在中廳的活動不一定全使酒店得益。

酒店中廳的空間構成方式受基地環境、總體布局等影響，也反映建築創作構思。雖然酒店中廳主要為適應城市酒店創造室內環境之需而發展，但隨著中廳組織公共活動的作用加強，它也已出現在風景地、郊區、車站等酒店中，其空間構成也日漸多樣。常見的空間構成如下：

1.中廳位於多層裙房、呈內向圍合式

城市酒店在基地小、無佳景可借的情況下，作多層中廳，頂部採光，創造宜人的賓至如歸內景觀，中廳空間貫穿裙房、不到客房層，如北京兆龍酒店、東京日航酒店、美國亞特蘭大桃樹中心酒店等。

2.中廳位於多層裙房、單側敞開式

有的城市酒店中廳一側朝向城市廣場或廳園，有的風景區酒店中廳一側朝向優美景觀，中廳採用頂光與側光相結合的採光方式，客房層位於中廳一側，如上海新錦江酒店、北京長城酒店等。

3.中廳空間由客房樓圍合而成

中廳豎向空間自公共部分一直升至客房樓頂部，客房層走廊環繞中廳上空。由於豎向的巨大尺度，設計常著重豎向空間造型，以求新穎獨特的中廳空間效果。

有的酒店中廳透過別致的客房層平面形狀，創造與眾不同的空間感，如日本沖繩的萬座海濱洲際酒店。新加坡晶殿酒店圓形客房層圍合的中廳透過綠化和燈光裝飾使中廳景色晝夜變化、綺麗動人。

有的中廳以客房層平面的逐層變化使中廳空間界面新奇、活躍，如美國舊金山凱悅酒店、亞特蘭大瑪奧特酒店、新加坡百利萊酒店等。

有的中廳因客房層平面的曲折與半開半圍，不僅有豐富的內、外景觀，還有獨特的空間感，如深圳蛇口南海酒店的弧形客房中段在低層突出與上部客房逐層後退之間形成中廳。

還有的酒店憑藉豎向優勢，塑造兩個不同形狀的中廳在豎向交錯疊合，如香港帝苑酒店自3～16層的中廳是充滿園林氣息的「室內桃源」，周圍有餐飲、商業中心，中間地有綠化、水池、咖啡座，四層以上為客房。

4.高層建築群中的公共中廳

在當代城市開發中，位於高層建築群中的公共中廳空間因與各建築的連通而構成複雜。有的中廳位於連接各高層的裙房，如新加坡萊佛士城；有的中廳是以玻璃網架覆蓋在各建築之間空間的頂上，形成巨大室內廣場，氣派雄偉，如美國亞特蘭大奧米國際大廈組群，其辦公室、酒店等高層建築統一在廣場中廳內，地面層是各式餐館、商店及溜冰場。

三、現代酒店中廳的特徵

中廳作為酒店內的共享空間，其功能與空間構成雖與其他建築中的中廳有某種共性，但在空間緊湊、結合酒店功能展示公共部分等方面也有自己的特點。

（一）綜合酒店公共活動功能

中廳使酒店公共活動部分的功能突破了牆的界線，這個高大空間是共享多功能的綜合體。中廳與門廳結合，這種綜合性的門廳有接待、大廳管理、服務、休息、大廳酒吧等多種功能，且有著高大敞亮的豪華氣派，令旅客一進門就覺耳目一新，如上海新錦江大酒店中廳（如圖6-29）、日本東京新宿世紀海特旅館等。

圖6-29 上海新錦江大酒店中廳

有的中廳是酒店的中心、空間序列的高潮，內常設咖啡座、音樂台、雞尾酒廊、平台餐廳、小商亭、花店等，多層中廳的周圍是各式餐廳、商店、會議中心、健身中心等，高層中廳的上部周圍是客房。

美國洛杉磯好運酒店中廳高六層（如圖6-30），內有咖啡座、遊樂場、八個餐廳、四個舞廳及其他娛樂設施，空間又穿插組合、水池、觀光電梯、懸空的船形休息島及織物雕塑等，使人目不暇接，變幻無窮的空間場景可為所有人共享。

圖6-30 美國洛杉磯好運酒店中廳

近年，隨著城市的開發，在大型公共建築群中的酒店中廳常作為群體的中心，強調整體感與內聚力，並擔當城市室內廣場的重任。例如，1986 年10月開幕的新加坡萊佛士城的中央中廳30公尺×30公尺，是聯繫四座建築的樞紐，其中兩座酒店是威斯汀· 史丹福和威斯汀廣場，其中廳本身色彩素雅，以突出商店和人的色彩；中廳內除有咖啡座外，還可舉辦展覽、文化活動、藝術表演與迎新會，天橋增加了空間層次並可作舞台，當活潑的舞蹈在橋上出現時，歡快的節慶氣氛從中廳一直瀰漫到整個建築群，如圖6-31。

圖6-31 新加坡萊佛士城史丹福瑞士酒店中廳

（二）大中有小、小中見大的共享空間

中廳創造了空間的某種開放、自由感。它包容了休息、餐飲、娛樂等功能小空間，這些小空間一般作不影響視線通透的象徵性的空間限定，以融合在大空間中成其一部分；同時，酒店中廳底下幾層往往打開牆面，上部環廊、挑台又常有變化，使中廳空間的界面形成虛實凹凸等多種形態，中廳空間向外圍小空間的延伸也富有層次。此即「大中有小」。

人們位中廳一隅，既可感受到中廳空間的巨大、壯觀，又可觀察、體驗到中廳內外的許多活動，此謂「小中見大」。而中廳及周圍各公共部分也面對著上下、內外各方面來的視線，這種多角度、多方位的交流、融合創造了新穎而有趣的「共享」感。

某些新建的城市酒店中廳更著意於空間造型，透過不同高度的空間交錯穿插，模糊中廳空間邊界，使各處視線有更豐富的穿透，空間愈顯撲朔迷離。例如，上海新錦江大酒店中廳內（如圖6-29），豎向交叉布置了幾層天橋、挑台，空中懸掛著大片禮花般閃爍的裝飾燈。人們無論是在各層平台的咖啡座，還是在不同角度的天橋、挑台上，或在客房層環廊，都能感受到空間的豐富形態和極有吸引力的各種景觀。又如，1988年建成的香港日航酒店中廳（如圖6-32）空間構成相當複雜，從入口進入大廳後，巨大的富雕塑感的吊頂引導人們進入中廳，由大樓梯打開的二層高空間直望海灣，視野極佳，接著隨樓梯走向，空間以「之」字形向上發展，於第四層、在海灣相反方向開一圓弧形天窗，不同方向、不同高度的海景與天光、交錯顯露的圓柱及樓梯、吊頂，令人感到變幻莫測、新穎活躍。

圖6-32 香港日航酒店中廳

（三）頂光效應與室外空間感

1.頂光效應

絕大多數酒店中廳有天窗採光，也有的用豎向大尺度側窗採光。天窗和側窗向中廳傾注了大自然的感情力量，不同季節的日光、月色、陰晴雨雪，不同時刻的光影變化，塑造著千變萬化的視覺形象，使中廳顯得明快親切，很有自然的意味，天窗及光影圖案也是中廳的重要裝飾；同時，這種自上而下、部分側前方的光線方向，具有室外光線特徵，是中廳具室外空間感的重要條件之一。例如，舊金山凱悅酒店中廳（如圖6-33）、天津喜來登酒店中廳（如圖6-34）的天窗將陽光灑滿地坪，整個大空間既燦爛又充滿活力。

2.室外空間

中廳空間在水平和豎向均有豐富深遠的層次，形成室外空間特有的仰望、俯視等視線活動。人們在高大中廳裡可仰望各層環廊、天窗等，又可在環廊俯視中廳景觀，從而體驗到室外空間感。

（四）富有運動感

川流不息、衣著各異的人的活動是中廳空間有運動感的重要因素之一，沒有人的參與，中廳就成了嚴謹的、靜態的、缺乏生氣的大空間。

1960年代，隨著酒店中廳出現了將觀光電梯、自動扶梯等豎向交通工具作為觀賞對象和觀光工具的創舉，電梯被從封閉的井道中解放出來，其透明轎廂壁使電梯內外不再隔絕。自此，許多酒店中廳設觀光梯或自動扶梯。觀光梯的轎廂頂部與底部都裝飾燈光，在豎向運行中形成的瑰麗光束是中廳空間特有的運動藝術組景要素，結合中廳內的自動扶梯、動雕、流水、客人等有節奏的或自然的運動，形成活動景象，使客人可處靜以觀動。

圖6-33 舊金山凱悅酒店中廳

在觀光電梯內或自動扶梯上的客人可在上下運動中感受到中廳空間的逐漸展示及其間的種種有趣內容。有的酒店觀光梯衝出多層中廳直上高層頂部公共活動部分，人們還可在升騰中俯瞰酒店外景，在降落中觀賞中廳內景，此即「以動觀靜」。

這些靜與動的交替對比所產生的戲劇性效果，使人們以全新的觀念體驗到中廳這三維空間還具運動——時間特徵。

圖6-34 天津喜來登酒店中廳

（五）空間尺度感

酒店中廳空間既宏偉壯觀又富人情味的特點，要求設計處理好空間尺度感。

目前，酒店中廳的豎向高度已從4層發展到16層以上，雖空間高聳巍峨，顯示室外特點，但與人的識別尺度相差過大，容易產生某種壓抑感。就人的視線而言，人與人的可識別尺度為21～24公尺，過大尺度無法辨認熟人，所以3～6層高的中廳已有宏偉感，且不失親切感。

經研究環境心理、文化傳統、植物和熱壓效應以及防止冷空氣滲透等因素表明，中廳不宜過高；同時，高大中廳在投資以及日常開支方面花費更多，一般並無必要。

為解決高大尺度與人的尺度的矛盾，設計中特別應注意豎向大尺度裝飾與近人處的小尺度裝飾並重的問題，即在中廳供人活動場所的小尺度內布置接近日常生活的陳設、小品、家具、燈具、綠化等，在豎向中廳底部幾層增加平台、挑台、天橋、近人頂棚並懸掛燈、傘、金屬構架等，從而構成豎向近人尺度的空間層次，以調節人的心理感受。在高中廳上空各層欄板旁，宜設寬300～500公釐的格柵，並配軒藤蔓花草，以改善人的視角並增加安全感。

（六）豎向多種藝術的綜合

酒店中廳不僅是建築空間的藝術，也是綠化、工藝美術、雕塑等各類藝術的高度綜合；同時，由於中廳空間的豎向特徵及獨特的仰俯視線活動，因此只有形成與中廳的豎向尺度相適應的豎向多層次藝術的綜合，才能滿足裝飾中廳空間的要求。

豎向藝術處理與中廳的空間形狀、尺度、使用特點緊密相關，包括從地面到頂的藝術處理。其中，中廳地面層走廊常配以綠化成背景。空中的豎向大尺度藝術裝飾是全方位的視線焦點。頂部則是藝術處理的收束。豎向藝術的連續與變化、動靜的和諧統一可使整個中廳空間變成令人賞心悅目的視覺環境。

四、交通流線組織

隨著酒店中廳功能的複雜化，交通流線組織也愈顯重要。從中廳通向主要公共活動場所的路線需導向明確、引人注目且比較寬敞，到休息空間可略為曲折，以增加觀賞中廳的多種視角。不收費的休息空間常組織在人流交通路線邊，稍加擴展而已；收費的，如咖啡座、雞尾酒廳等，有一定形式的空間限定，宜靠近準備間。

酒店中廳向社會開放時，底部幾層人流顯著增加，需對不同客人作不同的組織引導，常以自動扶梯或敞開式樓梯運送大量公眾，另設客梯送住宿客人至客房層。

有的客房層圍合的中廳內，設計觀光電梯即客梯，需考慮部分客人在升降中觀看中廳會感頭暈不適的情況，宜另設封閉客梯備用；同時，需注意敞開在中廳內的觀光梯轎廂的安全，人與傳動機械需保持一定距離，常在各層平台加豎牆或綠化，或在轎廂邊闢淺水區，升降轎廂猶如出沒水中一般。

五、中廳採光設計

盡量利用日光，提高中廳採光特性，是節能和綠化的需要。

（一）中廳天窗進光

酒店所在地區的氣候直接影響中廳的進光途徑。一般採用大面積透明玻璃天窗以獲得最大透光率，但陽光會加熱天窗下的空氣，倘若作架立式天窗使部分光線從側面進，則更利於採光，因側面玻璃比頂面遮光少，這在北方尤有意義。在多陽光的溫帶，可用向陽鋸齒屋面把太陽光變成散射光；在炎熱地帶，則可用向陰的鋸齒屋面透射散射光。

國外有機械化操作的，由光敏光電元件和微機處理控制的遮陽翼板對光線進行人工調節，但價格昂貴。多數酒店中廳作整片玻璃天窗，以漫射或反射玻璃進行熱輻射。

（二）中廳內光的傳播與反射

中廳的空間形狀及長、寬、高等控制著中廳光強的衰減速度。各側牆的反光性能對底下幾層照度有很大影響。近天窗的幾層以直射光為主，在中廳底部幾層則以反射光為主。因此，廳內各層窗洞面積可不同，頂層窗洞小，下面逐層增加玻璃面積；或採用不同反射率的玻璃，即頂部用散射，底部用透明玻璃。同時，應與氣候變化相適應。在牆面材料面層中，白瓷磚、粉刷、金屬等散射較有效，鏡面反射光線的效率並不高。

中廳高大，綠化、花草等會吸收光線，從而降低反光性能，所以在各層平台宜將綠化布置在對光線損失較小的位置。中廳地面綠化也應成組布置，疏密得當，從而不致影響附近公共部分的採光。

當日光不足時，中廳及各層可用人工照明補充，或利用側牆折射光線，並把射向平頂的光反射下來，如採用平的無光白色平頂，向上照明的效果很好。

（三）中廳天窗的形式

確定中廳剖面後，天窗形式常是設計選擇的重點。一般根據建築形體、中廳空間形狀、天窗所在部位、預想尺度圖案、光影效果、防水防風即水密性、氣密性、防碎等要求向專門廠家提出設計要求。

一般天窗是全封閉的，但因考慮在適當氣候條件下，有自然通風的可能並在必要時排出煙氣，需採用溫室層頂技術局部開啟。一般玻璃系統不能承受自然通風造成的應力，可採取抬高天窗、開啟側窗的辦法。

有的酒店中廳以大面積側窗採光，其金屬構架體系與構成圖案也吸引著客人的視線。

總之，對酒店中廳空間應有辯證認識，雖然在大中型高級酒店中，它已成為常見的公共活動部分中心之一，但應注意到，伴隨著它的成功設計所需的空間、能源、經濟等方面的代價，在等級低或小型酒店中，一味追求中廳效果，則可被認為是一種浪費。

思考題

1.為什麼說酒店的公共空間是酒店設計的重點？各級酒店的公共空間的標準是什麼？

2.說明公共空間的構成和面積指標。

3.酒店的入口門廳的功能是什麼？

4.酒店公共空間的設計要求是什麼？

5.總服務台和前台的功能是什麼？

6.公共浴廁間的設計要點是什麼？

7.酒店規劃中應有哪些提供其他服務的設施？它們各自有哪些功能？

8.你對酒店中廳是怎樣認識的？它在酒店的規劃中有怎樣的地位？

9.你個人認為應怎樣設計酒店的中廳？

第七章 酒店無收益空間設計

酒店設計中為增加收益，應盡量擴大有收益部分，相應無收益空間的行政、生活服務與工程維修部分則盡可能緊縮。據統計，此部分面積約占酒店總建築面積的20%。

酒店的職工生活部分直接影響職工的服務心理；眾多設施設備必須保養維修，萬一突發事故更需急修，這都直接影響酒店的聲譽及經營效益，因此需與客房、公共部分一樣引起重視。

第一節 員工與行政空間

酒店員工的數量與酒店規模、等級、性質等因素有關，規模越大、等級越高，員工數量越多。

酒店性質不同，員工指標也不同（如表7-1）。度假地酒店、城市酒店的員工數量較多，公務酒店、公寓酒店的員工數量較少。酒店員工數量還與季節（酒店出租率的高低）、餐廳和商店等出租程度有關。酒店所在國家的勞動力價格也直接影響酒店員工數量，在一些勞動力緊張、人工費高昂的國家與地區，酒店員工數量是相應降低的。

表7-1 不同性質酒店的員工指標

不同性質的酒店	平均每間客房的員工數量（人/間）
最高級程度度假地酒店	1.8
一流國際酒店	1.6
市中心的大酒店	1.1
城市或度假地地一般酒店	0.7
公務酒店	0.3
經濟酒店、汽車酒店	0.25～0.1
公寓酒店	0.1～0.03

酒店的員工主要分布在客房部門、餐飲部門及其他部門，其中常以餐飲部門為最多，約占總數的40%～50%，客房占25%～30%，其他部門占30%左右。

酒店員工按其所屬可分以下幾類：酒店正式職工屬酒店、外包工屬外包公司、臨時工屬半工半讀學生或業餘勞動者、出租營業部分的職工屬該出租商營業部分。

按其作用，酒店員工可分為：在一線接觸旅客的員工，如門衛、總台服務員等；在一線不接觸旅客的員工，如客房預訂部工作人員等；不在一線的推銷人員和管理部門員工等。

一、行政辦公部分

國外大型酒店行政辦公部分，上層領導為總經理、副總經理，有祕書室輔佐；中層常設銷售部（經營部）、客房部、餐飲部、宴會部、公關部、人事部、保安部、會計部、監察部、供應服務部等，如圖7-1所示。

中國酒店管理體制正處於改革之中，時有變動，目前與上述不同之處是在上層常設經理助理和經理辦公室，中層的餐飲部包括宴會服務，並另設商場部和黨政工會等。除部門辦公室外，行政部分還需設會議室及廁所等。

二、員工生活部分

員工生活部分指供員工使用的更衣室、浴室、食堂等，在大型酒店還有理髮、醫務、休息、圖書室等。

（一）員工更衣室浴廁

員工更衣室浴廁應設在員工出入口附近，以保證員工進門後，先進行更衣，再以整齊儀表到各工作崗位。更衣室男、女分開，有的國外酒店還分高級職員的更衣室。

每名職工一個帶鎖更衣櫃，其一般尺寸為：寬0.25公尺、深0.3公尺、高1.2～1.4公尺。更衣室指標約0.7平方公尺／職工。與更衣室相連的地方所設的浴室、盥洗、廁所面積約為更衣室面積的20%～30%，如圖7-2。

（二）員工餐廳

為節約員工餐廳的面積，需提高員工餐廳的周轉率。國內外酒店一般都拉長員工用餐時間，也便於員工調換用餐。周轉率可以按3次計。

目前，員工餐廳用餐方式有兩種：一種是多種菜餚自由選購；另一種是幾種菜餚由酒店用快餐形式供應。國外及中國合資酒店常用後一種方式，員工自己端盤，用餐後送回。

員工餐廳面積計算：

$$\text{員工餐廳面積}(\text{m}^2)=\frac{0.9\text{m}^2/\text{餐座}\times\text{員工總人數}\times 70\%}{\text{週轉率（次）}}$$

其中，員工總人數×70%相當於最大當班人數，周轉率為3，每餐座指標為0.9平方公尺。

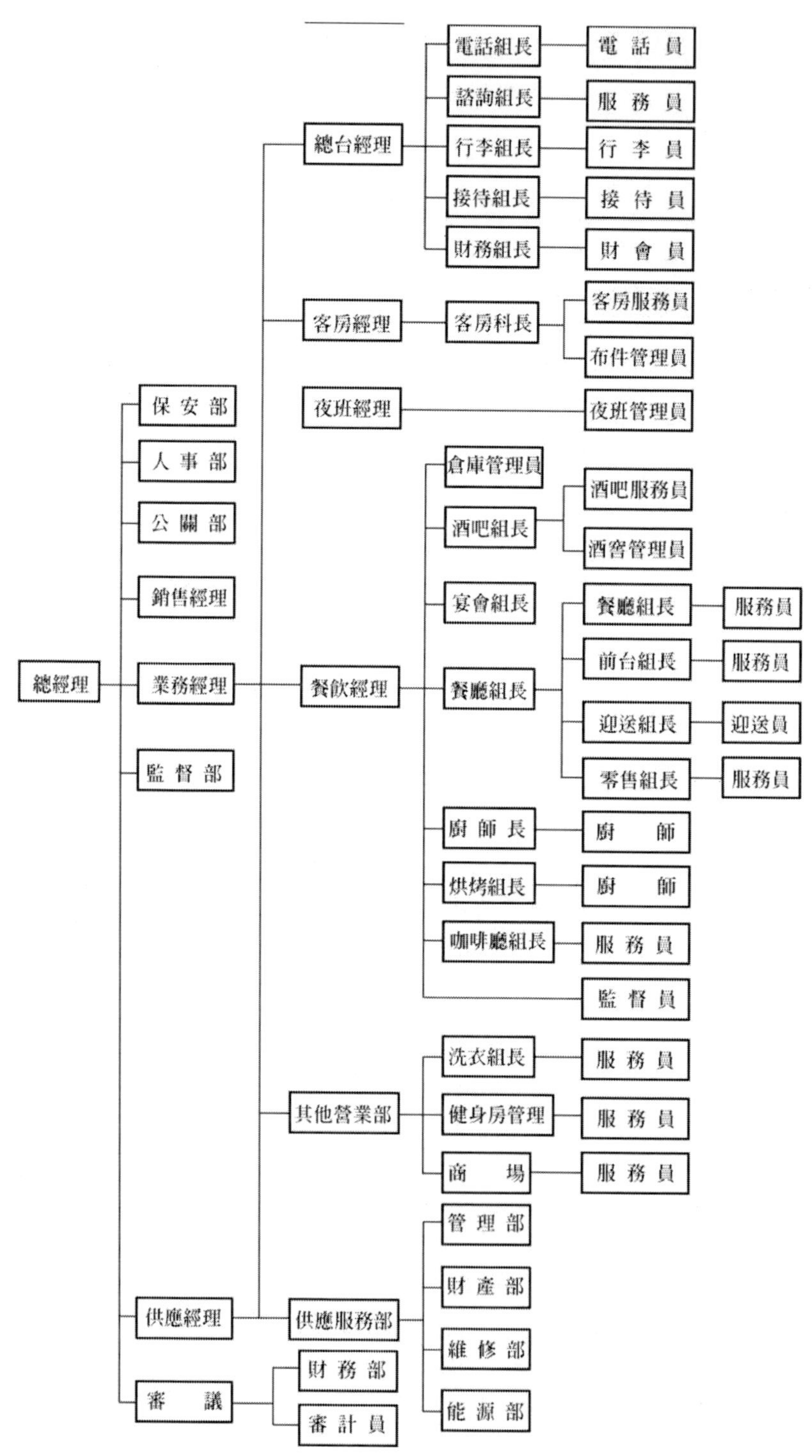
總經理
保安部
人事部
公關部
銷售經理
業務經理
監督部
供應經理
審議
總台經理
電話組長
電話員
諮詢組長
服務員
行李組長
行李員
接待組長
接待員
財務組長
財會員
客房經理
客房科長
客房服務員
布件管理員
夜班經理
夜班管理員
餐飲經理
倉庫管理員
酒吧組長
酒吧服務員
酒窖管理員
宴會組長
餐廳組長
餐廳組長
服務員
前台組長
服務員
迎送組長
迎送員
零售組長
服務員
廚師長
廚師
烘烤組長
廚師
咖啡廳組長
服務員
監督員
其他營業部
洗衣組長
服務員
健身房管理
服務員
商場
服務員
供應服務部
管理部
財產部
維修部
能源部
財務部
審計員

圖7-1 大型酒店的組織機構

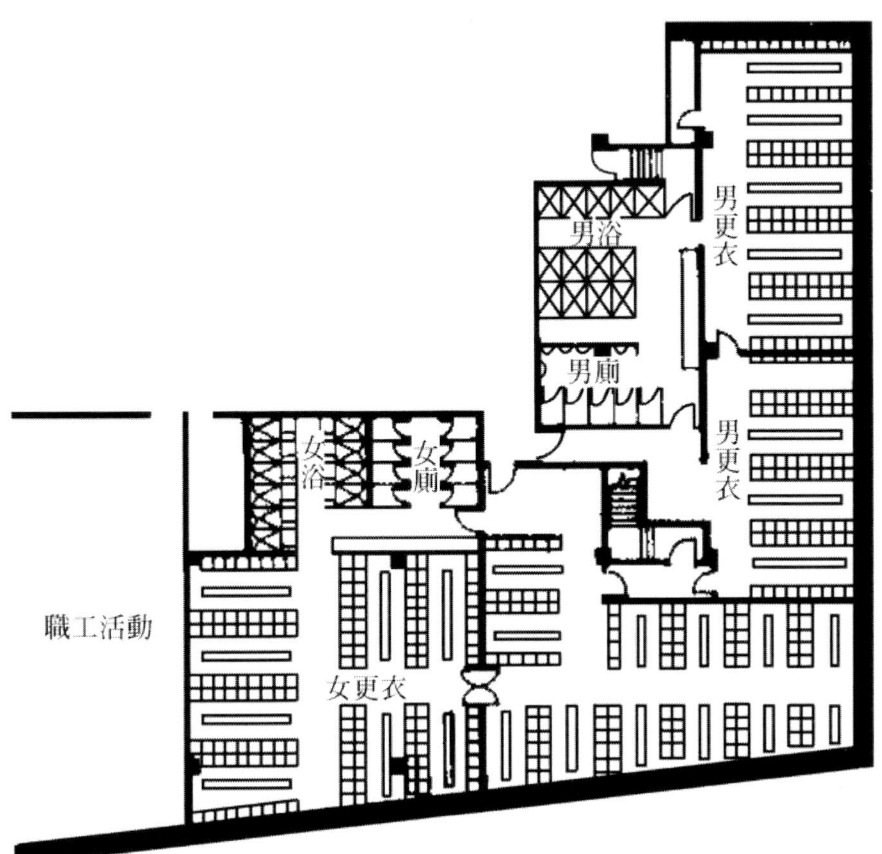

圖7-2 更衣室

員工餐廳應有獨立廚房，從採購、儲存至加工、烹調均應與旅客餐廳廚房分開，並獨立進行經濟核算。

有種觀點認為，員工餐廳只需低標準裝修即可，事實上，員工餐廳的室內環境氣氛關係著員工的自信心與情緒，宜給予相當重視。上海太平洋酒店地下一層員工餐廳原作一般裝修，威士汀管理集團簽訂合約後，決定重新裝修員工餐廳，淡雅的木牆面鑲嵌著鏡面以及中央有一圈花槽等，幾乎可與西餐廳相媲美，足見該企業對員工部分的重視。

（三）員工休息室

一般休息室供員工小憩，備床鋪的休息室供值班員工或深夜換班員工使用。國內有的酒店與單身宿舍結合，不單獨設置。員工休息室常設在更衣室附近。

三、行政辦公、員工生活部分的位置

行政辦公與員工生活部分屬酒店內部用房，要求與供旅客使用的部分截然分開、互不干擾。國外常將行政、生活部分與旅客活動部分分層設置。

隨國外酒店管理經驗的引進，中國酒店行政與員工生活部分亦集中設置，放在門廳下一層已較普遍，如南京金陵飯店、上海錦江大酒店、揚子江大酒店等。

行政部分中的人事部、採購部靠近內部出入口，會計室宜靠近總服務台。

第二節 後勤服務部分

酒店後勤服務部分包括為旅客服務、酒店營業的各種不與旅客直接接觸的部分。

一、洗衣房

為確保衛生條件，在國際等級的旅遊酒店中，客房床單、被單、毛巾、餐廳桌布、餐巾等需每日更換，洗滌量很大。大、中型酒店一般自設洗衣房，相應減少了備品、備件以及運輸車輛、布件清點管理人員等數量，也延長了布件壽命，但洗衣房噪音大、有氣味，是防災重點。據有關資料統計，1000間酒店自設洗衣房比委託社會上洗滌可降低成本15%。

（一）洗滌的分類與流程

洗滌分水洗、乾洗兩類。客房的床單、被單、毛巾，餐廳的桌布、餐巾，部分職工制服及旅客衣物以水洗方式；旅客的西服、大衣以及部分職工的制服用乾洗方式。水洗以洗滌劑水洗去汙；乾洗用揮發性溶劑與洗淨劑去汙。

（二）洗衣量的計算

洗衣量習慣上以洗滌衣物重量為計量單位，一般用框估法或計算法求每客房洗衣量和總洗衣量。

1.框估法

按經驗數據歸納，把酒店所需洗滌的衣物折算成每客房清洗量，如國際上一般酒店以4.5公斤／間· 日洗滌量、高級酒店以6公斤／間· 日洗滌量計。

按酒店等級框估不同的洗滌量十分必要，結合中國目前社會酒店仍處於一人一洗、一週一洗的情況下，洗滌量相差很多，建議以下列數據為框估總洗衣量的依據：

（1）豪華級酒店：6～7.5公斤／間· 日。

（2）舒適級酒店：4.5～5公斤／間· 日。

（3）經濟級酒店：3～4公斤／間· 日。

（4）社會酒店：2～2.5公斤／間· 日。

2.計算法

分別計算客房、餐飲、員工制服三部分洗衣量，累計每天每間客房的洗衣量。

（1）客房洗滌量

按國際標準，高中檔酒店的客房布件每天更換，新到客人全換，布件是床單、枕套、浴巾、面巾、毛巾、腳墊布、浴衣等。經濟級酒店的布件種類減少，更換時間為幾天一換和新到客人全換。

（2）餐廳洗滌量

餐廳的餐巾、桌布需洗滌，一般按0.6～1公斤／座計。

（3）員工衣服洗滌量

一線員工洗衣頻繁，二線員工次之，每天洗滌按1/3員工衣服為依據，每員工衣服洗滌量以0.8～1.2公斤／套· 次計。

（三）洗衣設備的選擇

洗衣設備應按洗滌量、洗滌物品的種類、質地、表面處理程度、工作時間及人員多少等因素綜合選擇。選擇時應注意洗滌、脫水、乾燥機器的平衡，只有相應配套，才有效率。

酒店衣物可分為布件與合成纖維兩大類。布件一般溼洗、合成纖維和全毛製品等以乾洗為主。

1.溼洗主要設備

洗衣機、脫水機、乾燥機、烘乾機、平燙機、折疊機。

2.乾洗主要設備

乾洗機、熨燙機。

（四）洗衣房的面積與平面布置

酒店設洗衣房時，其面積取決於洗衣量、洗衣設備的先進性、多功能性。

中國酒店設計規範提出洗衣房面積指標為0.7平方公尺／間客房；美國SOM設計事務所建議的洗衣房面積與酒店的規模有關，由於充分發揮設備的效率，酒店規模越大，洗衣指標越低。

（五）洗衣房設計要點

1.洗衣房的平面布置應遵照工藝流程，分設工作人員出入口、汙衣入口及清衣出口，並應避免噪音對客房的干擾。

2.洗衣房要求淨高大於3.7公尺。地面為不浸透材料，排水通暢、通風良好、防滑。

3.使用50公噸以上的水時，需設汙水處理。

4.洗衣房內應光線明亮。其他國家很少配空調系統，中國有的酒店配空調系統，一般要求按進新風每小時換氣次數為20次；在散熱多的設備上加排氣罩；

烘乾機、乾洗機、壓熨機均需管道排除廢氣。室內組織排氣，防止氣味、蒸汽外竄。

5.洗衣房所需蒸汽壓力一般為2×105～4×105Pa，部分為6×105Pa。

6.壓縮空氣壓力要求為5×105～7×105Pa。

二、供應科和各類倉庫

供應科是向一線部門提供物品的部門。按照酒店日常消耗與所需負責採購、登記、分門別類進入各類倉庫。常設的倉庫有家具、瓷器、玻璃器皿、銀器、日用品庫及消耗品庫等。

酒店倉庫面積與酒店等級、規模和市場供應有關。豪華級酒店物品類別多，倉庫面積相應增大。中國酒店設計規範中提出高級酒店倉庫面積指標為1.5平方公尺／間，中檔酒店為1平方公尺／間，經濟級酒店為0.5平方公尺／間。

三、垃圾房

垃圾房是酒店暫存各種垃圾之處。酒店垃圾有過剩食品、廢報刊、廢紙類、空瓶、空罐及其他破損垃圾。據日本資料介紹，每旅客平均2～3.5公斤。垃圾的暫存或回收還應考慮衛生影響，如對儲存食品垃圾的垃圾房提供低溫條件即設冷凍廢品間。

四、客房管理部

客房管理部是客房與公共部分的管理部門，負責保持客房與公共部分的整潔、布件更換、日用品易耗品的補充、旅客失物保管、旅客洗滌物的管理等。由於體制差異，國內酒店一般由客房部負責客房經營管理。近年新建的由外方管理的酒店也設客房管理部，如由新世界酒店集團負責管理的上海揚子江大酒店設客房管理部負責數層、公共區、制服及布草房、園藝、洗衣房、康樂部的管理。

客房設備發生故障時，由客房管理部通知工程部對設備進行搶修或維修。

第三節 機房與工程維修部分

各類機房是保證酒店正常營業的內部工作用房；維修部分則是在酒店某一部分發生故障時進行檢修的各個工作部分。

一、各類機房

酒店的各類機房是供應電、水、熱、汽、煤氣、電話、空調的關鍵場所，搞好機房是搞好供應的保證。

（一）鍋爐房

鍋爐房布局有以下三種方式：

1.鍋爐房獨立布置

酒店在總平面布局中，將鍋爐房獨立布置於基地的下風向、較隱蔽的地方，即使有較大的煤堆與灰渣場也無礙大局。

但如基地條件限制、鍋爐房在酒店的上風向，煙囪無法隱蔽，則不宜採用獨立式布置。

上海華亭賓館、蘇州胥城大廈、中山溫泉賓館等均採用獨立式鍋爐房。

2.鍋爐房與酒店建築靠在一起

酒店基地不大時，鍋爐房可與酒店建築緊靠在一起建造，其連接部分應設防爆牆，並且不在此牆上開門、窗洞口。鍋爐房、煤堆、灰渣場均應在酒店主入口視閾之外。這種布局方式利於煙囪結合酒店主樓屋頂排煙，煙囪不像獨立式般顯眼。

3.鍋爐房在酒店建築頂層或地下

為讓出地面位置使酒店公共部分面積儘可能多，現代國外酒店在足夠安全的條件下，常將鍋爐房布置在酒店地下室或屋頂部分。

中國有關規定限制，高壓蒸汽鍋爐不應在高層主體建築之下，也不應布置在人員密集場所的下面。設計時必須按消防規範設置耐火3小時的牆體和耐火2小時的樓板等。

鍋爐房進入頂層或地下，應採用燃油或煤氣作燃料，因可用泵提升燃油，鍋爐房在高層還可縮短煙道。

近年，中國一些外資、合資酒店也採用燃油鍋爐進入頂層或地下室的方式。

上海太平洋大酒店的鍋爐房在裙房下方的地下二層，除了設防爆牆等滿足消防要求外，還設置直通室外的疏散通道，其出口即立於酒店前綠化中的圓筒。

（二）變、配電室備用發電機房

變配電室相當於酒店的「心臟」，一旦發生供電故障，會造成正常秩序的混亂。

變電室的位置與採用變壓器的種類直接有關。按消防規範規定，採用溼式變壓器即油浸式變壓器的變電室不得進入地下室；用乾式變壓器的變電室可進入地下室。

為防止外電源因突然事故中斷而停電，高級酒店常設備用發電機房，配柴油發電機組應急電源。該機組發電時噪音很大，故應注意對周圍的影響並作吸音處理。

大、中型酒店中，配電室應分層設置，規模較小的酒店可幾層設一個配電室。

設計中變配電室應避免高溫、注意通風，還應防止水的滲漏對電氣設備的干擾。

（三）冷凍機房

冷凍機房是冷源供應中心，其主要設備是冷凍機和水泵，噪音很大，有的冷凍機噪音可達90dB以上，幾台冷凍機在一間機房內，噪音更嚴重。與冷凍機有關的冷卻塔一般布置在屋頂上，也是噪音源，對酒店本身或周圍建築都會產生影響。

無論是單獨設置，還是進入地下室，冷凍機房均應採取減噪音措施，以牆隔音、減少門窗是降低噪音對周圍建築影響的常用方法之一。在地下室的冷凍機房應採取牆面貼吸音材料的方法降低噪音，也可採用懸吊浮雲式吸音板以降低噪音，同時還需基礎隔振防止固體傳聲。

冷卻塔因有通風降溫的功能要求，無法封閉，在選用低噪音冷卻塔時，採用有隔音、吸音性能的樓板與導向排氣罩的方式均可降低噪音。

（四）煤氣表房與煤氣調壓站

煤氣表房是安放煤氣計量裝置——煤氣表的場所。它應滿足當地煤氣公司對安裝的要求，煤氣表房應設在地面層，並有直通室外的門。

煤氣調壓站是區域性設置的煤氣調壓裝置，它能以降壓或升壓的方法將該地區煤氣管線壓力調整到所要求的壓力狀態。煤氣調壓站屬易爆性建築，消防規範對酒店與煤氣調壓站的安全距離有明確規定，一般要求離開25公尺以上。

（五）空調機房

空調機房包括空調送、迴風的鼓風機房以及排風機房、新風機房等。

由於送、排風機均由電動機帶動，所以空調機房均有一定的振動與噪音，應進行處理以免影響鄰近房間。

目前，常在設備基座下放置減震器，以減少振動對樓板的影響並降低固體傳聲；同時，在空調機房中增加吊頂的吸聲材料，以吸收空氣中部分噪音並減少對鄰近房間的噪音影響。

（六）防災中心

防災中心是酒店預防火災、煤氣中毒的中心，也是防止火災擴大的指揮中心，還是火災、地震災害來臨之際安定民心、指揮疏散的中心。

防災中心內有各類報警器顯示盤，可顯示何層何處發生火災或煤氣濃度超過正常指標，有啟動消防泵、防火捲簾的按鈕，可指令火災發生區域降下防火捲簾以隔斷與其他區域的聯繫，有緊急廣播呼叫設施指揮旅客疏散等。

中國消防要求防災中心布置在一層，有與消防隊聯絡的專線電話，有直接通向室外的門，以便萬一發生火災時，消防隊可迅速到達並組織施救。

隨著科學技術的發展，現代酒店中的防災中心已與控制中心結合在一起，運用先進的多功能電腦監視、記錄、控制電氣、給排水、空調及電梯設備運行情況，終端螢光屏巡視各處狀況，如發現不正常，可調整有關技術指標，並進行遙控。

（七）保安中心

保安中心是為安全保衛而設置的監控中心，主要有多台電視監控器和防盜、防竊的報警器等，有的還設置無線呼叫電話。保安中心一般與防災中心鄰近，有的也合二為一。

（八）電話機房

電話機房一般由電話交換機房、話務室、蓄電池室與檢修室組成。其位置應靠前台經理辦公室。室內要求防潮、防塵。

由於中國國內與國外設備的差異，同樣規模交換機的電話機房使用引進設備的房間面積比使用國產設備的小得多。

（九）電梯機房

電梯機房位於電梯最高停靠層的上方，不同牌號、型號電梯對機房地面與最上停靠層地面間的高度有不同要求，因電梯速度愈高，上部所需衝程高度愈高。

電梯機房內有各種配電、儀表盤，要求機房通風良好，屋頂有隔熱措施，夏天可對設備採取降溫措施，以確保電梯的正常運行。

（十）電腦機房

酒店專用電腦機房的功能日趨複雜，除網路及客房狀態顯示和查詢旅客、餐廳在記帳外，還適應信用卡的通知、客房預訂等，有的還與電話交換機構成一體。

電腦機房除應作為前台辦公室的一部分外，也可在總台和經理室等處設置終端使酒店管理人員及時瞭解情況。電腦機房設計必須滿足電腦正常運行的溫度與清潔度要求。

（十一）閉路電視與共用天線機房

現代酒店為保證電視的清晰度，應設共用天線（CATV）；當酒店設有線閉路電視時，則應設閉路電視（CCTV）與共用天線機房。機房內設放像機定時播放專有電視節目為旅客服務，收費的閉路電視一般在客房內採用投幣式或記帳式收費。

目前，有的酒店已出現雙向電視系統，即透過電視回答旅客要瞭解的諸如餐廳菜單、用戶帳單等問題，其一端的控制也可設置在該機房內。

二、工程維修用房

大型酒店一般設置以下維修工場解決日常修缮問題：

（一）鑰匙工場

負責鎖頭修理、鑰匙修配。

（二）家具工場

負責家具修缮，應靠近木工、油漆工場。

（三）木工工場

負責門扇、木隔斷等木工修理，工場應有一定的木料堆放地。

（四）油漆工場

負責油漆更新與修補，它是防火重點，需設傳感報警器、防火噴灑設備。因有噴漆作業，燈具需採用防爆燈。漆罐與壓縮機宜有專用小間存放，並有良好的空氣處理（排風）。

（五）管工工場

負責修理水暖管線及設備零件。

（六）電工工場

負責修理電機、電氣線路與燈具。

（七）印刷工場

負責印製菜單、旅客邀請卡、名片等。

（八）電視修理工場

負責電視機、音響、通訊設備的修理。

（九）內裝修工場

負責室內裝修的修缮。

上述工場應包含一定數量的原料、部件、零配件倉庫。木工、家具、管工等工場的出入門一般應有1.8公尺寬。

三、機房與工程維修部分的面積

機房的建築面積因設備而異，先進而小巧的設備使機房面積大為減少。

美國喜來登旅館集團擬訂的一些機房面積指標如下：

（一）鍋爐房

1平方公尺／間客房（美國SOM設計事務所認為1000間規模的酒店接近1平方公尺／間；500間客房時為1.6平方公尺／間；300間客房時為1.8平方公尺／間）。

（二）冷凍機房

0.5平方公尺／間。

（三）電話機房

500間客房酒店的電話機房30平方公尺、1000間酒店的50平方公尺。

思考題

1.具體說明酒店的無收益空間包含哪些部分？

2.酒店後勤服務部分是指哪些空間？

3.機房與工程維修部分包括哪些空間？

第八章　室內陳設設計

對於室內環境設計，在空間確定以後，在其整個環境的設計和布置中，家具和陳設是主要對象，它們是室內環境功能的主要構成因素和體現；同時，家具與陳設的布置排列設計，對整個空間的分隔以及對人的活動及生理、心理上的影響也是舉足輕重的。

第一節 家具

家具的作用首先表現在空間構成設計方面：為了提高大空間的使用效率，增強室內空間的靈活性，常用家具作為隔斷，將室內空間分隔為功能不一的若干個空間，也可將室內空間分成幾個相對獨立的部分。這種分隔方式的特點是靈活方便，可隨時調整布置方式，不影響空間結構形式，但隔音效果差。當室內布置（包括室內織物、燈具、色彩及室內陳設布置）在構圖上不均衡時，可以用家具加以調整；布置家具時，要根據整體構圖效果在適當部位設置家具，以取得空間構圖的均衡。

其次，家具在精神方面具有以下作用：陶冶審美情趣；反映文化傳統；形成特定氣氛。

家具的配置在很大程度上反映主人的文化程度、職業特點、性格愛好和審美觀。人們一直生活在室內家具環境之中，因而不可避免地要接受家具藝術的熏陶和影響。隨著家具的發展，人們的審美情趣也隨之不斷改變；也正因為人們審美的改變，從而又促進了家具藝術的發展，家具藝術與人的審美情趣是相互作用、相互影響的。

每一民族都有自己的文化傳統和風土人情。室內空間裡布置具有民族傳統風格和特色的家具，能給人以聯想和遐思。隨著現代建築空間處理日趨簡潔明快，在室內環境中正確配置具有民族特色的家具，能反映民族的文化傳統，如圖8-1所示。

室內空間的藝術氣氛是透過室內各種組成因素並運用多種設計手法綜合處理的結果，其中家具配置是不容忽視的，它直接影響室內氣氛的形成。同一室內空間，如果家具布置形式、質地款式和色彩不同，室內空間氣氛就大不一樣。例如，竹製的家具能給室內空間創造出一種鄉土氣息和地方特色，使室內氣氛質樸自然；又如，選用紅木家具，能給人以蒼勁、古樸的感覺，使室內氣氛濃郁華貴，如圖8-2所示。

圖8-1 北京貴賓樓飯店的皇帝套房

圖8-2 大連富麗華大酒店豪華客房

室內陳設的內容涉及建築、家具、紡織品、日用品、工藝美術、書畫盆景工藝等很多領域。室內陳設是人們在室內活動中的生活道具和精神食糧，也是室內設計的主要內容之一。

一、表現意境

在室內整體設計中，總要先立意，就是室內要表現一種什麼樣的情調，給人以何種體驗和感受？要達到這個目的，除了裝飾手段外，陳設的作用是不可低估的。如果陳設的格局內容和陳設的形式與風格不同，就會創造出意境各異的環境氣氛來。

二、表現風格

不同室內陳設的內容和方法還具有表現風格的作用。中國悠久的歷史、燦爛的文化，對於現代室內設計風格具有深遠的影響。為了表現室內設計的民族風格，陳設傳統的工藝品、掛畫、書法、陶瓷等器物均可得到相應的效果。例如，有些酒店在某些廳室陳設一對古典式的花瓷瓶，立刻就使室內產生了傳統的韻味。同樣道理，為了表現西洋古典的室內風格，也可以採用陳設西洋古典器物的手段。由此可見，陳設對於表現風格的重要（如圖8-3、圖8-4）。

圖8-3 大連富源商務酒店的室內陳設

圖8-4 哈爾濱香格里拉大酒店的室內陳設

三、表現個性

透過陳設的內容可以表現出主人的性格、職業、愛好、文化水準和藝術素養。例如，室內擺設一些書法、文房四寶、筆筒等陶瓷器皿，就可基本認定主人是個書法愛好者；如果室內擺設各式繪畫、陶瓷工藝品、繪畫工具和其他藝術品，就可以猜想主人是個畫家；如果室內擺設一些動物標本、獸頭、獵槍，則可大約估計主人是個狩獵愛好者……總之，不同的擺設可以反映不同的室內環境的個性。

第二節 家具配置

為創造良好的氣氛，酒店公共活動部分的家具都成套成組配置，可限定出不同用途、不同效果的小空間，布置方式較靈活。

餐飲部分的家具布置，既需要滿足旅客用餐的需要，有的是半私密性空間，又需滿足送菜、送飲料等服務通行的需要，家具組合與空間特點、服務內容和方式等有關，有時，改變家具組合即改變了空間氣氛，（見圖8-5、圖8-6、圖8-7、圖8-8、圖8-9）。

圖8-5 大連富麗華大酒店小餐廳家具組合

客房家具占酒店家具的大部分，其造型、尺度、色彩、材質、風格等在某種程度決定客房空間的質量。套房家具一般需成套成組布置。過去常主張成套家具的形式、面料、色彩完全相同，近年來，有的高級酒店客房和套房家具出現不同形式、面料的成組布置（如圖8-10、圖8-11、圖8-12、圖8-13、圖8-14、圖8-15、圖8-16、圖8-17、圖8-18）。例如，大連海景酒店起居室的沙發組合由具有色彩圖案的三人沙發與兩個淺色高背單人沙發組合而成，顯得豐富而具有家庭氣氛（如圖8-10）。

圖8-6 大連賓館大餐廳家具組合

圖8-7 北京王府酒店總統套房寬敞的客廳

圖8-8 大連富麗華大酒店小餐廳的家具組合

圖8-9 上海新錦江大酒店中餐廳「竹園」家具組合

圖8-10 大連海景酒店起居室的沙發組合、家具組合

圖8-11 上海新錦江大酒店總統套房臥室家具組合

圖8-12 大連富麗華大酒店臥室浴廁間的家具組合

圖8-13 大連海景酒店客房、起坐間家具組合

家具配置設計的原則：1.有疏有密，疏者，留出人的活動空間；密者，組合限定人的休息使用空間。2.有主有次，突出主要家具、陳設等，其餘作陪襯。

第三節 室內陳設

在酒店室內環境中，「陳設品」是屬於表達精神功能的媒介。從表面上看，它的主要作用是加強室內空間的視覺效果，但實質上它的最大功效是增進生活環境的性格品質和靈性意識。陳設品的範圍很廣泛，因此在酒店室內設計時要特別注意陳設品的選擇與布置。

圖8-14 大連富麗華大酒店客房家具組合（Ⅰ）

圖8-15 大連富麗華大酒店客房家具組合（II）

一、陳設品類別

（一）按陳設品的作用分類

按陳設品的作用，可以分為裝飾性陳設品和功能性陳設品兩大類型。

1.裝飾性陳設品

所謂裝飾性陳設品，是指本身沒有實用價值而純粹用作觀賞的裝飾品。這種類型的陳設品多數具有濃厚的藝術趣味或強烈的裝飾效果，如珍貴的書畫雕刻、富於深刻的精神意義或特殊的紀念性質的紀念品等，都屬於這個範疇。

圖8-16 大連香格里拉大酒店豪華客房家具組合

圖8-17 深圳西麗大酒店雙床房客房家具組合

圖8-18 大連北方大酒店豪華套房家具組合

（1）藝術品

繪畫、雕塑、書法和攝影等純粹精神文化作品，常被視為最珍貴的室內陳設品。在選擇上，不僅必須注意作品的造型色彩是否符合室內形式的原則，而且必須重視作品的內涵是否符合室內格調的要求。如果將不適當的藝術品陳列在室內，非但無補於裝飾效果，反而將破壞室內的精神品質。

（2）工藝品

設計精美的工藝品，無論其製作材料（如木頭、竹子、石頭、金屬等）如何，都被視為珍貴的室內擺設品。古代遺傳下來的工藝品（古董），諸如銅器、玉器、陶瓷器和漆器等，無論是純粹的玩物或應用器皿，都屬於這個範圍，而且它們的歷史價值和藝術價值同樣受到重視。

（3）觀賞植物

可以供作室內觀賞的植物種類很多，適於作為室內陳設的多以插花和盆栽兩種形式為主。在陳設觀賞植物時，必須重視花器的造型。

2.功能性陳設品

所謂功能性陳設品，是指本身具有特定用途兼有觀賞趣味的實用品，如日常器皿、家具、綠化、書籍等皆可列入其範圍。陳設是人們在室內活動中的生活道具和精神食糧，是室內設計的主要內容之一。

（1）家具

家具是室內很重要的陳設，它幾乎涉及室內空間的每個領域。它不僅可供人們生活、學習使用，而且造型美觀、線條流暢的室內家具同樣也是室內陳設品。

（2）器物

室內就用的器物種類繁多，如陶瓷器、玻璃器皿、銀器、木器和竹器以及餐具、花器和煙具等，除供生活之需外，均可作為室內陳設品。它們只要造型色彩合乎室內的需要，常可產生良好的裝飾效果。

（3）音樂器材

樂器的造型多數異常優美。樂器作為室內陳設品可以增強生活空間的音樂氣氛，適用於音樂家或音樂愛好者的生活環境。

（4）燈具

燈具雖然是照明器材，但同時也是最佳的陳設品。無論是檯燈、落地燈、壁燈、吊燈，還是油燈和燭台等，都可根據室內形式的需要，選擇適宜的燈型，以加強室內的視覺效果。

（5）書籍

書籍、雜誌是最佳的室內陳設品之一，陳設適當不僅可以增加閱讀時的便利，而且將使室內充滿文雅脫俗的氣息，適用於文人和文學愛好者的生活環境。

（6）枕墊

枕墊為坐椅和床等家具的重要裝飾品，可鋪設在地板和台階上面。枕墊的造型多以單純的方形和圓形為主，必須注重色彩和織物質感的表現，部分可採用刺繡、貼布或印染等技法加上各式的裝飾圖案。

（7）食品

可供室內陳設的食品包括新鮮的果蔬和設計精美的酒瓶、罐頭等食品容器兩大類別。若能善於利用食品陳設，可以使室內增色不少。

（8）運動器材

利用運動器材作為室內陳設品，可以充分表現出爽朗活潑和強健剛勁的生活氣息，尤其是造型優美的網球拍、高爾夫球具、弓箭、刀劍和槍枝等，可以加強室內的裝飾效果，適用於運動員或運動愛好者的生活環境。

（二）按陳設品的用途及屬性分類

室內陳設按其用途及屬性分類，除了家具、燈具外，可分為日常用品、電器、工藝品、室內織物、綠化盆景等。

1.日常生活用品

日用品的主要功能就是實用，它的造型、色彩對美化環境的作用不可忽視。其類型較多，主要有茶具、餐具、酒具、碗碟以及電器、文房四寶等。

（1）玻璃器皿

玻璃器皿的特點是玲瓏剔透、晶瑩透明、閃爍反光、造型多姿。例如，玻璃茶具、酒具、花瓶、果盤以及其他具有一定裝飾性的玻璃器皿等，在室內環境中具有華麗奪目、新穎別致的點綴裝飾作用，能改變環境氣氛、增強室內感染力。

配置玻璃器皿時，特別要處理好它與背景的關係，要透過背景的反襯與烘托充分發揮玻璃器皿光彩奪目的特性。布置時，切不可把玻璃器皿集中陳設在一起，以免互相干擾、互相抵消各自的個性和作用。

（2）陶瓷器皿

陶瓷器皿在中國歷史悠久、品種繁多，有的潔白如玉，有的彩色繽紛，有的典雅素淨，有的樸實渾厚，有的古樸洗練，有的豔麗奪目，各具風格，並富有藝術感染力，很能體現室內意境和主人的審美觀，所以得到許多人的喜愛。

2.電器

如組合音響、電視機、冷氣機、電冰箱、電腦等，它們的造型簡潔、工藝精美、色彩明快、富有裝飾性，若與現代的家具相配合，則可使室內環境更富有時代氣息。

電視機應根據人體工程學的測定放在低於眼高20～30公分處視感效果最佳，可以放在專用的櫃架上，和錄影機放在一起，邊上還可放一點小擺設，使電視機架更為豐富、活潑並具有濃郁的生活氣息。

落地組合音響要注意音箱和欣賞者的合理位置，以取得良好的音響效果。音響的功率要與空間大小相匹配，一般放在較大的空間內，以起居室為宜，和沙發組成一個欣賞音樂的空間。

3.工藝品

在擺設中，工藝品所占的數量和種類可以說是最多的了，而且它所起的作用也是多種多樣的。

（1）實用工藝品

實用工藝品既有實用價值又有裝飾性，包括瓷器、漆器、陶器、搪瓷製品、塑膠製品、竹編、草編製品、鉤線等。

（2）欣賞工藝品

欣賞工藝品主要起裝飾作用，可供欣賞，其種類繁多，如木雕、牙雕、石雕、貝雕、金屬雕、泥雕、玉雕、角雕、景泰藍、書畫、金石、古玩、磚、陶器、蠟染等。室內裝飾的欣賞工藝品中有很多品種是反映某地區特色和民族文化傳統的，具有濃郁的鄉土氣息，如泥雕、剪紙、刺繡、蠟染等。在室內陳設中書、畫往往是不可缺少的內容，有時還布置一些裝飾性較強的盆景，如圖8-19所示。

圖8-19 酒店室內花飾

二、陳設的作用與配置

工藝品在室內設計中起增加室內生活氣息和生動氣氛、美化室內環境的作用。

（一）構成主要景觀點

由於工藝品的造型、量體、色彩、內容和空間有密切的關係，所以往往將其布置在視線焦點上，構成空間的主要景點，如入口的屏風、鐵花格（如圖8-20）等。

圖8-20 蘆笛岩鐵花格

（二）完善構圖

在室內設計中，整體布置和關係是不容忽視的，但對細部處理和深化也應給予一定的關照，而工藝品的擺設正可以擔當這個角色。例如，在茶几上擺放一套高級茶具會使談話空間增強中心趣味和對比效果，給小空間帶來生氣。在空白的牆上擺放幾個掛盤，既不破壞牆面構圖的實體性，又使它形成豐富的點式構成，使空間活潑而有生動感。例如，在地牆角擺放一個雕塑，就會使那個死角變成生動的空間了。

（三）體現室內特徵

每個環境都不會也不該千室一面，應當具有各自的鮮明特徵，這時利用擺設工藝品的形式是個理想的途徑。例如，北京的景泰藍、廣東的牙雕、宜興的紫砂陶、福建的漆器，分別擺在不同地區的旅館或居室中，都會反映出各地區自己的獨特風貌。

（四）豐富空間

當室內大的空間確定以後，雖然總體構圖確定了，但是我們還會感到需要進一步充實它，還要精雕細刻才能盡意。例如，室內掛上一幅或數幅掛畫壁掛，就會使這個空間更富有充實感了，如圖8-21所示。又如，在桌子上擺放一組盆景或小型雕塑就會打破桌面呆板的平面關係，使其光彩大增，如圖8-22所示。

圖8-21 掛畫壁掛

圖8-22 桌上放盆景的咖啡座

（五）工藝品的配置

工藝品種類繁多，造型、色彩各不相同，布置時要少而精，要以室內空間的性質和用途為依據，選擇能和空間意境相協調的工藝品，寧少勿多，切忌隨意充塞和雜亂無章地堆砌。工藝品的布置要注意位置，應把重點工藝品放在視線的焦點上，使其重點突出並吸引視線。工藝品在室內布置時要注意考慮其尺度和比例能同室內環境相協調，如在小空間的茶几上放一個大花瓶，顯然不協調。陳設過於雜亂，難免失去秩序感，過於統一又顯得呆板。配置時，要運用統一變化的規律，要高低起伏有序、形體匹配相宜。另外，工藝品的配置還要注意與室內環境的質地和色彩相協調，小型工藝品在室內往往造成點綴作用，其質地色彩可以採取對比的手法，以突出工藝品的性格和作用。

三、室內織物

室內織物包括窗簾、床單、桌布、地毯、沙發罩等。裝飾的織物除有使用價值外，還具有裝飾的藝術效果。織物在室內設計中能增強室內空間的藝術性，能烘托室內氣氛、點綴環境。織物的藝術感染力主要取決於材料的質感、色彩、紋理等因素和綜合藝術效果，如以毛、麻、棉、絲、人造纖維為原料的紡織品，有的粗獷、有的細膩、有的光挺、有的柔軟，透過本身織花、繡花、印花、提花等工藝加工以及織物的色彩和圖案，給室內賦予很強的裝飾性。

（一）窗簾

1.窗簾的作用

窗簾的主要功能是遮擋、隔音、調溫等，有強烈的裝飾性，又可調整室內氣氛。

窗簾的遮擋作用主要表現為擋光、防塵和遮擋視線。根據使用目的，窗簾可以有兩類遮擋要求：一種是私密性要求較強的室內空間，需要全面遮擋視線，使外邊看不到室內的事物和活動，這種窗簾一般適合採用一定厚度、不透明的織物製作；另一種是為遮光目的而設的窗簾，不要求遮擋視線，常常選用淺色的輕質薄紗或網扣材料製作，這種窗簾既有裝飾性，又有良好的透氣性能，有利於室內的採光和通風。用於隔音目的的窗簾要用厚實的織物來製作，要有足夠的長度，皺摺以多為好，這樣可以提高遮音效果。如圖8-23所示，窗簾、床頭上方的織品飾物、床罩、布墊、枕頭等在室內有很大的覆蓋面積，其裝飾作用是很重要的，其藝術效果不容忽視。

窗簾的調溫作用主要體現在實用和心理兩個方面。經驗證明，冬天時使用厚質織物做窗簾，可以防止冷氣襲入，有助於保持室內溫度；而在夏季，使用淺色的輕質窗簾可以反射光線、流通空氣，有助於降低室內溫度。一般來說，透過窗簾的作用，室溫可以增減攝氏2度左右。至於心理方面，主要是由於窗簾的顏色和明度對人產生心理作用，似乎改變了室內的溫度感覺，這是屬於精神方面的心理反應，雖然實際上並未改變室溫，但在設計時應認真考慮這個因素。

窗簾在室內織物中的面積往往是很大的，而且與人的視線直接接觸，其顏色的要求就應當從與牆面的整體關係來考慮。一般情況下，它應與牆面有某種聯繫性，不宜過分對比，以免造成色調雜亂。通常的做法是：牆面如果是暖色調時，窗簾就也應是暖色調；若牆面是冷色調時，則窗簾也應是冷色調。當然，如果窗子的面積較小時，就可以例外。隨著季節的變化也可以調節窗簾的顏色。再就是窗簾的圖案，一般要注意它的裝飾結構與窗子的關係。窗的大小和長寬比對它具有直接影響。通常的做法是：小窗子宜用小圖案，大窗子宜用大圖案；豎向窗子宜用橫向圖案，橫向窗宜用豎向圖案。

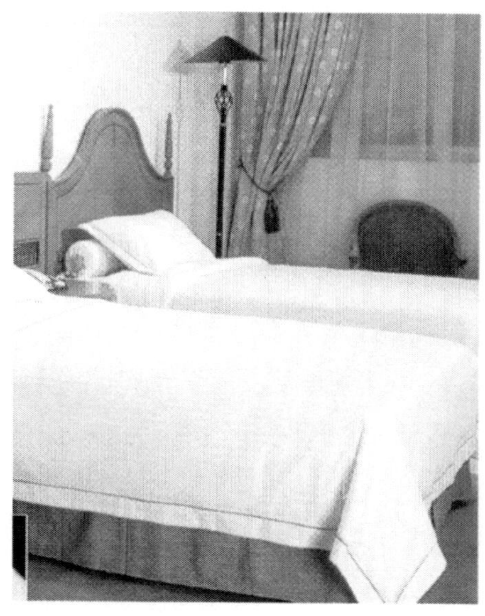

圖8-23 室內織物

2.窗簾的材料

窗簾的材料種類很多，如竹簾、珠簾、塑膠和金屬薄片百葉等，但常用的織物窗簾有粗料、絨料、薄料和網扣等。

粗料包括粗毛料、仿毛化纖織物和麻類織物等。這種織物由於粗實厚重，一般遮擋性強，視覺感受上有溫暖和沉穩感。

絨料包括絲絨、平絨、條絨和毛巾等織物，這種材料的皺摺下垂自然柔美，不具有粗料的厚重、保溫和遮擋性能強的優點，非常適用於私密性空間和冬季使用。

薄料包括薄的棉布、麻布、府綢、絲綢、喬其紗、尼龍紗等織物，它的特點是有一定的透光性，屬半透明性質，既能遮光又能使房間有勻質的亮度，質地輕柔、花色齊全、造價低廉，多用於夏季和雙層窗簾使用。

網扣包括抽紗等透明度較高的織物，這種窗簾的主要特點就是裝飾性強，有輕度的遮光效果，沒有多少實用意義，可用於非私密性的空間，為創造特定空間的氣氛服務。

3.窗簾的款式

窗簾的整體款式與窗簾的層次、長度、開啟方式以及配件裝飾有關。對三層窗簾（較講究的窗簾）的色彩，紋理和質地要完整地考慮，如果窗前沒有緊靠的家具時，通常可以從上到地，這樣窗子的一面和周圍牆的整體性較好，不凌亂，室內顯得華麗、完整。

窗簾的開閉方式，如圖8-24所示。窗簾的配件分兩部分：一是窗簾上端；二是窗簾束帶和配扣。窗簾上端為了裝飾拉桿而採用窗簾盒、窗簾護罩，有時還考慮和天棚結合，如圖8-25a所示；也有簡易的暴露簾桿式的，如圖8-25b所示。窗簾束帶、絲帶、絲穗、花邊及牆邊扣件等，如圖8-25c、d所示。

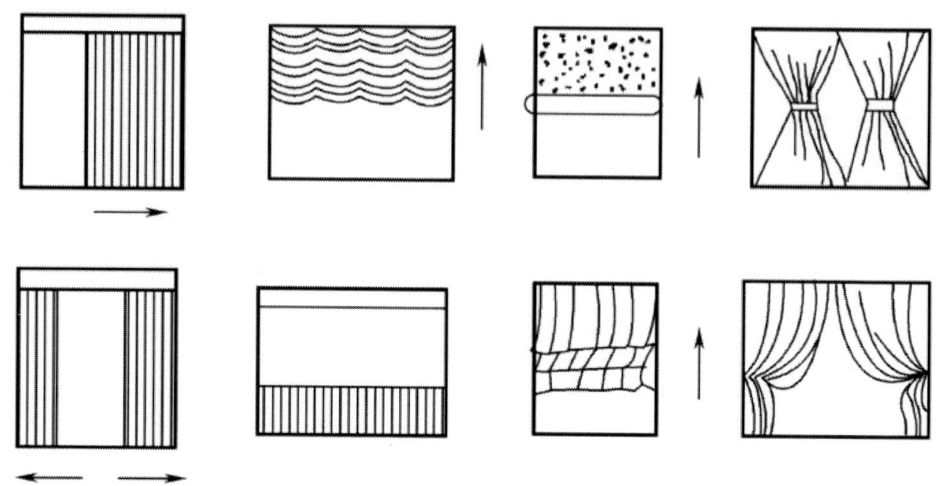

圖8-24 窗簾的開閉方式

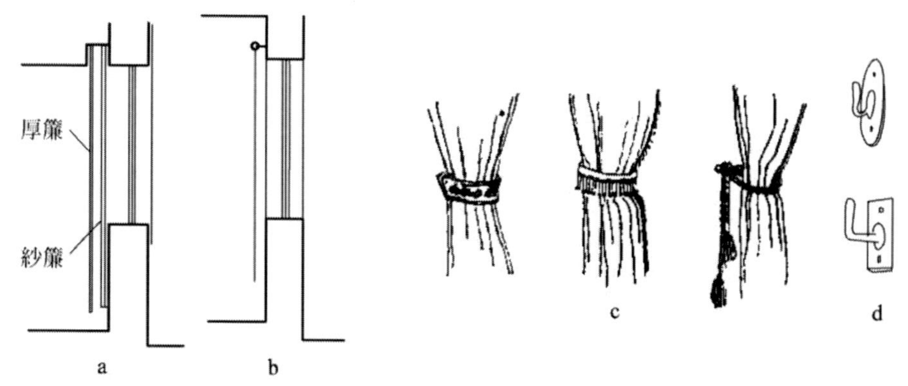

圖8-25 窗簾的裝飾配件

a.雙層窗簾剖面示意圖；b.簡易窗簾桿；c.窗簾束帶、絲帶、絲穗、花邊；d.窗簾鉤

（二）床單

床上整套臥具包括床單、枕套、被罩、被子等。室內牆面是床的背景，床單又是枕巾、被子的背景，是床上的重要裝飾品。一般來講，床單應該淡雅一些，

而床上的點綴物——枕巾、被子應該用彩度、明度稍高的顏色，可以造成互相襯托的作用。如果床上採用床罩，那麼床罩的色彩要與室內其他織物及周圍環境相協調，可以適當鮮豔一點，如圖8-26所示。

圖8-26 床上飾品

選用床單（或床罩）時應注意：要與室內環境氣氛統一，要有整體感；要乾淨、大方，且要柔軟，給人以美感；床單和枕套、被子以及床上其他點綴物要相互協調，造成互相襯托的作用。

床單的材料一般以容易洗滌、耐磨、有實用價值的棉織品為多；床單的紋理以單色、格子和花紋為多，床罩用料較高貴，僅作為裝飾，用料以綢、棉、布、尼龍紗為主。

（三）桌布

桌布主要造成用餐和裝飾作用，它是餐具和桌上工藝品的背景，應突出桌上的茶具、酒具或插花，一般應以淡雅顏色為主，可以有小的花紋。

（四）地毯

伴隨現代科學技術和材料工業的發展，各種形式和規格的地毯越來越多，尤其是各種黃麻和化纖地毯的出現，加上花色多、成本低，應用的範圍也越來越廣。地毯在實用機能方面有許多長處，保暖性能好，有彈性，吸音效果好；另外，在美化和渲染室內氣氛方面也是最易顯示效果的好形式。

比較高檔的室內一般採用滿鋪地毯和局部加鋪裝飾性地毯的形式，也有木地面或石材地面局部鋪地毯的形式。目前，還有一種小塊地毯形式，它可以根據局部磨損的情況，隨時調整地毯塊，使之同步老化，而且在大空間拼鋪時沒有拼縫，猶如整塊地毯一樣。

地毯的圖案和色彩是異常豐富的，在選擇時要注意按室內的裝飾等級和整體室內情調選擇，不要一味地選用高級或純毛地毯，要做到適度、得體。一般來說，大面積的地毯花色要單純、彩度要低些為好，小面積或裝飾性地毯則可適當地鮮豔些。

（五）掛毯

掛毯是一種供人欣賞的手工藝品，有吸音、隔熱的作用，能以其特有的質感、紋理和圖案反映空間特徵，改善空間氣氛。例如，聯合國總部大廳內掛著中國贈送的萬里長城掛毯，給大廳增添了優美、高雅、雄偉的空間氣氛。室內掛毯能反映主人的審美觀，是一種高雅、美觀的藝術品。從掛毯的原料看，有羊毛的、麻織的、絲織的等，掛毯保存時間較長，能持久地煥發其藝術風采，所以常作為室內裝飾的主要藝術品之一。

（六）沙發罩

目前，普遍使用的沙發罩有皮革、絲絨、平絨和各種混紡面料。皮革有厚重高貴的感覺，適用於莊重嚴肅的場合；絲絨和平絨具有幽雅輕快的感覺，適用面較寬。另外，除花色之外，還要考慮沙發罩的圖案效果，使它與具體的空間環境效果相一致。

此外，沙發披巾也是常用的形式，既可以保持衛生，又有良好的裝飾效果。一般情況下，可做淺色的網扣，上面的圖案要根據沙發的面罩圖案安排。若面罩有較多的圖案時，披巾的圖案則宜用幾何形的；若面罩為素色並無大的圖案變化時，則披巾可做成明顯的大花紋圖案以示對比，從而增強沙發的生動感。

四、擺設

擺設是指上述包括不進去的各種小的類型擺設品，如掛畫、盆景、插花等。

（一）掛畫

掛畫的形式有多種多樣，有國畫、版畫、裝飾畫、油畫、字畫、水彩畫和水粉畫等。究竟要掛什麼樣的畫，要根據室內環境確定，要求與室內氣氛和諧，並與環境情調統一。例如，在現代室內空間中就不適合掛太大而又過分寫實的國畫，如果掛一幅大小適中的描象形式的裝飾畫效果會更好；在具有中國民間情調的室內空間中，牆上掛一幅國畫和楹聯就顯得合宜得體。另外，要注意的是，畫框的造型和畫幅的大小也應與環境協調一致。

（二）盆景

盆景是中國獨特的欣賞藝術品，是融繪畫和自然山水於一體的獨立藝術品種，是中國室內擺設中的傳統觀賞與裝飾品，至今已有幾千年的歷史了。它可使室內情趣高雅、充滿詩情畫意，也可以陶冶人的性情、培養人的審美情操。

盆景一般分為兩大類，即山水盆景和樹樁盆景。山水盆景是吸收了中國畫的理論，強調空間的意境表現，以大觀小，「咫尺之內而瞻萬里之遙，方寸之中乃辨千里之峻」。它要求層次分明、大小相間、高下相傾、參差不齊、錯落有致。盆景中配合各種青苔植物，還有亭、橋、水、閣和從物等，真是妙趣橫生、發人深省，源於自然而又高於自然。樹樁盆景則著意表現怪與奇的美，往往取樹的蒼勁挺拔、盤根錯節或粗幹細葉的形態。常用的樹種有羅漢松、松柏、石榴樹和榆樹等。盆景對於盆的要求也很高，一般山水盆景配淺口的漢白玉或陶瓷盆，再配以天然樹根製作的幾架使之風格和諧一致。樹樁盆景則可配深色的紫砂陶或釉盆，使其風格古樸而雅致。

（三）插花

插花在日本盛行，叫做「花道」。插花的主要作用是使環境充滿生機，並活躍氣氛。從花的品種到形態都要耐人尋味，使人產生一定的心境和聯想。插花藝術的構圖十分講究，花的大小、高低、濃淡、曲直、剛柔、方向等都應有精心的構思。插花同盆景一樣，也要求花瓶的形式與插花造型成為有機的統一體，所以花瓶的形式是多種多樣的，如玻璃瓶、瓷瓶、竹筒、陶缸等。

第四節 陳設品的布置

陳設品的布置是一項頗費心思的工作。由於室內條件不同，個人因素各異，所以難以建立某種固定而有效的模式，相對而言，只有根據各自的需要，依據個別的靈性意識轉化為創造力量，才能做到得心應手，從而獲得獨特的表現。從陳列背景的角度來說，室內任何空間都可以加以利用，其中最常採用的基本陳設布置有以下幾種：

一、牆面裝飾

牆面裝飾以繪畫和浮雕等美術品或木刻和編織等工藝品為主要對象。實際上，凡是可以懸掛在牆壁上的紀念品、嗜好品和各種優美的器物等均可採用。在多數情況下，繪畫作品是室內最重要的裝飾品，必須選擇最完整、最適於觀賞的牆面作為陳列的位置。除了重視作品的題材和風格以外，必須一方面注意作品本身的面積和數量是否與牆的空間、鄰近的家具以及其他的裝飾品存在良好的比例關係；另一方面必須注意懸掛的位置如何與鄰接的家具和其他陳設之間取得活潑的平衡效果。牆面狹小而畫面巨大，勢必擠塞，不如小幅作品來得恰當；相反，牆面寬大而畫面太小，則顯得空洞，必須增加畫面或增加篇幅來加強氣勢。當然，牆面適度留白是更為重要的；否則，再精彩的作品也將因侷促而減色。想要獲得較為莊重的感覺，可以採用對稱的手法，將一幅或一組圖畫懸掛在沙發、壁爐或床頭上方的中央位置，使之與鄰近的所有擺設形成對稱平衡的關係。這種方式簡單有效，但要避免呆板的缺點。相反，假如希望獲得較為生動的效果時，以應用非對稱的法則最為有效，但必須從所有陳設的量感調節之中去發揮平衡作用。同時，陳列的方向也是重要的，同樣的一組圖畫，作水平排列時，感覺安定而平靜；作垂直排列時，則激動而強勁。此外，如果一組牆壁必須同時陳列數量較多、面積差別較大而題材風格較複雜的圖畫時，由於本身的變化已經太多，只有從整體的秩序著手才能生動。尤其是對於面積的配置和色彩的分布等問題，只有搭配調節得當、避免零亂，才能達到完整協調的效果。其他牆面陳設的原則大致相同，若能靈活運用，則同樣可以獲得出色的效果，如圖8-27所示。

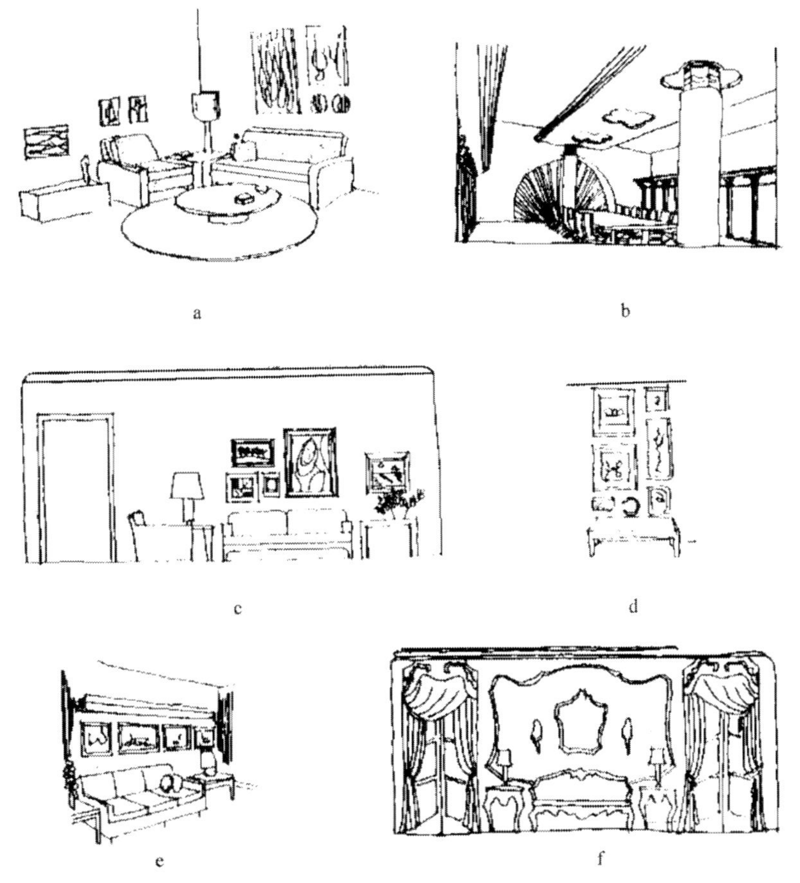

圖8-27 牆面裝飾的排列形式

a.均衡排列；b.放射排列；c.自由排列；d.垂直排列；e.水平排列；f.對稱排列

二、桌面陳設

桌面陳設的狹義解釋是餐桌的布置。在歐美各國，餐桌的陳設是非常考究而嚴格的，它不僅用精美的餐具求取高貴的感受，而且更以巧妙的擺設品來加強用餐的愉悦氣氛；相比之下，中式餐桌的布置顯得較為乏味。從廣義的角度來説，桌面陳設的範圍較為廣泛，它包括咖啡桌、茶几、燈桌、邊櫃、供桌、化妝台等桌面空間在內；而適宜陳列的擺設品則以燈具、燭台、茶具、咖啡具和煙具等應用器物以及雕刻、玩偶和插花等藝術品或工藝品為主要對象。實際上，桌面陳設的原則與牆面裝飾是大致相同的，其中最大的差別是桌面陳設必須兼顧生活及活動的配合，並注意更多的空間支配問題。例如，在一張咖啡桌上同時陳設了煙具、茶具和插花等擺設品，其中的煙具和茶具與聚談或交誼等休閒活動有關，必須陳列在使用便利的位置；插花雖然是純屬裝飾性的，但不能陳設在對活動有妨礙的地方。從陳列的形式來說，桌面的所有擺設品不僅必須搭配和諧、比例均衡、配置有序，而且必須與室內的整體緊密聯繫。很明顯，桌面的陳設如果五花八門，必然雜亂無章；如果比例失調，必然參差不齊；如果毫無條理，更必然淩亂不堪。因此，桌面擺設只有在井然有序之中求取適當的變化，從均衡的組織之中追尋自然的節奏，才能產生優美的感覺。

三、櫥架陳設

櫥架陳設是一種具有儲藏作用的陳列方式，它適宜單獨或綜合地陳列數量較多的書籍、古董、工藝品、紀念品、器皿、玩具等擺設品。然而，無論採用壁架、隔牆櫥架或陳列式櫥架等任何形式，櫥架本身的造型色彩必須絕對以較少為宜，不至於給人過分擁擠或不勝負擔的感覺。基於這個原則，不妨將擺設品分成若干類型分別陳列，而將其餘的暫時儲藏，一來可使陳設的效果更為增色，二來可使陳列的題材時有變化。假如有必要同時陳設數量較多的擺設品時，必須將相同或相似的器物分別組成較有規律的主體部分和一兩個較為突出的強調部分，然後加以反覆安排，從平衡關係的調節之中求取完美的組織和生動的韻律。

實際上，陳列品的陳列可以隨處任意設置，除了上述的基本方式以外，在門窗、地面和天花板等空間都能作為良好的陳設背景。只要選擇恰當而構思巧妙，必能化平凡為神奇，並為室內製造盎然的情趣。

陳設品在設計及布置時必須考慮兩點主要因素：一是充分瞭解功能上的要求；二是具有較高的、廣泛的藝術素養和藝術鑑別能力。設計布置時要注意：根據空間大小布置，大空間的陳設布置偏大，小空間的陳設布置則偏小；交通樞紐由於人們停留的時間較短，布置的陳設品應考慮粗獷、明顯、突出等特點；休息空間、居室、接待廳等人逗留時間較長的空間，其陳設品宜細膩、精緻、小巧玲瓏。

室內總體色彩效果根據使用功能決定，如小空間內的色彩一般應以淡色調為主，局部裝飾物為高純度的或與家具成對比色處理，以避免色彩面積上完全對等或者接近對等的情況，要運用典雅中求豐富、統一中求對比的陳設手法。

第五節 陳設品的選擇

陳設品的選擇，除了必須充分把握個性的原則以加強室內的精神品質以外，還必須同時兼顧下列幾個基本因素：

一、陳設品的風格

選擇室內陳設品的重要因素是風格。原則上，在和諧的基礎上尋求強調的效果是最高的境界。在這個前提下，體現陳設品的風格有兩種主要的途徑：選擇與室內風格統一的陳設品；或是選擇與室內風格對比的陳設品。陳設品的風格若與室內風格統一，是屬於正統的處理方式，它可以在融洽中求得適當的加強效果；相反，如果採用對比的手法時，則屬於非正統的處理方式，它可以在對比之中得到生動趣味。在第一種情況下，陳設品本身的風格必須和諧，而且數量必須盡量減少，才不至於產生喧賓奪主的效果。例如，將傳統的捲軸國畫陳列在傳統的廳堂之上，在原則上是統一的；同樣，將現代的抽象油畫作現代住宅的牆面陳設時，原則上也是和諧的。然而，如果將兩者交換陳設，陳設品與室內之間就形成了強烈的對比關係，除非設法尋求共同的因素和消除矛盾的條件，否則難以收到良好的效果。總而言之，陳設品的風格必須以室內風格為依據。假如室內風格非常獨特，陳設品的風格幾乎別無選擇，只有側重與室內相同的風格；假如室內風格較薄弱而不明顯，則陳設品的風格具有較多的彈性，可以從各個不同的角度去尋求強調的途徑。

二、陳設品的形式

陳設品的形式往往比陳設品的風格更重要。換句話說，陳設品本身的造型、色彩和材質表現是選擇上更為重視的條件，尤其是現代室內設計日趨單純簡潔，陳設品的形式相對也更重要。從造型的角度來說，它雖然必須尋求與室內風格的統一，但是更需要重視它的強調效果。譬如說，在一面非常單純的牆壁上面選用一個或一組單純的木刻牆飾時，使其與背景之間的對比程度也必然大為出色。很明顯，要想打破室內過分統一的單調感覺，採用適度的對比以求強調的效果，是一條極為可靠的有效途徑，可是，必須注意的是，當陳設品的造型與室內背景形成過分強烈的對比時，也難有很好的效果，必須根據平衡和比例原則，透過減少數量或縮小面積和體積的方式進行適當的調節，才不致產生過分堵塞和喧鬧的不良效果。

三、陳設品的色彩

陳設品的色彩常屬於整個室內色彩設計的強調色。除非室內色彩已經相當豐富或者室內空間過於狹小，一般而言，陳設品多數採用較為強烈的對比色彩。即使陳設品本身的價值和意義特別珍貴和重大或者造型特別優美，也應該避免使用單調沉悶的色彩。實際上，色彩的對比包括色相、明度與彩度的不同對比，並不單指以補色為主的色相對比。例如，在一間素雅的淺藍色調的起居室裡，懸掛數幅鮮明的黃橙色調的油畫，是從補色對比的處理上去尋求強烈的對比效果；可是在一間明淡的粉紅色寢室裡，選用深濃的玫瑰紅燈罩，則是從明度對比之中去求取突出的對比效果；同樣，在一間素淨的藍灰色書房之中擺一對明麗的寶石藍色飾瓶，則是從彩度對比之中去求取明快的對比效果。然而，陳設品的色彩強調，決不能缺乏和諧的基礎，如果色彩過分突出，必然產生牽強、生硬的感覺，尤其是選擇數量較多的陳設品陳列時，色彩往往較為複雜，除了必須將陳列背景的色彩作單純素淨的處理以外，必須善於運用反覆與平衡原理的調節，然後方能求得融洽而生動的效果。

四、陳設品的質地

陳設品的種類繁多，其所用的材料很複雜。只有分別組織各種不同材料，經過不同技巧處理以後呈現不同的質地，才足以把握陳設品在材質方面的特色。例如，磨光大理石花瓶表現出柔細光潔的趣味，而毛面處理的同樣器皿卻顯得粗獷渾厚。同樣，原木果盤具有一種厚實樸素的雅致風格，而經過油漆處理的同樣器皿卻有細膩華麗的感覺。原則上，同一空間只有選用材質相同或類似並與陳列背景形成對比效果的陳設品，才能在統一之中充分表露材質的特色。

思考題

1.酒店所用的家具在室內設計中的作用是什麼？

2.家具配置的原則是什麼？

3.室內陳設是怎樣分類的？它的作用是什麼？怎樣配置？

4.怎樣選擇室內陳設品？

第九章 酒店建築裝飾設計

第一節 概述

現代酒店建築的服務對像是來自國內外的旅客，酒店建築本身以及建築環境具有吸引顧客的職能。其外貌應有自身的風格和地方特色，內部環境則應有現代化的生活、娛樂等服務設施，使來者感到猶如在家中那樣方便、舒適、愉快。現代酒店建築的空間主要由公用空間、私用空間和過渡空間構成。公用空間是旅客、服務人員聚散活動區，包括門廳、中廳、休息廳、酒吧、茶座、接待廳、餐廳、理髮廳、健身娛樂場所等。私用空間是指人們單獨使用的空間，如客房、各類服務用房等。所謂過渡空間，是指連接公用空間與私用各空間的走道、廳園、樓梯等。在裝飾以及建築環境設計時，應合理地組織空間，根據不同特性選擇不同裝飾材料與做法等。

一、現代酒店建築環境設計要點

（一）空間組合與處理手法

儘管不同人對現代酒店建築要求不同，但人們的共同點是喜歡接近自然，特別在南方炎熱地區，一般喜歡通透開敞的空間，不喜歡封閉的空間，喜歡相對獨立的小環境。美國人波特曼創造「共享空間」以後，引起了現代酒店設計的一場革命。超常尺度的多層共享大廳，其空間處理豐富生動，取得物質功能和精神功能雙重的效果，使原來國際上占主宰地位的「希爾頓」現代酒店體系也大為遜色。由此可看到，要使現代酒店設計得滿意，設計者只有掌握人的心理與生理兩方面的需求，才能創造出更有益於人、更有價值、更令人愉快的環境。因此，空間大小的組合與劃分，決不能離開人的需求，否則就不能充分發揮其功能作用和精神價值。

（二）現代酒店建築內外環境綜合構思

現代酒店建築的坐落位置、平面布置、朝向、入口與動線都要整體考慮，只有符合客觀規律、將內外環境綜合構思，才能設計出理想的環境。

（三）內外空間的融合與因借

室內環境常常是被牆壁等不透明的界面圍成的封閉性空間，現代室內環境設計常利用各種方法使這類封閉空間變成開敞的，室內與室外較為通透，或利用通透的方法把外界的自然界光色引入室內。

例如，廣州花園酒店設計者採用了開敞的門廳，在交通樞紐的大廳中採用隔斷，降低天棚及立面的處理，空間的轉換，把接待、登記、休息等劃分為幾個空間中的空間，使其互相聯繫而又互不干擾，利用庭園綠化來滿足人們接近自然的願望。在中庭與後庭之間的咖啡座，做成半開敞空間，透過咖啡座，使門庭與後庭連成一片，組成一個較為開闊而有層次的自然環境。大廳、休息廳、餐廳、商店等公用空間均環繞中門布置，以便借景於庭園，如圖9-1所示。

圖9-1 廣州花園酒店門廳

（四）室內環境的主題與風格

室內各個面、各個形體相互關聯，形式與色彩相互作用，形象與感情的連鎖反應，都是室內環境整體綜合考慮的內容。如何達到預期的效果、給人以美的享受，就要把握住人的心理和生理的需求。通常設計時，給予環境一個帶地方特色的主題，以求體現國情、省情，並富有時代感。

例如，武夷賓館，設計者根據武夷山風景區處於南方的自然條件，盛產竹子，則採用了以「杏花春雨江南」表現輕靈、明媚、秀雅的立意，使建築造型與風景環境相協調，力求創造有濃郁地方鄉土氣息和明顯時代精神的環境。設計者在賓館休息廳設計中以竹子為主題，全廳的牆面利用當地產的「崇安橫紋竹筒席」為飾面，天棚滿布竹片方錐元素和方格網狀毛竹筒燈具組成的主體天花。36平方公尺的天棚有70盞燈具，照度均勻，富於變化，地面利用竹形圖案的福建花地磚，室外庭園內修竹成蔭，門廳天棚也以密布小青竹做成吊頂，利用斜梁分成1.7公尺斜向條塊，並使凹槽線條順南向北端牆面延伸，牆面與天棚渾然一體，方向性強，與毗鄰的休息廳既統一又區別，自門廳至休息廳，上上下下，裡裡外外，一片竹的世界。廳內用粗面片石砌的壁爐，增添了家庭生活的氣氛，使遠離故鄉的旅遊者有賓至如歸的感覺，整個休息廳充滿了南方鄉間風味和人間溫情，如圖9-2、圖9-3所示。

圖9-2 武夷賓館

圖9-3 福建武夷賓館休息廳

（五）室內設計與仿生學

餐室與茶座的室內環境設計，常常模仿自然的生態。例如，重慶酒店風味餐廳的入口處的茶座，柱子做成粗壯的樹幹的模樣，樓梯處用巨石堆築成山洞，整個天棚高度按洞穴的特點，壓得較低，人在其間就座品茗，或逗留休息，似置身於自然山林之間。又如，桂林榕湖酒店四號樓餐廳的內庭，針對門廳的牆面上採用「桂林山水」壁畫作對景，景前設水池，壁畫倒映池中，具有實地景觀的效果。美國1975　年建成的洛杉磯好運酒店，七層高的內庭底層布置了心島，島的四周延伸出水池，小瀑布使水池產生動態，曲線的池岸與突入池內的咖啡座，使整個內庭環境具有水島風光。美國密蘇里州堪薩斯城王冠中心酒店，建築為鋼筋混凝土結構，為了使建築與綠色環境相協調，保留自然山勢地貌，建築底層為架空層，使空間與自然環境貫通。其大樓平面為三角形，立面的陰陽台處理成凹凸狀，有豐富的陰影線，如圖9-4所示。

圖9-4 美國密蘇里州堪薩斯城王冠中心酒店

二、建築裝飾的含義

建築裝飾工程是指基於一定的功能，以裝飾、美化建築和建築空間為目的而進行的加工，也包括這種加工所形成的實體。建築裝飾工程的內容和表現形式是多種多樣的，應用的範圍也非常廣泛，幾乎涉及了所有的造型藝術形式，並應用到了建築的各種實體、空間環境及構件之中，包括建築的內外牆體、入口、隔斷、空間、地面、天棚、內外庭院、道路等。

建築裝飾與裝飾裝修的區別，主要在於其精神功能方面的作用。建築裝飾參與和深化了建築的造型過程，使建築具有審美的價值。如果說建築是人類物質文明和精神文明的綜合產物，那麼建築裝飾的主導作用，就是承擔精神文明的創造這一使命。建築之所以被稱為藝術，被看做是一種文化，與建築裝飾的參與很有關係；否則，建築就將是只有遮風避雨機能的房屋而已。通常認為，建築裝飾包括下述六個方面的作用：

1.保護建築主體。

2.保證建築的使用條件。

3.強化建築的空間序列。

4.強化建築的意境和氣氛。

5.參與建築的時空構成。

6.裝飾性，等等。

現代建築裝飾的概念中，通常包括以下四個方面的內容：

其一，建築裝飾是藝術與技術的綜合體。建築裝飾遵循著和繪畫等藝術相同的美學原理，如統一和變化、均衡和重點、韻律和節奏以及色彩和線型等。但是，建築裝飾又不可避免地受到技術、材料等條件的制約。一定的裝飾效果，在很大程度上要依靠一定的技術手段來實現，並且取決於它所採用的材料。

其二，建築裝飾包括室內環境的創造和室外環境的創造。其造型要素包括空間、色彩、光線、材質等，所有這些可視要素共同構成了建築室內外環境的整體效果，並且建築裝飾最終會融入環境設計這樣一門學科。

其三，建築裝飾已融於建築整體環境的設計和建造的全過程，而不再是與建築主體分離的、事後的附加點綴，並呈現出追求空間、色彩、質感、運動等效果的趨向。

其四，建築裝飾不僅要有很強的藝術性和技術條件，而且還要受到諸如社會制度、生活方式、文化思想、風俗習慣、宗教信仰、經濟條件以及地理、氣候等多種因素的影響和制約。

三、建築裝飾設計的要求

建築裝飾面臨的問題是怎樣用現代的技術、現代的材料去表現一個民族、一個社會、一種生活方式、一種文化傳統；怎樣用傳統的技藝、傳統的地方性材料去適應現代的建築形式、去反映現代的生活方式。

建築裝飾要以人們的生活需要以及人類更高層次、更深層次的心理需求為基點，從而使所創造的有限環境、氣氛能夠激盪出人們發自內心的無限的情趣；而由有限環境組合構成的建築群體所形成的整體環境，則更為豐富多彩、自由舒適、和諧宜人。

從純裝飾的角度來研究這一問題，我們可以從下述五組對立的關係來研究、分析裝飾風格的形成規律：

（一）觸覺的和視覺的角度

從視覺的觀點來處理裝飾問題，傾向於把建築的形體視為某種明確的、凝固的、永久的東西。它認為裝飾的對象及所形成的裝飾產品，必須是可以被看見的，而可觸性只具有想像的意義，並且，它不承認有觀看者的視點，或者走向另一個極端，承認一切視點，而任由觀看者去限定空間。從觸覺的觀點來處理裝飾問題，表現出極為重視觀看者這一審美主體。它強調豐富形體，但卻不想創造那種可以任何視點觀看的建築，並且認為建築的形象儘管是穩定的，但卻應浮現著一種明顯的、連續的不斷的、變化的東西，亦即有運動的存在。

（二）平面的和縱深的觀點

以平面的觀點來處理建築裝飾問題，是一種較為古典的思想方法。它強調建築的正面性，追求平面分層，把整個深度看做是平面連續的結果。以縱深的觀點去處理裝飾問題，是較為現代的一種思想方法。它雖然承認建築的正面性，但在裝飾處理上，卻盡可能地避免平面幾何形象，認為建築的形象不完全是純正的正面視閾，也應包括側面的視閾，追求在強烈的透視中在深度上表現其本質。

（三）封閉的和開放的方法

以封閉的方法來處理設計問題，強調完美的比例、有限的形象和靜止的印象。它要求在設計中必須堅持明確的規則，進行嚴謹的布置。它認為每種效果都應是有機組織的必然結果，具有絕對的不可更改性，並且要求注意對每一要素的限制和其自身的完整，使其在感覺上既是開始，又是結束。而開放的手法，則多多少少地表現出一種隱晦地堅持規則的自由布置的風格。它期望透過無規則的外貌，給人以偶然的印象。這一方法強調緊張和運動，要求以無限取代有限，允許把完美的比例轉化為不太完美的比例，從而以明顯的未完成形象來代替完成的形象，並且對各種裝飾要素，要求其感覺上是開始而不是結束。

（四）多樣性和同一性

現代所強調的是多樣的統一和同一的統一，說得更明確一些，即是多種風格的統一和同一風格中不同檔次的各種具體方法間的統一。

（五）清晰性和模糊性

清晰性強調創造完美的、精緻的、終極的東西，認為完美、精緻和終極都是不可能的，認為裝飾的生命力就存在於一種不確定性之中。換句話說，即認為透過裝飾所創造的，應該是一種植根於不完全可理解的事物之中的美。當然，模糊性的含義並不是說其形象應當是模糊的，恰恰相反，其形象也應該是相當清晰的，以便不致使觀看者的眼睛產生不適。但是，它又要求不致使觀看者產生一覽無遺的印象。因此，模糊性的要義就是不確定性。

建築裝飾是一項藝術性很強、需要精巧的技術且科學性和社會性綜合度很高的複雜工作，因此，受到諸如美學、材料、技術、經濟、社會、環境、心理學等眾多因素的影響和制約。我們必須對此有足夠的認識，並認真地研究處理其間的關係。

（一）實用、經濟、美觀之間的關係

實用、經濟、美觀是建築設計中的一條基本原則，但在建築裝飾設計中仍應堅持和遵循這一基本原則。誠然，建築裝飾是以對環境的裝飾美化為其直接目的的，但是，這種美化應是與使用功能相協調的，並以實用價值為前提，而且必然要受到經濟條件的制約。

（二）裝飾設計與精神功能的關係

建築裝飾作為一種實用藝術，除了要充分考慮使用功能（即使環境舒適化、科學化）之外，自然還要考慮其作為一種精神產品的價值，即其能否產生美感、是否具備應有的氣氛、能否體現某種意境等。

（三）裝飾處理與人體工程學的關係

汙濁的空氣、高溫與高亮度的環境以及噪音、振動等會引起人的疲勞、工作效率降低、錯誤率升高等現象，這已被人們所充分認識。但是，從心理學、生理學角度對人體的各種感覺、知覺以及人體的適應能力進行研究也是很重要的。充分重視人體工程學方面的研究結果，不僅能為我們確定空間範圍、各種部件的尺度以及設計家具等提供依據，而且能使人和環境間的關係合理化，從而使設計不僅能滿足人們的基本要求，而且使人們產生愉快的情緒。

（四）裝飾表現與心理學的關係

建築裝飾向人們提供了大量的圖形、文字、光色、景物等，甚至還有命題，因此必須注意這些視覺因素與人們心理反應之間的關係，其中首先是命題的影響。一定的命題，必然會使人們根據各自的社會生活經歷及文學、歷史、美學等方面的修養而做出聯想和評判。當已有的刺激獲得再刺激時，他便會肯定這種裝飾表現的結果；而當已有的刺激與環境提供的訊息不相符時，他就會持否定的態度。其次，是各種圖像、文字、景物等的形體誘發作用使人產生的聯想。這種聯想作用對於幫助人們體驗、認識設計者的意圖和設計者所表現的意境是有幫助的。但要注意，不應為了追求這種聯想作用而去刻意模仿或濫用象徵的手法。最後，對由這些視覺因素所引起的人體的生理反應予以必要的注意。

（五）裝飾手法與民族風格、地區特色的關係

一定的民族，一定的地區，由於生活習慣的不同，自然條件的限制，在裝飾用材、裝飾圖案、色彩、技法等方面，會形成一些特定的慣用手法。在裝飾設計中，應對此予以重視。只有這樣，才能對民族風格、地方特色做出正確的反映。

四、建築裝飾設計的範圍

建築裝飾設計實際上涉及三個領域：生活；使用；傳播為目的的設計。我們

應該注意建築裝飾設計的內涵隨時代的發展而發生的這種變化，用全方位的視點來認識、研究和進行建築裝飾設計。當然，這種設計範圍的擴展，給建築裝飾設計帶來較大的難度，如要求設計者有更寬的知識面、有多方面的技能等，但也提供了一些便利。例如，較之建築設計，建築裝飾設計在多樣技術手段之外可調動更多的藝術手段和工藝加工手段，且可較少地受到施工工業化和設計標準化的侷限，從而表現出極大的隨意性、更大的靈活性以及更多的可變性。又如，與室內設計相比，由於建築裝飾不僅可以做在建築的任何部位，而且可以融入結構構件之中，所以建築裝飾較之室內設計可調動更多技術手段；更由於建築外裝飾對外部環境的影響，決定了建築裝飾對改造人為環境所能起的作用。

一般來說，建築裝飾設計的工作可分兩大單元：一是環境創造，即對建築空間依人的生活需要及工作需要而給予的合理化安排，可分居住與公共活動環境。二是裝飾表現，即依共同性與特殊性的需要，滿足並調和人類生活美化的需求，從而增進生活的意境和情趣。

五、建築裝飾設計的內容

現代建築裝飾設計，不是過去稱為室內裝飾的那種裝飾室內的技術，而是把功能和美結合起來去構成各種各樣的空間，所以建築裝飾設計具有相當複雜的程度，通常要包括室外環境以及室內色彩、照明、家具的選擇和陳設等諸方面的設計。

（一）室外環境設計

室外環境設計，應包括建築本身及建築的外部空間。我們必須認識到，建築外部的空間具有與建築本身同樣的重要性。就建築本身的外部設計而言，需要考慮其與周圍環境的協調問題、對人的心理潛在意識的作用問題以及人的活動的影響問題。就其外部空間的設計而言，則應從建築的收斂性和擴展性的角度，對其逆空間、積極空間與消極空間給予合理的計劃，從而使人工的有意識環境與周圍的自然環境形成連續而有變化的、既實用又美觀的整體環境。另外，對諸如舒適、安全、防風、避雨等功能的有關問題也須給予考慮。最後，還要周全地考慮大氣等作用的影響。

（二）室內環境設計

室內環境設計，主要包括對空間構成和動線的研究。對空間的構成的研究，要在人的生活和心理需求以及其他功能要求的基礎上，對於室內的實在空間、視閾空間、虛擬空間、心理空間、流通空間、封閉空間等加以合理的籌劃，確定空間的序列以及各個空間之間的分隔、聯繫、過渡的處理方法。對於動線的研究，則要根據人在室內空間中的活動，對於空間、家具、設備等進行合理的安排，從而使人在室內的移動軌跡符合距離最短、最單純、不同時交錯這三項基本要求。

（三）家具的選擇和陳設

對於一定的室內空間，只有透過配置適應各種目的的家具方能完成該室的功能。家具是人們工作、學習、生活的必需用具，也是人們生活中最直接的生活物品之一。人們在室內的活動，其各種姿勢的倚托要依賴家具，人們的生活用品以及其他各種物品，要靠家具來收納或展示。另外，由於家具所占空間較大，量體突出，它的視感、觸感都會使人在心理方面產生明顯的效應。因此，家具設計是現代室內設計和建築裝飾的一個重要方面。家具可以透過其體現的時代特點、表現的藝術情趣、反映的風俗習慣而對整個室內環境效果的好壞產生極大的影響。

（四）色彩設計

即使是相同的空間，採用不同色彩也可以給人以全然不同的感覺。色彩是決定室內空間印象的重要因素之一。

色彩設計不僅僅受房間的使用目的、各個面（地板、頂棚等）性質所決定的功能的限制，它還要反映房間使用者的性格和愛好。作為空間整體，它既要色彩，又須表現印象。然而，作為整個建築物，它既要求保持統一性，又要求富於變化。

進行色彩設計時，首先要考慮其空間應採取何種統一色調——是明亮的色彩還是暗色，是冷色還是暖色，是具有活潑感的還是體現沉穩感的……然後，為表現這些感覺並謀求調和，則須考慮具體的配色，並選擇地毯、油漆等實際素材，以達到整體調和的目的。

（五）照明設計

在環境創造中，光不僅是為了滿足人們的視覺功能的需要所必需的技術因素，同時也是一個重要的美學因素。一個良好的照明設計，不僅只滿足人的視覺效能的需要，而且應當對人的精神感受提供更積極的貢獻。

在進行照明設計時，應在充分研究被照對象的特徵、空間的性質與使用目的、觀看者的動機和情緒、視環境中所提供的訊息內容與容量、環境氣氛創造方面的要求、光源本身的特性等因素的基礎上，對照明的方式、照度的分配、照明用的光色以及燈具本身的樣式等，做出合理的安排。

（六）材料設計

材料設計包括依材料性質對材料的理性選擇和依材質對其效果的感性選擇。

通常材料設計是實現造型與色彩設計的根本措施，同時也是表現光線效果和材質效果的重要基礎。換句話說，材料設計的正確與否直接關係著裝飾設計與製作的整體成敗，無論對生活機能還是形式表現都產生極大的影響。

六、建築裝飾設計的要素和原則

建築裝飾是酒店建築的重要組成部分，裝飾的效果如何，對酒店建築的影響較大。隨著人類的進步以及物質生活水平的進一步提高，現代酒店建築往往比較重視意境的創造，在使用功能合理的前提下，有意識地追求酒店建築空間的環境藝術效果，從而達到物質和精神上的和諧需求。

（一）建築裝飾設計的要素

建築裝飾不管是室內裝飾，還是室外裝飾，不在於花錢多少，使用了多少高級豪華的裝飾材料，或者材料堆砌的程度如何，而是如何恰當應用裝飾設計要素，在有限的空間內創造一個與空間功能相協調、美觀大方、格調高雅、富有個性的環境。

1.空間要素

空間的合理化給人以美的感受是設計的基本任務。在室內裝飾設計中，空間的處理是其主導要素。室內設計的建築藝術特徵取決於室內空間的功能性與用途、空間構圖、空間色彩、裝飾效果、家具與陳設布置以及設備安排等的綜合處理。設計者要勇於探索時代、技術賦予空間的新形象，不要拘泥於過去形成的空間形象。

在室外裝飾設計中，空間的構成以及環境氣氛能體現出建築造型的風格，並給人以情感意境、知覺感受和聯想，如日本沖繩萬座海濱酒店（如圖9-5）。

圖9-5 日本沖繩萬座海濱酒店

2.光影要素

光影效果在室內空間中的利用是現代室內裝飾設計的特色之一。人類喜愛大自然的美景，常常把陽光直接引入室內，以消除室內空間的黑暗和封閉感，特別是頂光和柔和的散射光，使室內空間更為親切自然。光影的變幻，使室內更加豐富多彩，給人以多種感受，如大連富麗華大酒店客房（見圖9-6）。

圖9-6 大連富麗華大酒店客房

陽光是大自然的重要因素，善於利用它為人類服務，為室內設計增加光彩，是非常重要的。當然利用人工照明在室內產生特殊的光影效果，也是極為可取的。

3.色彩要素

裝飾的色彩除對視覺環境產生影響外，還直接影響人的情緒、心理。科學地用色有利於工作，有助於健康，色彩處理得當既能符合功能要求，又能取得美的效果。裝飾色彩除了必須遵守一般的色彩規律外，還隨著時代審美的變化而有所不同，所以在建築裝飾設計時應給予特別的重視。

4.裝飾要素

對室內整體空間中不可缺少的建築構件，如柱子、牆面、樓梯、台階等，結合功能需要加以裝飾，可共同構成完美的室內環境。新材料的發展賦予室內裝飾藝術以豐富的物質基礎，充分利用不同裝飾材料的質地特徵，可以獲得千變萬化和不同風格的室內藝術效果，同時還能體現地區的歷史文化特徵，如杭州酒店（見圖9-7）。裝飾藝術有其共同的規律，也有個人的喜好和偏愛，在新技術、新材料和人們審美觀不斷變化的情況下，室內裝飾藝術更需不斷創新、完善。

5.陳設要素

室內家具、地毯、窗簾等，均為生活必需品，其造型往往具有陳設特徵，大多起著裝飾作用，實用和裝飾二者相互協調，求得功能和形式統一而有變化，可使室內空間舒適得體並富有個性。適用、美觀、協調的陳設是室內空間設計的重要內容之一。

（二）建築裝飾設計的原則

現代酒店建築裝飾設計是建築設計的繼續和深化，所以，它首先應遵循建築設計的原則——適用、經濟、美觀。根據現代酒店建築裝飾設計的自身特點，其基本原則應該是：

圖9-7 杭州酒店

1.現代酒店建築裝飾設計要滿足使用功能要求

人類從事建築活動的主要目的是為了自己的生存和活動尋求一個各盡所能的場所，因此建築裝飾設計是以創造良好的室內空間和外部空間環境為宗旨的。

隨著人們生活水平的提高、藝術審美的改變，也因人們生活習慣、鄉土風情等因素的不同，所以室內空間不是一成不變的。就單個房間的室內設計而言，各種要素的安排和布置也必須首先服從人的使用要求，這也就是酒店建築裝飾設計的實用功能的體現。其功能的主要內容有以下幾點：

（1）各房間關係的構置。

（2）家具布置。

（3）通風設計。

（4）採光設計。

（5）設備的安排。

（6）照明的設置。

（7）綠化的布局。

（8）交通的流線。

（9）環境的尺度。

上述各項均與工程的科學性密切相關，它們必須用現代科技的先進成果來最大限度地滿足人們的各種物質生活要求，進而提高室內物質環境的舒適度與效能。換句話說，它們主要是滿足人們的生理方面對室內時空環境的要求。

2.現代酒店建築裝飾設計要滿足精神功能要求

建築既有使用功能要求，又有造型藝術上的要求，它既受到工程技術的制約，又受到意識形態的影響，一旦建成又反過來影響人們的精神生活。作為現代酒店建築內部的空間也是如此，所以建築裝飾設計在考慮使用功能要求的同時，更要考慮精神功能要求（如視覺反應、心理感受、藝術感染等）。例如，一個普通居室的高度，如果僅從實用功能來講2公尺的高度已經足夠了，然而，任何居室也沒有做成2公尺高度的，這主要是人們精神上的、心理上的因素在起作用。在視覺上，房間的高度要適中，而不能有壓抑之感。如果反過來，我們把普通居室高度提到8公尺，房間的比例變成為窄而高的形狀，則會令人感到太空曠，所以一般居室高度都定在3公尺左右。這就是說，當我們進行室內空間形式的設計時，除了要考慮實用功能方面的空間量外，同時還要考慮到人們精神方面的心理空間量，因為人類在生態上一直是保持物質生活與精神生活的平衡調節狀態，否則，無論物質或精神生活的哪一方面發生偏頗，都會導致不良的後果。忽視了物質功能就會降低功效而導致生活失去條理和秩序；忽視了精神方面的審美因素，則會導致生活的乏味、平庸而向不良方向發展。為此，在建築裝飾設計中切不可忽視精神環境方面的審美形式的創造，尤其現代酒店建築裝飾設計，應把增強空間環境精神品味的認識提高到發揮靈性和提高生命質量的高度，把它視為建築裝飾設計的最高目的，進而提出兩者的關係是「以物質建設為用，以精神建設為本」，並力求發揮有限的物質條件、創造出無窮的精神價值。建築裝飾設計不在於花錢多少、使用高級豪華裝飾材料的多少，而是在於如何將室內空間、建築量體構成等處理得美觀大方、格調高雅、獨具個性。要做到恰如其分，使建築裝飾設計風格同所限定的空間功能相協調，創造出與之相適應的環境氣氛，特別是室內裝飾設計，更應注意室內氣氛、室內感受和室內意境。

（1）室內氣氛

它是室內環境給人的印象。對每一個具體的空間環境來講，它就是能否體現和其他空間環境各不相同的性格內容，即具有一定的個性，這種不同性格給人留下的印像是好是壞、是活潑還是莊嚴等。在室內設計實踐中，空間類型複雜多變，每一細小的差異都可以形成一定的氣氛。室內氣氛還和空間的性質、用途和使用對象有關，不同的室內環境應給人以不同的感受。

（2）室內感受

室內感受是室內環境對人的感覺器官所產生的心理反應。人們透過視、聽、嗅以及觸覺、記憶、印象和聯想，對室內環境進行整體的感知評價——美感、恐懼感、新奇感、舒適感等。室內設計的精神不僅影響人們的情感，而且還影響人們的意志和行動，因此要研究人的認識特徵和規律、人的情感與意志、人和環境的相互作用等。設計者應運用各種理論和手段去衝擊並影響人的情感，使其昇華以達到預期的設計效果。室內設計必須符合人的認識特徵和規律。從心理學角度看，如果對象和背景的差別越大，則人的感知力越強，那麼在室內設計中的重點景物、重點裝飾和背景的關係，應是互相襯托、主次分明的；又如，新異的或動狀的對象易被人感知，那麼賓館中廳的瀑布、噴泉、上下穿梭的觀光電梯、跳躍式的燈光、客廳的金魚缸等，自然容易被感知，新異的頂面裝飾也必然引起人們的極大興趣，而那些互相套用的、公式化、概念化的室內布置和裝飾顯然缺乏強烈的藝術感染力。為了使室內設計更為豐富和理想，設計中也常用聯想的手法來影響人的情感思潮。人的聯想與個人生活經驗、文化素養、審美情趣有著密切的關係，設計時透過形體、圖案、文字、景色等形式，誘發人們去聯想，使人透過知覺直接去把握其深刻的內涵，從而產生認識與情感的統一。設計者應力圖使室內裝飾有引人聯想之處，給人以啟示、誘導，從而增強室內環境的感染力。

（3）室內意境

它是室內環境所集中體現的某種構思、意圖和主題，是室內設計在精神功能上的高度概括，不僅能使人有所感受，還能引起人深思和聯想，並給人以某種啟示或教益。

任何室內環境設計都要符合構圖、形式美的法則，使人獲得美感，如有必要和可能，則要創造一定的氣氛和意境。美感的產生偏重於感性階段，氣氛和意境的體現則近於理性階段。

建築裝飾設計的精神功能方面包括的內容很多，以上僅為室內設計中精神功能的內容。

3.現代酒店建築裝飾設計要滿足現代技術要求

建築空間的形式與結構、材料有著不可分割的聯繫，空間的形狀、比例、尺度以及裝飾效果，在很大程度上取決於建築結構組織形式及其使用的材料質地。現代酒店建築裝飾設計要把建築造型與結構統一起來，使藝術和技術相結合，並共同豐富室內空間形象。例如，沙烏特阿拉伯的國際機場利用桅杆支撐的雙曲薄膜屋面，既保證了風載下大跨度結構的安全，又使室內空間產生特有的柔和曲線，簡潔而明快，富有個性和時代感。建築空間的創新和結構的創新有著密切的聯繫，兩者應取得協調統一，因此建築裝飾設計應充分考慮結構造型中美的形象，並把藝術和技術融洽地結合在一起，這就要求建築裝飾設計者必須具備必要的結構類型知識，熟悉和掌握結構體系的性能、特點。同時，要看到技術和藝術既有統一的一面，又有相互矛盾的一面，要充分發揮技術對室內空間造型有利的一面而盡量避免不利於空間造型的一面。至於結構造型的合理使用，應該暴露結構或是隱蔽結構，要全面理解。我們既不贊成那些背離科學技術的美學觀，也不贊成和建築美學原則背道而馳的美學觀。

現代建築裝飾設計應置身於現代科學技術的範疇之中。這裡所提的現代技術主要包括現代建築技術和設備技術兩個方面。

（1）建築技術

建築裝飾設計是建築技術與藝術手段交叉結合的綜合體，受結構和建築裝飾材料的制約，如大理石牆面、花崗岩地面、玻璃隔斷等。建築裝飾的總體效果在很大程度上依靠一定的建築技術和建築裝飾材料來實現，所以在研究建築裝飾設計的基本原則時必須研究建築技術與裝飾設計的關係。

建築的基本構成要素，一是建築空間的功能，二是工程技術條件，三是建築的藝術形象，三者應是統一的整體。建築既要滿足人們的物質需要，又要滿足人們的精神需要，它既是一種物質產品，又是一藝術創作。建築裝飾的空間和基體是建築的組成部分，也應該考慮建築技術要求。隨著建築技術的發展和人們審美觀的變化，人們對室內環境的要求也不斷提高。充分發掘建築技術、結構構件的裝飾因素，努力尋求新技術、新材料在建築裝飾中的廣泛運用，是至關重要的。

（2）設備技術

要使現代酒店建築裝飾設計具有更高的效能，使室內環境質量和舒適度有所提高，也使酒店建築裝飾設計更好地滿足精神功能需要，就必須最大限度地利用現代科學技術的最新成果。例如，現代的空調設備，使室內保持人們所需要的溫度，而不受自然界氣候的影響，極大地提高了室內空間的舒適度；又如，現代的安全裝置，如消防器材、自動滅火裝置、煙感警報器等，在外觀上也要重視造型要求，這樣既增強了室內空間的安全感，也具備了一定的裝飾性。現代家用電器以及電信設施在現代化的裝飾設計中起著重要作用，既滿足使用功能要求，又為室內增加了美感。

第二節 酒店空間環境設計

現代酒店設計所涉及的基本問題很多，如場地選擇、總平面布局、外部交通組織、平面設計、內部交通流線、功能空間的基本構成和設計原則以及相應的設計標準和面積定額等。本節著重闡述現代酒店設計中的酒店主要功能空間的環境設計問題，其中包括：酒店空間環境的含義；酒店的空間環境特徵；現代酒店空間環境設計的發展趨勢。

一、酒店空間環境的含義

設計構思的最終實現，有賴於在建築設計的基礎上進行室內空間環境的再創造，對於某些建築來說，室內空間深入表現甚至是建築的精華部分。酒店，作為當代城市發展中最具代表性的建築類型之一，從一個側面反映著一個國家或地區的政治、經濟、文化面貌和工業技術發展水準。從環境的角度講，它又是都市人文環境的一個縮影，其內部空間環境的創造，常常成為當代最新室內設計趨向與流派的表演場所，它表現酒店建築設計的整體特性，既能滿足建築多種使用功能需要，又存在不同文化藝術特色的空間內涵。只要將它的商業性功能與豐富的文化藝術內涵巧妙結合，就能全面提高建築空間環境質量，從而達到酒店高效的商業經營效果。

酒店的空間環境設計，是根據其基本使用功能特徵和建築自身的環境狀況以及相應的標準，運用技術和藝術手段，創造功能合理、舒適優美並能滿足人們物質和精神需要的建築內部環境；對於環境質量的評價，應當是對室內空間的比例、尺度和幾何形式與室內熱、光、聲、空氣等要素及其藝術風格、環境氣氛創造等心理效應的綜合評價。對酒店室內空間環境特徵的把握，和對待其他建築一樣，在設計中首先應確立人與環境的關係原則。我們知道，就物質的存在而言，物與物、物與周圍物質之間形成的某處關聯性即是所謂環境，而自從人類脫離原始時代、進入創造環境的活動開始，環境就具有精神意義。現代建築空間環境應該是建築與人的知覺、心理進行對話和交融的產物，而「空間、時間、交流、含意」這四種環境要素則決定了建築內部環境的屬性。交流是指人與人之間言語或非言語的溝通；含意指的是環境對於人的非言語表達。由此可見，酒店的空間環境可概括為物質環境與精神環境的總和，其設計內容涉及空間、技術、裝飾與裝修、室內陳設品和室內綠化、水景等。例如，酒店的中廳，既要考慮空間的形狀、尺度、規模、照明、空調設施等物質因素，又要處理好人與中廳之間存在的複雜關係，使空間環境能適應於人的物理、生理、心理特點，並最終達到他們精神上的認同。

二、酒店的空間環境特徵

作為現代酒店建築，其室內空間環境是現代環境藝術表現的一個重要方面。其自成體系的整體環境結構，顯示人類文化發展的相互關聯，體現了現代社會以人為核心研究環境的觀念和由此產生的對人的情感、精神因素的極大關注。所以，「現代建築的最新研究課題之一是要用合理的方法突破技術範疇而進入人情與心理領域」。在現代建築空間環境設計要素之中，人始終是主體，設計必須體現以人為核心的基本思想。

酒店具有不同空間環境類型，但在設計上卻應體現特定空間環境的共性：

（一）多樣與統一

酒店的基本服務對像是不同國度和地區的旅遊人群，他們不同的文化背景、經濟條件、生活狀況、風俗習慣等，構成了建築使用者的多樣性。在酒店設計中，如何體現從每一位旅客出發，給他們帶去「賓至如歸的感受」和「異國風采之印象」，是設計的首要目標。酒店的整體空間環境，一方面應當舒適安全、方便合理；另一方面也要強調環境的風格特徵，以讓旅客在不同的環境中獲得豐富的精神體驗，或寧靜安謐、或深邃幽遠、或富麗華貴、或熱情浪漫，並透過空間語言和裝飾手段帶給人們以傳統的、現代的、鄉土的、國際的、純粹的、變異的等多種建築文化和藝術表現訊息，在特定環境的特定設計主題之下，求得多樣性效果，即把握住在統一性中求變化、在多樣性中求統一的原則，使酒店室內空間環境設計的內容成為高層次旅遊文化活動過程中的精品。

（二）共享與私密

酒店作為一種公共建築，具有公共活動的職能，但建築空間的居住性質又決定了其中有一部分個人活動的空間場所，所以它具有公共與私密兩種不同性質的空間形式。由於公共空間包含著個人活動的空間範圍，所以便具有公共和私密相互滲透的特徵。就典型的公共活動空間「中廳」而論，其以高大的豎向空間為主導，透過與客房層空間的有機結合，科學地解決了公共空間與私密空間的關係問題。它的空間構成和其他類型建築的中廳雖然有某些共性，但在體現建築公共活動功能空間的綜合性方面卻具有自己的特點。例如，中廳與門廳結合，將原有的門廳功能引入高大而氣派的空間，除保持門廳原有的功能特徵外，它更具有空間環境的共享性。中廳空間開創了公共建築空間的開放性與流動性的設計領域，它將不同性質的公共空間（如休息、交際、餐飲、購物、娛樂等空間）進行某種非確定性劃分並成為主體空間的一部分。中廳的空間界面凹凸多變、層次豐富，大空間向小空間延伸，小空間的視野向大空間擴展。這種多方位和多角度的空間交流，強調了建築環境在功能和視覺意義上的共享感。

客房空間是酒店建築空間的基本組成部分，是客人生活活動十分頻繁的場所，大面積的標準單位構成形式和風格統一的客房層，其空間性質穩定、內向，並具有一定私密性。現代旅遊建築的最大特點是充分考慮人的行為和心理特徵，客房具有親切的空間尺度、柔和多變的界面形式和材質，充分表達了該特定空間的環境特徵。

（三）舒適與健康

酒店的室內環境是物質環境和人文環境的結合。物質環境是由從建築形式到空間的形、質、光、色所組成的。人對於環境的體驗是從初級的「感受」到高級的「思維」（即從簡單的重複到複雜的抽象）的過程。因此，酒店設計應從功能意義出發，帶給人們物理、生理、心理方面的舒適感，科學地應用材料學、色彩學原理，靈巧地駕馭室內裝修材料配置和把握每一個部分的空間色彩構圖，有目的地引入陽光、綠化和水景等自然要素，從而為人們創造舒適健康的室內環境。

為保證客房的安靜，應當減少電梯門啟閉及發動機等工作噪音透過結構部件對客房產生的影響；將開向走廊的客房房門錯開，以保證客房的私密性。客房設計除了考慮旅客個人活動的私密性要求和在管理、服務方面採取一定保證措施外，在平面布局的功能分區方面要考慮為客房層安排相對獨立和安靜的環境位置；在考慮內部交通布局時，應將旅客流線和服務流線分開。

酒店的公共空間是人們休息、娛樂、交際的重要場所。其設計時，除了滿足空間的基本使用要求外，還應當運用現代科技手段，為人們創造舒適、健康的環境。在視覺方面，充分表現酒店室內特有的空間形態特徵，創造整體協調而又富於變化的多種空間形式，使旅客在體驗建築的鄉土性和文化性之餘還能感受到豐富的視覺效果。在生理和心理方面，在公共環境中大力引入「綠色世界」，把人們普遍偏愛的自然要素編織在建築的整體環境之中。室內的綠色植物，除了能淨化空氣、調節室內溫度溼度、協調人與自然的關係外，這種「活的藝術品」還會帶給人們特殊的環境意義。它能將室內人工環境這種現代工業的產物強烈地展現出來。

光是表現建築空間的重要手段，又是人們生活中須臾不可離開的東西。酒店公共空間中的光環境形態，除了對人視覺的物理作用外，還能為人的感情所同化；借助它，人們會感到生命的律動。

現代家具和陳設品設計及其在酒店環境中的配置，是舒適健康環境必不可少的因素。與建築空間造型和關聯的每一樣陳設品或每一件雕飾，都會成為不可缺少的環境要素，它們烘托著建築的主題，愉悅著旅客的視覺。現代金屬工業、紡織工業的新發展為環境提供的新型家具材料、新型面料，為酒店家具設計創造了新的條件，不論是其視覺造型還是使用的感受，都標誌著酒店空間環境舒適化、健康化的傾向。

三、現代酒店空間環境設計的發展趨勢

隨著國際旅遊業的飛速發展，酒店建設已成為每個國家和地區城市建設的投入重點。在現代城市發展對酒店建設提出的新要求下，如何提高建築內部空間環境質量並反過來刺激旅遊業的發展，是當今研究酒店空間環境設計面臨的主要課題。

酒店空間環境設計的最新發展一直受到某些新興建築研究領域如行為科學、

環境物理學、環境心理學、人體工程學等的影響。它們除了對當代酒店功能空間設計產生直接影響外，還導致出現酒店設計的各種風格流派，並顯示出酒店設計的某種趨勢。

（一）深入研究人體工程學和環境心理學

人體工程學主要以人的生理、心理特徵為研究內容，研究如何使建築空間構成更為合理與科學。在酒店設計中，人們不斷探索在人體活動尺度範圍內爭取空間使用的最大效率。酒店室內空間設計應適應人體工程學的要求：從客房到公共活動空間，應根據人的活動情況確定家具的數量、尺寸、占有空間的大小、高度等。酒店的常用家具應符合人體基本尺寸，並能滿足客人各種基本動作和活動的要求，並以此作為家具設計的依據。

隨著現代科技的發展，針對人的感覺器官對於環境適應的特徵，充分研究人的視覺、聽覺、觸覺、嗅覺等生理能力和在室內空間中的反應狀況，採取進一步措施並配備新的室內設備，如環境噪音的控制、新型燈具的採用，新技術領域的空氣調節和溫溼度控制方法、新型保溫隔熱材料的運用，在公共空間中使用防止牆面、地面凝結水的材料以及在家具設計中研究新型材料和新的造型方法以進一步提高舒適度等，都充分體現了人體工程學研究在酒店空間環境設計中的作用。

當代酒店設計的發展，使人們更加重視研究旅客心理，研究其心理過程和心理特徵。成功的空間環境設計除了應滿足酒店的使用功能以外，還需運用科學手段，使它們從物質範疇跨入人情與心理領域。

（二）酒店空間環境設計的風格流派

與其他類型建築的環境設計一樣，各個時期的建築思潮和審美意識必然以不同的設計追求和效果反映到酒店設計中來：或簡潔流暢，或精緻細膩，或變形誇張，或以現代設計的最新形式為目標，或以歷史文脈和鄉土樂園作構思的起點……它們以豐富的建築形式和空間語彙不斷豐富著酒店空間環境的內涵，對當今和未來的酒店發展產生了深遠的影響。

現代派簡潔的形式，和相應的建築形式一樣，摒棄繁瑣裝飾和手工產品，偏愛於現代工業產品的實用性，並追求產品的技術先進和工藝精美。其表現在酒店空間環境中，就是以富於變化和層次清晰的空間形式給人以美感。其室內空間和界面的形式雖然簡單，但工藝卻給人以豐富的現代空間環境感受。

例如，某酒店中的洗浴空間（如圖9-8），體現的實用性是空間美學的內涵，其以現代材料構成室內配件的肌理，包括按摩浴缸和淋浴櫃等室內設施，整體環境形式簡潔而功能性很強，由於除卻了不必要的裝飾，給人以強烈的現代感。又如，大連富麗華大酒店的浴廁間（如圖9-9），亦是現代派簡潔形式的典範。

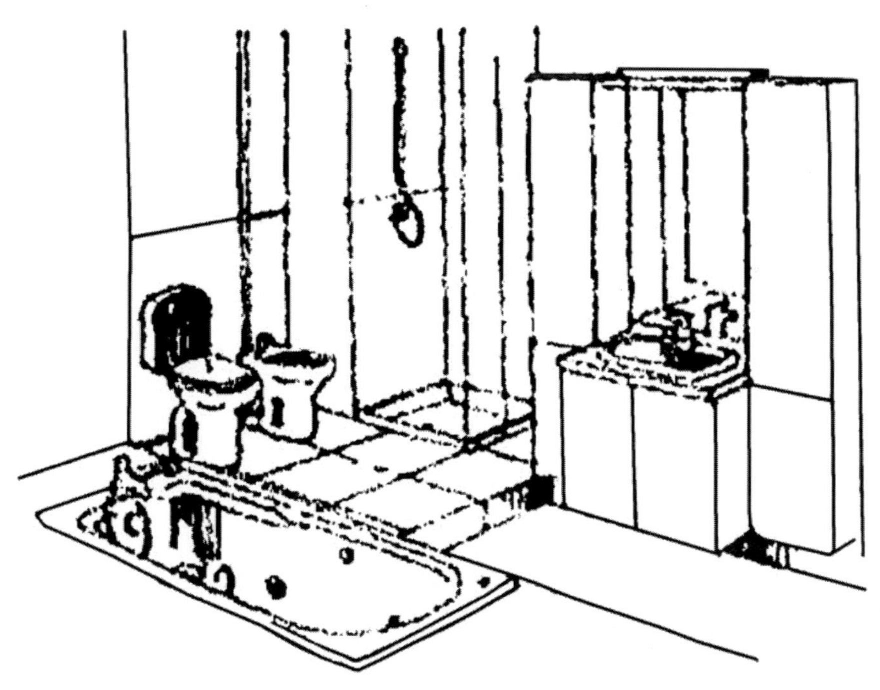

圖9-8 形式簡潔的現代洗浴間

圖9-9 大連富麗華大酒店的浴廁間

傳統和鄉土形式與風格的出現，是由於現代設計的發展出現了某種侷限性。有人認為，如果不在空間格調方面增加新內容，就會流於形式單調。這就要求設計者將現代技術和合理的空間環境與傳統的地區性建築文化相結合，創造既有時代感又能表達更多歷史文化內涵和不同地區鄉土風格的多種空間設計內容。這充分說明傳統建築文化在新時代技術發展和新審美環境中獲得新生，並煥發出新的生命力。傳統和鄉土文化在適應時代的過程中使多種民族文化特徵得以弘揚。

例如，北京香山酒店（如圖9-10）以提取傳統民居的建築符號作為建築和空間環境設計元素。酒店四季廳入口正中的月亮門影壁，形式極其簡單，內部環境的空間構圖可算是現代的，但透過這隔而不斷的影壁與前後左右的空間元素聯繫起來，則會使人感到強烈的中國民居和園林的設計特徵。可見，現代酒店設計的傳統特色與地方風格的體現只有融入現代設計中去，才能在現代人的審美追求中立足。

室內環境氣氛的追求，是現代酒店空間環境設計的核心，也是不同風格、流派在設計表現過程中必須深入研究的課題。針對不同的空間特性，設計者必須考慮一定的構思主題，並圍繞這一主題，從空間形式到裝修材料、細部處理以及家具與陳設品配置甚至到環境小品和裝飾部件等，各自扮演著自己的角色，同時又要相互配合，成為表現這一主題的重點。表達設計構思的核心內容時，或者運用大面積相同材質的裝修材料，或者採用具有鮮明層次感的系列材料組合，或者連續使用具有某種文化內涵的建築細部，形成創造室內環境氣氛的基本語言，使設計主題充分展現。不同特徵的空間對環境氣氛的創造要求各異。例如，不同類型的餐廳，在空間劃分、界面處理以及家具、燈具設計和用餐方式、餐具使用等方面都應體現不同環境的個性特徵，以達到不同的環境效果，從而給人以豐富的情緒和精神感受。

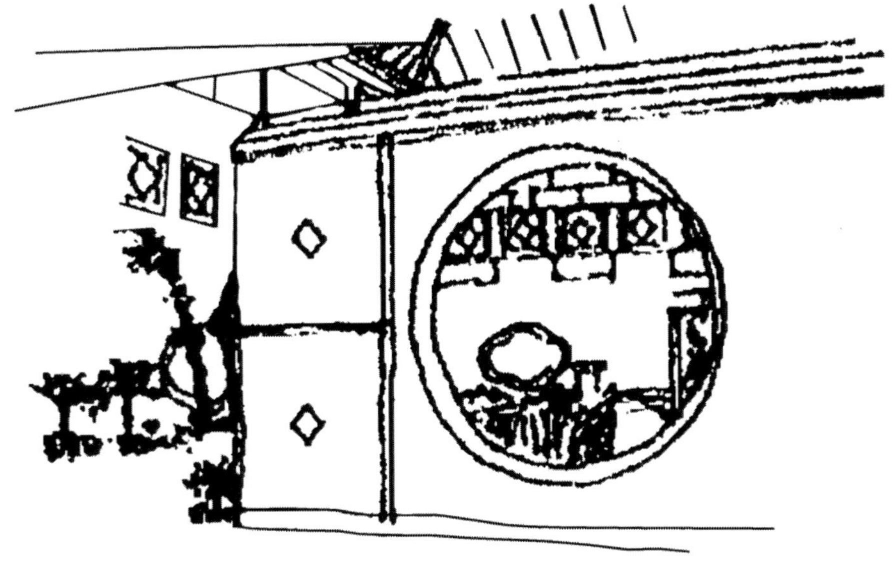

圖9-10 北京香山酒店

室內環境意境的創造是室內建築文化內涵最高的詮釋，它不僅使人從中得到美的感受，還能以此作為文化傳播的載體，表現更深層次的環境內涵，給人以聯想和啟迪。例如，廣州白天鵝賓館中廳面積大約2000平方公尺，設計者考慮了中廳空間與周圍環境的關聯，以空間滲透和借景的方法達到內外、上下空間環境的交融；同時，中廳視覺重心處，以典型嶺南園林風貌勾畫出一幅山石瀑布、雕廊畫棟的特別景觀。中央山石上「故鄉水」三個字點出空間環境的主題，道出了鮮明的環境和空間的性格特徵（如圖9-11）。

自然要素除了綠色植物以外，還表現在室內裝修材料的自然特徵方面。用磚、石、木等天然材料去裝修休息或接待空間，甚至將某些完整的自然景觀引入室內，成為空間中自然要素的集中點，是某些酒店設計的特別追求，也以此迎合眾多現代人的口味，從而提高酒店商業經營的效率（如圖9-12）。這種趨勢和當今訊息社會以高科技和生態學原理的應用去構築現代空間場所的思想十分吻合，這種對空間環境自然品質的追求終將成為當代酒店空間環境設計發展的一種潮流。

圖9-11 廣州白天鵝賓館中廳

第三節 酒店的室內設計

一個設計構思的最終實現有賴於建築設計與室內設計的共同努力，在某些建築中，室內設計是酒店建築的精華。1950年代後，隨著人類工程學、行為科學、環境心理學等學科的興起與應用，室內設計漸從建築學中獨立出來成為創造室內環境的系統學科，透過研究人對室內環境（如聲、光、熱、視覺等）的生理、心理感應，創造健康、適用、舒適的室內環境。1970、80年代，室內設計進一步關心使用者的要求、習俗，更重視人的因素、更具人情味，並進而研究節能、保護環境、保護人類健康安全等問題。現今，室內設計也已成為各種藝術、建築思潮實踐表演的舞台。

圖9-12 富於自然情調的休息空間

酒店設計涉及土建、設備運行、室內設計等多種學科，其中建築設計與室內設計的關係尤為密切。

現代酒店室內設計是對內部環境的再創造，常是最新室內設計傾向、流派的表現場所，肩負著表達酒店風格、品格、營造氣氛等重任，既需滿足各種使用功能，又凝聚著各種文化、藝術的渲染力，即需將商業性功能與文化藝術巧妙地結合起來，以某種高格調的室內文化藝術氛圍取悅於四方來客，從而促進酒店的經營。

在滿足使用的前提下，酒店室內設計環繞著構思主題，以創造氣氛為核心目標，採用多種材料、多種手法綜合進行各方面設計。其中，主要的有：室內空間形態、構成、序列組織及各個界面的裝修處理等；室內陳設（如燈具、家具、藝術品、織物、綠化小品和日用品等）的設計、選用與布置等；室內主要標誌、標記設計；員工服飾與布件設計。

一、酒店室內環境的設計

酒店各部分空間分別承擔供客人住宿、餐飲、公共活動等功能，其室內設計應符合便於旅客使用與提供服務的要求，應安全、健康、舒適。

（一）人體工程學與環境心理學在酒店室內的應用

人體工程學始於「二戰」中對人與機器的關係的研究，旨在節約內部空間及能耗。之後，這種以人的生理、心理為研究內容的使內部布置更科學合理的學科深入到空間技術和建築室內，以人體在室內活動的尺度為基礎，為爭取最大的空間使用率和節約更多的活動空間創造條件。

現代酒店室內也積極應用人體工程學的成果，表現在：

1.確定空間範圍：人的活動與家具的數量、尺寸、所占空間大小、高度等。

2.為家具設計提供依據：使家具符合人體基本尺寸，滿足旅客各種動作活動（坐、蹲、立、靠、躺等）所需的尺寸。

3.確定人的感覺器官的適應能力，研究人視覺、聽覺、溫覺、色覺等生理能力及對室內空間的反應，除滿足生理要求的視聽、熱工等指標外，還對諸如視覺中的視差反應、聽覺中的控制噪音、觸覺中的集中保溫隔熱、防止室內牆面凝結水、嗅覺中的保持新鮮空氣無味等，在室內設計中進行控制。

在國內外的酒店等級指標、酒店設計規範中，關於空間大小、照明、噪音、空調溫溼度等控制指標均反映了人體工程學的研究成果。

人對酒店環境的心理活動包括認識、情感與意志三個階段。人們透過視覺、聽覺、嗅覺、觸覺認識酒店逐漸產生喜愛、驚喜、高興、滿足或失望、不安、煩惱乃至惱怒等情感，隨之產生下次再來住此酒店或再也不來的意念。

八方來客因人而異，各自的心理特徵——興趣、性格、能力、氣質等不同，酒店的室內環境則應符合大多數人的認識特徵與規律。從心理學角度看，人們易感知活動著的和新奇、不常見的東西，如中廳內活動的觀光電梯、室內噴泉、瀑布、富有特色的陳設等易吸引人；反之，公式化的室內就失去感染力。

同時，酒店室內還應研究旅客的心理特徵，常用引人聯想的環境氣氛在短時間裡引起旅客的興趣、影響他們的情感，使他們樂此不疲。許多酒店為此作特別裝修的餐廳和客房。

近年來，隨著世界旅遊業的發展，女性旅客的比例日益增長。因此，有的酒店在設計與改造中注意按照女顧客的心理要求改善酒店設施，在室內設計中也出現女性美的傾向。

美國酒店協會1985年對如何吸引女性旅客做了專門調查，女性對酒店的要求、客房浴廁間照度、衛浴設備的清潔衛生都很重要。室內設計的手法要求細膩，色彩明亮而溫暖、彩度不同，現在常用彩度較低的對比色。

（二）酒店室內的空間形態與界面處理

1.空間形態的多樣化

不同的空間形態的不同的性格、氣氛，給人不同的心理感受：正幾何體空間嚴謹規整、產生向心力和莊重的氣氛；不規則空間顯得活躍而自然；窄而高的空間有向上升騰之感，崇高而宏偉；細而長的空間引導向前；弧形空間則柔和而舒展，見圖9-13。

酒店是商業性建築，其不同功能的各部分的空間形態是多樣化的，如公共活動部分空間形態是開敞而連通的，有規整幾何形，有高聳多變的中廳，還有弧形和直線型……每個酒店都以主要的公共空間為中心或高潮，導演著空間的序列。

圖9-13 北京貴賓樓飯店182平方公尺的總統套房

大連賓館，是國際標準三星級賓館，是歐洲文藝復興式建築，賓館現代化設施齊全，服務功能完備，客房高大、寬敞、豪華，大連賓館友誼宮，見圖9-14；大連富麗華大酒店廳堂，見圖9-15。

圖9-14 大連賓館友誼宮

現代酒店公共空間的「不定性」在室內設計中有很重要意義，這種不同形態交錯穿插，邊緣含混不定，於「有與無」、「圍與透」之間顯現的多層次，豐富不定的複雜性空間衝破了傳統的六面體空間形態模式，適應現代人的心理要求，展現了充滿活力的新境界，特別在中廳空間形態的構成變化中，各酒店追求與眾不同的多視角動態畫面，常具有出其不意的戲劇性效果。

圖9-15 大連富麗華大酒店廳堂

例如，美國底特律文藝復興中心廣場中廳裡各種形式的天橋、挑台、樓梯在不同高度的出現，令人有撲朔迷離之感，見圖9-16。

圖9-16 美國底特律文藝復興中心廣場中廳

又如，倫敦瑞士度假村的亨利八世餐廳內，密集而高聳的立柱、拱券模糊了空間的邊界，層層展開，似無窮盡，見圖9-17。

圖9-17 倫敦瑞士度假村的亨利八世餐廳

2.界面處理

（1）界面處理強化空間形態

空間的界面即牆面、地面、頂面等形成的空間的邊緣、界限。酒店室內界面處理不僅強化、物化了空間形態所特有的風格，本身還具有接近人體尺度、導向、限定空間、增加藝術情趣等功能作用。

例如，天津凱悅酒店是現代化賓館，共20層，立面設計極富民族色彩，內部設施十分現代，以中西結合的形式，為商旅遊客提供豪華舒適的服務，如圖9-18。

（2）不同材料的界面含不同的質感效果

酒店室內需特別注意在不同性質的空間使用不同的材料，以與空間要求吻合並充分發揮材料固有的美，使不同的質感效果在物化界面的同時賦予空間性格與風格特徵；另外，還需注意相同材料因面積大小與視距遠近的不同也會引起不同質感。例如，粗糙的廣場磚、庭園石料地面和磚石牆帶來了室外感，精緻的織錦牆面和考究的木裝修則顯得高貴、豪華，鏡面與不鏽鋼的運用增加了時代氣息。

①天然材料牆面

用於酒店室內的天然材料有木材、石材（大理石、花崗石、各地產石材等）、磚、混凝土、竹等。

由於人類使用木材歷史悠久，酒店室內的木裝修令人倍感親切溫暖，且加工方便，因此廣泛運用在酒店公共部分和套房客房；同時，木裝修還能採用各種加工形式、加工方法和色彩以表現不同國家、不同民族、不同地區的風格。

圖9-18 天津凱悅酒店內廳

例如，大連賓館大廳的牆面、地面均為磨光大理石，整個大廳配以吊頂燈形成高雅素潔的氣氛烘托著客人的活動，而且，具有西歐新古典主義風格，如圖9-19。

酒店室內常用的人工材料牆面有水性塗料乳膠漆、壁紙、鏡面、金屬、瓷磚、織物等。

鏡面作為界面材料進入酒店室內是因其具有擴大空間感、增加空間層次、豐富視覺形象、消失構件實體量體感覺等作用而受到重視。

成片設置的鏡面牆打破了六面體的封閉性，使空間愈顯寬廣、深遠。當其正面或側面有優美的室內外景觀時，可依鏡之成像原理將景色巧借入室，如廣州白天鵝賓館中廳二層樓磁側牆借珠江之景取得成功。

鏡面與燈具、花卉綠化結合，更覺五光十色、光彩奪目。例如，新加坡馬可波羅酒店門廳那綴以鮮花的鏡面牆分外生動，見圖9-20。

鏡面與木裝修結合也是現代酒店室內常用的手法，如大連賓館仙客來餐廳以白木金線圓拱鑲嵌鏡面為牆面，似法式鏡廳高雅而不失親切，如圖9-21。當酒店室內採用金屬材料為牆面時，現代工業技術造型的簡潔、精確等機械、理性美得以充分表現，它們在室內注入時代的特徵。

圖9-19 大連賓館大廳

圖9-20 新加坡馬可波羅酒店門廳鏡面牆

圖9-21 大連賓館仙客來餐廳

②地面

地面與人直接接觸，其色彩、質地、圖案等明顯地在室內空間中起著重要作用。酒店公共部分地面要求耐磨、美觀；客房則要求舒適、美觀並有一定的隔音、吸聲作用。

天然石材地面有大理石、花崗石及其他石料等。大理石的種類、色彩繁多，磨光鑲拼愈顯高貴。例如，香港香格里拉大酒店門廳地面的大理石拼花圖案色澤優雅，與大理石噴泉、牆面裝修結合創造了西式宮殿般氣氛，如圖9-22。

花崗石地面更堅硬耐磨，但花色品種偏少，一般採用磨光面，光潔晶瑩，近年也流行以特種工藝製成毛面或以毛花崗石與磨光花崗石鑲拼圖案，同類材料不同質感的綜合使用特別協調，別有韻味。例如，上海新錦江大酒店大廳地面、牆面即以「毛與光」花崗石的組合拼出美觀的圖案，如圖9-23。

③平頂

平頂是室內各界面中離人視覺最遠的面。現代室內平頂需與燈具、送風口、揚聲器等結合，一般作簡潔的平面並施淺色以顯高曠，從而成為室內空間的背景與陪襯。

有時在淡化處理的平頂上略作修飾，很富神韻。

有的酒店大廳或餐廳的平頂作整片天窗或局部天窗，其構件圖案也成裝飾，陽光照射時，天窗光影徐徐移動，妙趣橫生，如北京崑崙酒店咖啡座（見圖9-24）。

圖9-22 香港香格里拉大酒店門廳

有的酒店平頂選用當地材料作傳統裝修，對形成濃郁的地方風格起重要作用。

二、酒店室內環境氣氛與意境

酒店的室內空間是各方來客的生活環境，為了更好地向客人提供各種活動場所，除滿足使用要求外，還需創造有吸引力的和令人賞心悅目、流連忘返的環境氣氛。

酒店室內氣氛按空間不同用途、業主的愛好、設計者的素養而有所區別。一般公共活動空間可熱烈、輕鬆、富麗堂皇，也可古樸典雅、親切近人。客房部分則需安謐寧靜，或有異國情調，或富家庭氣息。

設計中需有構思主題、有趣味，除了前述空間形態的塑造和界面處理外，還有賴於對外部景色的借景、創造有特色的室內景觀以及家具、燈具、陳設、綠化等的綜合效應。

（一）酒店室內環境氣氛

1.把握構思主題、強調整體氣氛

在當前室內空間形態日益自由多變、界面材料空前豐富以及其他各方設計日新月異的情況下，為了創造和諧優雅的氣氛，酒店室內空間越大越要注意內在的協調統一：把握構思主題、簡繁有致、貫徹始終並強調整體效果。

圖9-23 上海新錦江大酒店大廳

有的透過同一母題的重複出現，有的透過大面積相同材質施相同色彩形成基調，還有的從大面到細部均採自某一文化特色或思潮傾向。

東京大倉酒店大廳洋溢著暖色調。廳高二層，主牆下半段飾以特別的劈斧紅石，上方是整牆的浮士繪群鶴，精製的日本串燈籠自平頂垂下，輕巧的木樓梯伸在大廳一角，中間有一休息區地坪略低，人們在其間休息小坐或款款移步，無不感受到日本文化的魅力，如圖9-25。

圖9-24 北京崑崙酒店咖啡座

圖9-25 東京大倉酒店大廳

西太平洋島國斐濟的凱悅酒店（Hyatt Regency Fiji）位於珊瑚海岸，建築造型吸取當地土著民居特點，作成低層坡頂式建築，二層半敞開的大廳由石柱、木屋架構成，最醒目處一條斐濟獨木舟迎向人們，用亞麻色土布製作的三角帆由一直掛到木屋架頂的帆纜撐開著，上部的天窗使陽光直射室內熱帶作物和帆的頂部，沙發椅用當地柳條編織，這獨特的鄉土氣息很有吸引力，如圖9-26。

圖9-26 斐濟的凱悅酒店

泰國曼谷東方酒店的門廳作東方古典主義裝修，在二層高的大空間中，休息座緊靠玻璃窗，借來庭園中優美的綠化景色，寬大的樓梯將客人引至二樓休息廊，在井格式平頂下懸掛著巨大的鳥籠式花飾吊燈，鳥籠高低錯落、虛實有致，帶有一種神祕色彩，整個大廳氣氛猶如19世紀末英國小說家康拉德小說中描述的神奇的東方世界，具有很強的感染力，如圖9-27。

圖9-27 泰國曼谷東方酒店的門廳

在創造室內大空間的整體氣氛方面，1990年5月開業的東京灣東急酒店中廳設計是成功的。該酒店位於東京迪士尼樂園旁相繼建成的酒店群中，這座度假酒店的巨大中廳面積達4300平方公尺，被9層高的客房樓環繞。整個中廳表現南歐風格的郊外步行購物中心式氣氛。中廳內有門廳、休息廳、餐廳、咖啡店、酒吧、商店等，其中一部分布置在四角的內容覆以四坡瓦頂，短軸中間的門廳鋪著花瓶式圖案形狀的地毯，長軸兩邊分別是方格地坪廣場和斜格地坪的休息廳，正中央則是廣場的中心，圓形地坪做放射狀圖案，12根古典柱式環繞四周。中廳周邊幾塊通長鏡面牆使空間愈顯豐富活躍，天窗射下陽光及綠化、水地、清晨的鳥鳴、傍晚的豎琴演奏則使中廳優雅而富有生氣。當人們從迪士尼樂園來到這裡，不免驚嘆：又來到迪士尼，雖然這裡容納著如此豐富的形式與內容，多樣的色彩與圖案，別致的陳設，但仍統一在南歐風格中而令人興奮、著迷，如圖6-28。

2.不同的餐廳對環境氣氛要求各異

各式餐廳是酒店中重要的用餐、交際場所，室內設計需研究各餐廳特點，分別給予強調，以顯示各餐廳的區別，並以各自不同的風格、氣氛吸引客人。所謂不同，首先表現在餐廳的空間形態和對用餐空間的限定方式上，其次也表現在餐廳各界面裝修和家具、燈具設計方面，第三還表現在餐桌、餐具用品等方面。

現代酒店餐廳空間形態已突破單一廳堂、一覽無遺的模式，增加了內部空間的局部轉折；注重對用餐小空間作某種限定，限定的方式千變萬化，如隔斷、家具、綠化、傘、燈等；燈具與照明各不相同，從高平頂高照度到局部高照度再到燭光式低照度應有盡有。餐廳、咖啡廳常是酒店中最富情趣之處。

例如，南京金陵飯店中餐廳著意表現江南園林建築風格，古樸的木門別有新意，不規則空間中局部地面升起、平頂降低，所形成兩部分空間隔以象徵迴廊的矮木欄杆，增加了靠邊餐桌的數量，圓洞門、漏窗、木雕隔扇、仿明家具等如同江南園林新的一部分，如圖9-28。

酒店餐廳並非都要求高照度，有的風味餐廳、酒吧、屋頂餐廳或酒廊用點光源、低照度可創造親切、柔和如夢幻般的氣氛。特別是旋轉餐廳，常採用深色平頂、滿天星式深罩燈、深色家具，夜色中室內幽幽的燈光更襯托城市燈光夜景和夜空星光，人們邊進餐邊觀光，覺得特別燦爛，如天上的宮殿一般，見圖9-29、圖9-30、圖9-31、圖9-32、圖9-33、圖9-34。

3.客房的寧靜氣氛各有特點

對酒店客房而言，大量標準單位的空間感覺穩定、內向並具私密性特點。客房空間尺度親切，界面選材細膩，色彩豐富、柔和而多變，常以內裝修的材料、色彩、風格和窗口借景取得各自的特色，從而形成與眾不同的寧靜氣氛。

（二）酒店室內環境的意境

室內環境意境是指，不僅使人感受到美感、氣氛，而且還能作為某種文化載體，表現更深層次的文化內涵，引人聯想、深思，給人啟迪，這種深刻的主題有強烈的感染力。此時，室內環境常環繞著命名主題展開。

圖9-28 南京金陵飯店中餐廳

圖9-29 北京國際飯店中餐廳

圖9-30 圓形頂棚造型

酒店作為商業性居住建築，其室內設計並不要求都達到「意境」這樣的高度，但成功地表現意境的室內設計能使酒店的這一部分空間特別具有吸引力。

上海賓館室內設計頗重商周、戰國、漢代的特色，其中，二層的宴會廳「嘉會堂」面積720平方公尺、淨高6公尺，四周牆身作2.1公尺高的木牆裙，平頂為八角形藻井刻商周時期古青銅器紋樣圖案，木作皆著深色，正對入口整牆的仿漢畫像磚大型壁畫《華堂春暖》，以古樸凝重的筆觸和華貴的黑、金色相間表達迎候嘉賓的主題，形成隆重的氣氛，如圖9-35。

武漢晴川酒店「翠怡」小餐廳的室內設計則以發揮當地工藝特色見長。入口處理成農家庭院的竹籬柴門，透過落地竹編花罩可見幾盞精緻的竹絲燈籠輕盈地懸於半空，竹編桌椅有細巧圖案兼具現代與民間家具相結合的造型特點，舒適簡潔。四周粉牆上飾有竹節邊框的當地蠟染圖案以及藤蘿架、竹編園洞門，彷彿門外還別有洞天……猶如一股親切、淳樸的鄉土氣息撲面而來，如圖9-36。

同樣，福建武夷山莊也充分運用當地竹器、竹編，連客房內按國際流行方式布置的床架、床頭櫃、桌椅乃至小巧的檯燈都是竹鄉的產物，形成清新樸素的氣氛。

黃龍風景區地處四川省阿壩藏族自治州松潘縣境內，瑟爾嵯寨是黃龍旅遊村的主體，其室內設計刻意追求藏寨風情，除了藏族餐廳、清真餐廳、民族商店和經堂外。青稞酒吧別具一格地採取藏式圍火塘坐地端飲的低台服務方式，具有淳樸的高原藏寨鄉風民俗和現代旅館功能相結合的特點。

圖9-31 結合排煙功能而設計的二次吊頂圖

圖9-32 珠海拱北賓館小餐廳

圖9-33 擴大視覺空間設計

北京香山酒店自門廳、過廳至四季廳，一座照壁似傳統先抑後揚，又非傳統——在通常有磚雕裝飾的中央開了個圓洞，頓時變擋景為框景，幾片山石點綴、四季廳景色如畫，可謂畫龍點睛，如圖9-10。

西安唐華賓館的室內設計從空間序列到組景、借景，使旅客從寧靜休息到幽思遐想。酒店大廳是方形有跑馬廊的二層高空間，平頂為簡化方格，中央為方形大吊燈，二層欄板周圈為暖色調的仿唐裝飾畫，四組休息沙發、茶几的腳的形狀與製作皆有古風，透過落地窗可見大庭園的波光綠影，既繁華又豐富。而當客人進入私密性很強的客房時，又會驚喜於再次欣賞到古塔風采，遠借塔影在室內外的多次出現，體現了巧於因借、以景寓情的構思。

蘇州胥城大廈是有289間客房的高層旅館，位於蘇州胥門附近、新舊城區交界處，其外形取意於「城」，再現城堆圖形，其室內設計探索蘇州風味。門廳內一座「十」字形平橋飛越於方形水池之上，主要人流路線的鋪地採用江南村鎮的石板鋪地形式，平頂為木椽天窗；門廳側、總服務台上方的茶室入口是極簡潔的鬥拱柱和鄉間柴門，向大空間一側的抽象簡化的落地扇使人聯想起姑蘇茶館、民居中常見的扇門；而宴會前廳布置著花崗石板小路、一株古藤直攀天窗花架，呈一派江南庭園風光，小巧玲瓏、以少勝多。

圖9-34 弧形天花界面造型

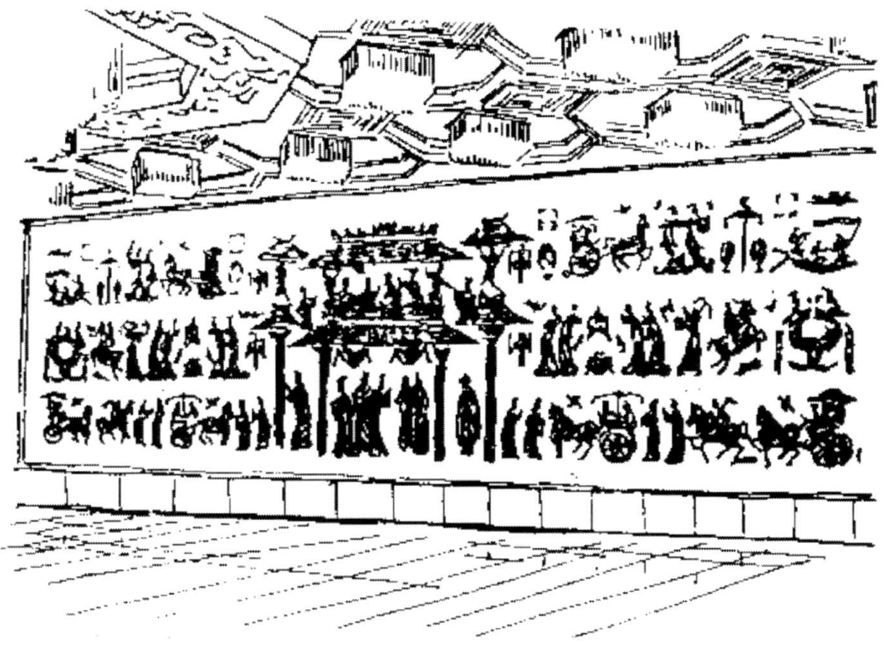

圖9-35 上海賓館嘉會堂壁畫《華堂春暖》

圖9-36 武漢晴川酒店「翠怡」小餐廳

三、室內綠化與小品

隨著城市和郊區建築的不斷發展，綠地相應減少。人們對於失去的綠地有著自然的懷戀，特別是生活、工作在多層或高層建築內的人，更渴望周圍有一綠色的環境。因此，將綠色植物引進室內已不單純是為了裝飾，而是作為提高環境質量、滿足人們心理需求所不可缺少的因素。植物在有光線的情況下可使空氣新鮮，植物還可以調節溼度，植物的綠色是一種柔和的色彩，能給人的大腦皮層以良好的刺激，可使疲勞的神經系統在緊張工作和思考之後得以放鬆和恢復；花卉植物更以其萬紫千紅、千姿百態的神韻而美化室內環境、增添意趣，給人以美的享受，因而近年來，綠化已廣泛應用於現代酒店建築中。

室內綠化是現代酒店室內設計的一部分，與現代酒店室內設計緊密相連。它主要是利用植物材料結合室內形狀、大小，運用園林藝術常用手法，組織、完善、美化、柔和它所占有的空間，協調人與環境的關係。使人置身於室內而無室內感覺，也使環境增加生氣、豐富色彩。綠化作為室內設計要素之一，主要是解決人一建築一環境之間的關係，與其他構件一樣在組織空間及美化環境方面起著重要的作用。

（一）綠化的作用

室內綠化之所以有如此迅速而全面的發展，在於它的實際作用：美化環境、組織空間、淨化環境。可以說，無論從物質機能還是精神方面，室內設計都是離不開綠化的。

1.美化環境

綠化對環境的美化作用可表現在：

（1）構圖作用

在室內環境中，由於建築技術和施工條件的限制，直線和幾何形要素較多，形態比較單調和乏味，我們稱之為人工形態；而以各種植物構成的室內綠化則剛好與此相反，它屬於非人工的自然形態，它的輪廓自然多變，高低參差，疏密相間，曲直有別，與室內的人工環境形成了鮮明對照，在室內空間構成中造成了對比的作用，使環境顯得生動、清新並充滿生機勃勃的景象。

室內環境中的各裝飾部分多數均為光而硬的質感效果，而綠化從整體上看，它是一種表面很粗的質感效果，兩者相互配合，使質感的對比效果倍增，這是室內構圖的又一對比方面。

（2）色彩

室內環境的色彩，無論怎樣豐富多變，也離不開勻質的平面效果，反映出很強的人工痕跡。而植物的色彩雖然以綠色為主調，但各種植物的綠色還是不盡相同的，這也反映出既統一又富有變化的自然色彩的風韻，是對室內色彩的補充。另外，各種植物盛開鮮花之時，又為室內增加了色彩的對比和感官上的情趣。

（3）豐富室內剩餘空間

用綠化裝飾剩餘空間，可使這些空間景象一新。通常在一組家具或沙發轉角的端頭，用植物陳設作為家具之間的聯繫和結束，創造了一種寧靜和諧的氣氛。在窗台或窗框周圍陳設小型盆景或懸吊綠化可開闊和美化窗景。在建築中，一些難以利用的空間死角（如樓梯上空或底下等）布置綠化，可使這些空間充滿生機、增添意趣，如圖9-37。

（4）植物以其豐富的形態和色彩作為良好的背景

在展廳中以盆栽作為展品的陪襯，在商店中以植物花卉作為陳列商品的背景，更能引人注目、突出主題，如圖9-38所示。

（5）植物與燈具、家具結合為一種綜合性的藝術陳設

植物與燈具、家具結合的形式是多種多樣的，如圖9-39所示。

a

b

c

圖9-37 豐富室內剩餘空間

a.在樓梯轉角處布置綠化；b.在窗台上布置綠化；c.在難以利用的死角處布置綠化

a

b

圖9-38 用綠化作為背景

a.服裝部的一角；b.休息處

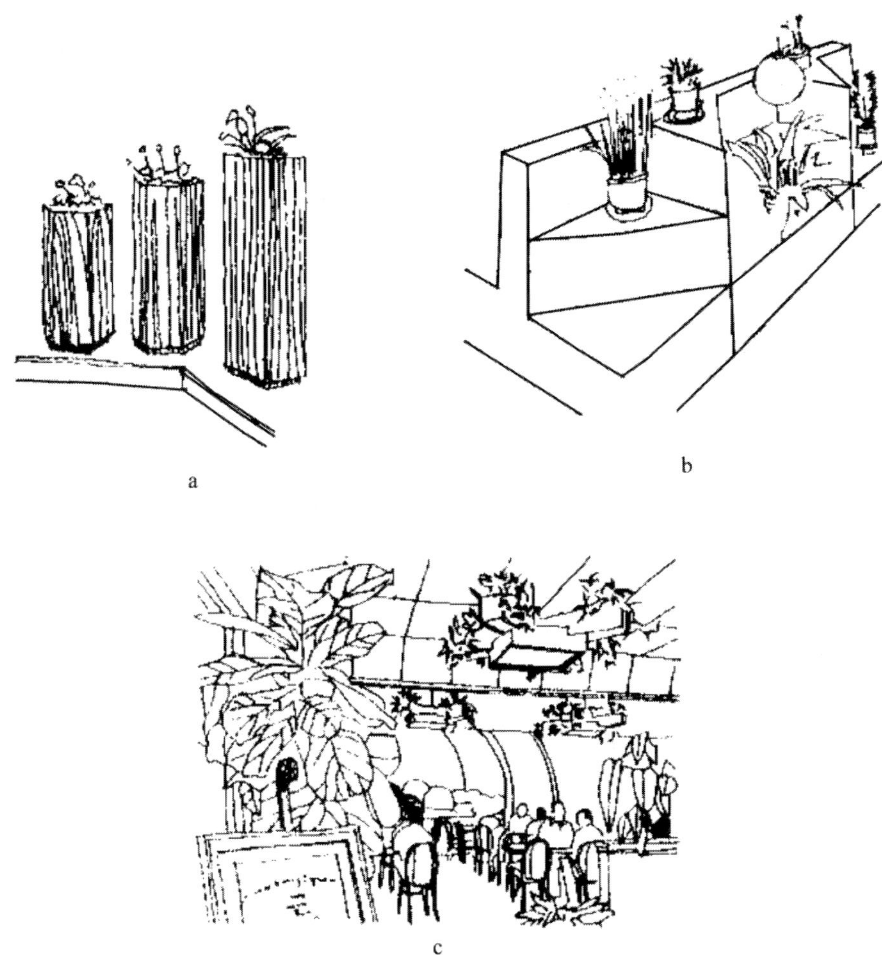

圖9-39 植物與家具結合的藝術陳設

a.鞋櫃作花台；b.儲藏櫃上作花台；c.方形日光燈上設綠化

（6）重點裝飾

組合盆栽或有特色的觀賞植物作為室內重點裝飾，可在室內造成畫龍點睛、吸引視線的良好效果，如圖9-40。

2.組織空間

室內綠化在組織空間、豐富空間層次方面也有不可忽視的作用。它可以創造空間中的空間，是室內空間設計中不可缺少的有機組成內容。

它組織空間主要表現在填充和限定空間兩個方面。所謂填充空間，就是將室內空間的死角區變成活角區。在室內空間中常常遇到由於建築構件原因造成的不規則空間，既不美觀又不好用，同時室內的角隅也有類似情況，對這種空間我們稱它為死角區，如果透過綠化手段改善它的環境條件，就會造成「起死回生」的作用。所謂限定空間，就是利用綠化群和綠化帶對室內空間進行組織而限定出各種不同機能的空間形態來。

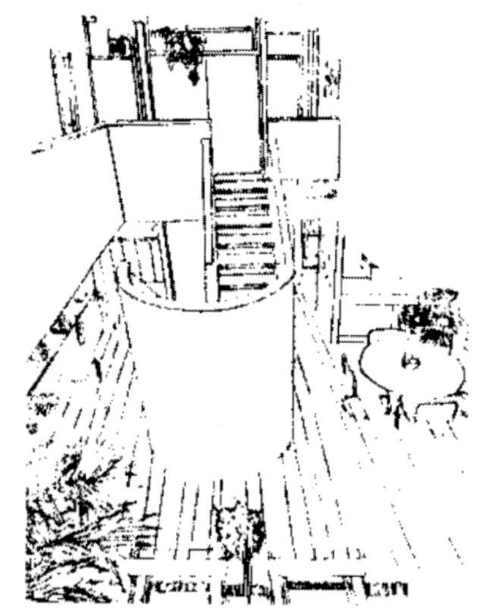

圖9-40 用綠化重點裝飾

（1）內外空間的過渡與延伸

將綠化引進室內，使室內空間兼有自然界外部空間的因素，有利於內外空間的過渡，同時還能借助綠化，使室內外景色互滲互借，從而擴大室內空間感。

（2）空間的限定與分隔

限定空間的表現形式，如圖9-41所示。限定空間的手法很多，如隔斷、家具、隔牆等，都可以限定一個空間，但利用綠化限定空間，具有更大的靈活性，可隨時根據使用功能的變化而變化，不受任何限制。例如，酒店中廳及綜合性的公共大廳，常具有等候、休息、觀賞等多種功能，利用綠化對各部分進行限定，使被限定的各部分之間既能保持各自的功能作用，又不失整體空間的開敞性和完整性。

用綠化分隔空間的表現形式，如圖9-43所示。

（3）空間的填充與利用

室內的牆角等難以利用的空間可以布置綠化，使這些空間富有生機，並成為室內空間的有機組成部分。用綠化裝飾剩餘空間，可使空間景象一新，如圖9-43所示。

（4）空間的提示與指向

室內空間的組合往往是比較複雜的，特別在人群密集的空間內提供明確的行動方嚮往往是很重要的，它有利於組織人流，導向主要活動空間及很快能找到出入口進行疏散。室內綠化與其他空間構圖一樣同樣能造成暗示與引導作用，由於它本身具有觀賞的特點，能強烈吸引人們的注意力，因而能巧妙而含蓄地造成提示與指向的作用：在空間的入口處、空間形象變換的過渡處、走廊的轉折處、台階坡道的起止點可運用花池、盆栽作為提示；在大廳中運用重點綠化處理來突出主樓梯的位置，或是利用空中吊盆綠化形成空間指導路線，如圖9-44所示。

a

b

c

圖9-41 限定空間

a.會議空間；b.大廳綠化休息座；c.門廳

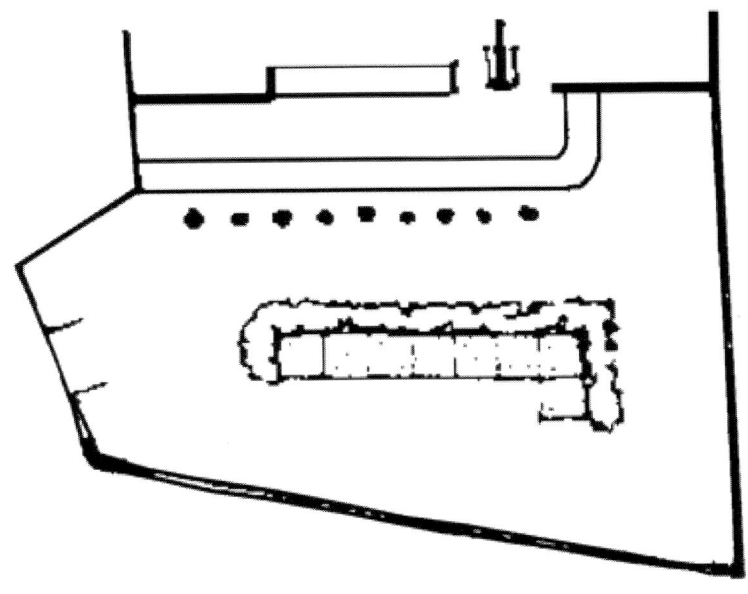

圖9-42 用綠化分隔空間

圖9-43 用綠化填補剩餘空間

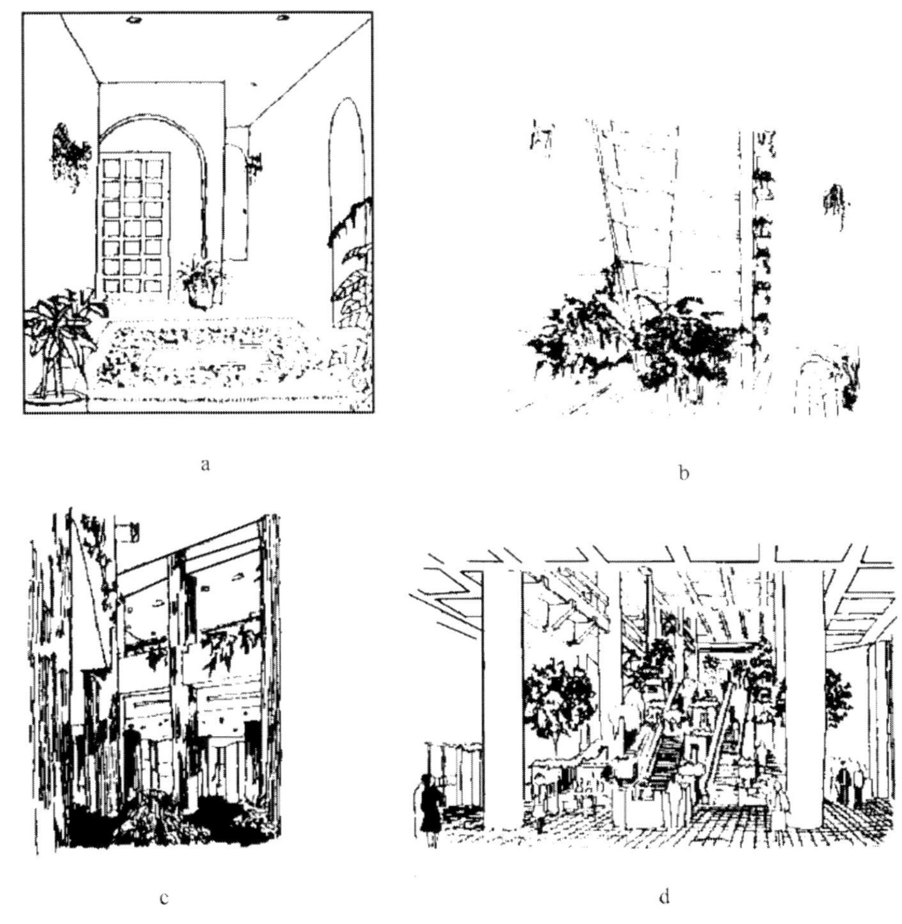

圖9-44 綠化的提示

a.走廊內的綠化；b.樓梯的踏步綠化；c.入口處綠化；d.樓梯的綠化引導

（5）柔化空間

現代建築空間大多數是由直線形構件形成的幾何體。而室內配置綠化，利用植物獨有的曲線、多姿的形態，柔軟的質感和悅目的色彩，可改變客人對空間的印象並產生柔和的情調：懸垂大片蔓性植物的挑廊，使生硬的鋼筋混凝土構件富於自然生機，讓人感到親切，在磚、石牆上布置攀緣植物或是懸挑花盆，會使室內增添自然的野趣。從梁上或天窗架上吊盆栽植物，光線透過枝葉照射下來投下奇異的花影，會使室內空間獲得意想不到的藝術效果，如圖9-45所示。

3.淨化環境

綠化能透過植物自身的生態特點，改善室內氣候條件，進而造成淨化環境的作用。

a

b

c

圖9-45 柔化空間

a.梁上懸掛盆景；b.中廳、樓層、走廊綠化；c.樹幹形柱子

（1）調節溼度

一般來說，在乾燥季節綠化可以使室內溼度調節20%左右。在雨季，由於植物具有吸溼性，也可以減少室內的溼度。因此，透過綠化調節溼度是個既經濟又

易於實現的辦法。

（2）減少噪音

植物本身具有較好的吸聲作用，可以使聲強減弱。如果我們靠門窗布置綠化帶，對於控制室外噪音會造成很好的作用。

（3）陶冶情操

室內綠化不僅具有美化室內的作用，而且它還能對人的精神和心理造成良好的作用。它可以陶冶人的性情、淨化人的心靈，使性情得到陶冶、心靈得到昇華。所以，它在這方面的作用也是不容忽視的。

（二）室內綠化的布局與配置

1.室內綠化的布局

室內綠化布局的形式是多種多樣的，但概括起來不外乎有點式、線式、面式和綜合式四種形式。

（1）點式布局

就是綠化相對集中的獨立構成元素，如喬木和灌木等。這種情形往往出現在室內空間的中心區域，既能增強空間的層次感，又能成為室內的中心。這種綠化布置形式，既可以是大型植物，也可以是小型花木，只是它們配置的空間環境不同而已，如圖9-46所示。

圖9-46 點式綠化布局

（2）線式布局

室內綠化布置呈線狀排列，可以是直線也可以是曲線形式，在室內的主要作用是劃分室內空間和具有導向功能。設計線形綠化要充分考慮空間組織和構圖的要求，如圖9-47所示。

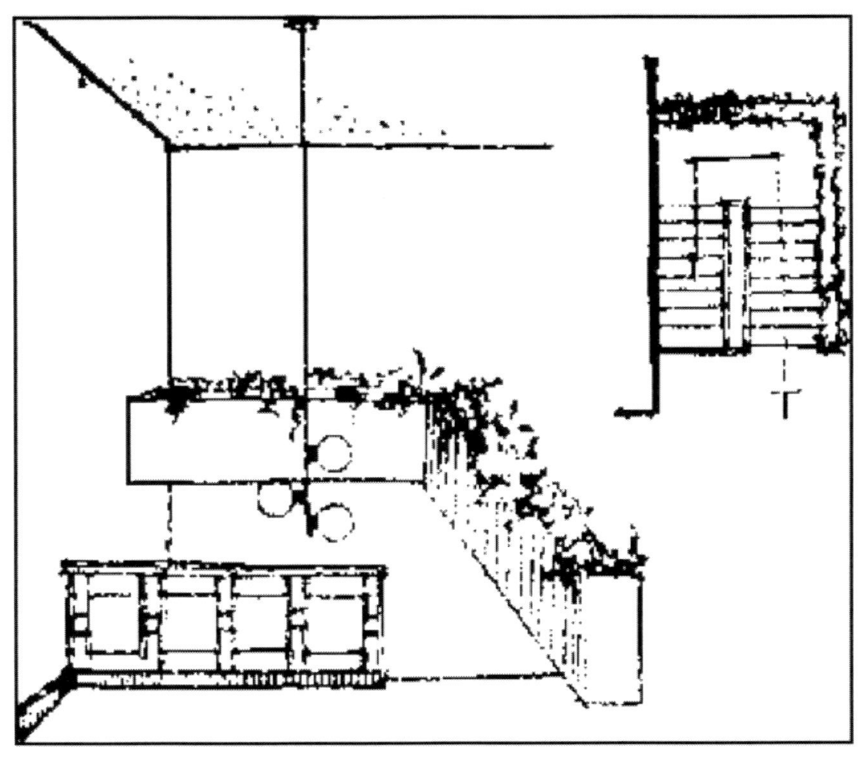

圖9-47 樓梯間線性綠化

（3）面式布局

就是用植物組織成各種不同面式形態的效果。這種面式布局又可分為幾何形和自由形兩類。前者秩序感強，具有邏輯美的力量；後者具有藝術美的力量並有抒情的意味，這種形式常用於內庭和較大的室內空間。

（4）綜合式布局

這是一種由點、線、面綜合構成的綠化形式，在室內空間中使用較多。綜合綠化組合時要注意高低錯落、形狀大小、聚散等關係，既要有統一又要有對比，使綜合布置形式更為豐富多彩並主題突出，如九龍帝苑酒店中廳（見圖9-48）和某酒店餐廳樓梯口（見圖9-49）。

2.室內綠化的選擇與配置

室內綠化的空間要有適宜的光照條件和恰當的溫度與溼度。光是植物生長和發育的主要因素，溫、溼度直接影響植物的生長。

首先，要選擇形態優美、裝飾性強、季節性不大明顯、在室內容易成活的植物。由於植物的種類不同，觀賞價值也有差別，如有供觀花的月季、海棠、一品紅和倒掛金鐘等；有供觀葉的文竹、萬年青、印度榕等；有供觀果的金桔、石榴、朝天椒等；有散香的珠蘭、米蘭、茉莉等。

其次，要考慮植物的形態、質感、色彩和品格與房間的性質、用途、空間量體相協調。例如，面積較大的門廳配置鐵樹、茶花之類的植物在量體和品格上較為妥帖；小型客廳配置文竹、小型松柏類，可使空間氣氛幽靜、典雅。

圖9-48 九龍帝苑酒店中廳

第三，要使植物大小與空間的量體相適應。小植物的高度應在30公分以下，中等植物的高度在30～100公分之間，大型植物的高度在100公分以上。尺度不同的植物應放在不同的空間位置，同時要考慮內部空間及周圍陳設的相對尺度關係。大型的盆栽擺在地上或擺在牆柱角落，既有利於觀賞盆栽的整體，又可美化角落空間；中等植物可置於桌、架上，以顯示它們的輪廓。

配置植物要與水體、山石、家具、設備相結合，並要符合空間構圖原則，要少而精，布置有序，層次分明，相互形成有機的整體。

（三）室內景園

在室內空間中，按自然景物和人工造景的方法進行組景，在室內形成了一定的景致，這種形式的園和景稱之為室內景園。

具有較大室內景園的建築，其上空或外牆具有通光的大面積玻璃，以滿足園中的綠化栽培需求。這樣的室內空間多見於賓館的大廳，稱之為共享空間。

圖9-49 某酒店餐廳樓梯口

室內景園的出現和迅速發展，是人們生活水平逐步提高和生活方式現代的體現，是室內裝飾工程的一個新課題。建築裝飾設計人員應該瞭解室內景園的基本功能、基本要求和構成方法等。

1.室內景園的基本功能

（1）改善室內氣氛、美化室內空間

在建築的大廳中設置景園，能使室內產生生機勃勃的氣氛，增加室內的自然氣息，將室外的景色與室內連接起來，使人置身此景中，似有回歸大自然的感覺，從而淡化了建築體的生硬僵化之感。

（2）為較大的廳堂創造層次感

在酒店建築內的共享空間大廳中，在功能上往往有接待、休息、飲食等多種要求，為了使各種使用空間既有聯繫又有一定的幽靜環境，常採用室內組景的方法來分割大廳的空間。例如，北京貴賓樓飯店花園大廳，布置岩石、瀑布，種植樹木花卉，周圍設有餐廳、酒座、商場等公共服務設施，如圖9-50所示。

圖9-50 北京貴賓樓飯店花園大廳

（3）靈活處理室內空間的連結

如在過廳與餐廳之間、過廳與大廳之間、走廊與過廳之間等，常常借助於室內景園，從一個空間引申到另一個空間，從而把室內空間安排得自然、貼切。

2.室內景園的構成方法

（1）以石為主的室內景園

室內景園常常將山石構成石景，通常有錦川石與棕竹相伴成景、黃蠟石組景、英石依壁砌築並配以小水池和植物組景等（如圖9-51）。

圖9-51 室內景園構成形式

（2）以水局為主題的組景

以水局為主的組景中，水池是主景，在水池邊配以景石和綠色植物。水池的形狀也多是流暢的自由迴環曲線形，如圖9-52　所示。為北京香山酒店四季廳中景園，此景園以水局為主，旁邊配以翠竹一叢、色香花樹、山石清泉，景點布置得頗像一幅寫意小品。

圖9-52 北京香山酒店四季廳

（3）盆栽組景

通常是用盆栽的植物，根據具體場合、使用要求來擺設組合成景。

3.室內景園的位置安排

（1）入口門廳

酒店建築入口處設置室內景園，可以打破一般入口的常規感，在占地很少的條件下，能收到良好的空間效果。在塑造入口景物空間時，必須明確三個基本要點：一是抓住反映裝飾風格的基本特徵，來烘托室內氣氛；二是恰如其分地掌握入口空間的比例尺度，認真處理好門口交通功能和立面造型；三是結合室內環境條件，靈活地確定組景的方式。

（2）廳堂處共享空間

這是客人公共活動的中心，其空間設計與組景設計應十分講究。透過使用峭石、壁泉、塑石柱、水池、蕨草苔蔓的組合布景，可形成一幅巧致的室內景園，並創造一個鬧中有靜的幽雅氣氛。同時，運用室內景園的組合，在建築室內組成近賞景、俯視景和眺望景，可使廳的空間層次更豐富、景觀更自然。

（3）過廳與走廊

對於過廳這個過渡空間，常用一些石景或盆栽組合的小景點來點綴和補白。在走廊的轉角處、交匯處和走廊的盡頭，採用盆栽組景方式可創造一些幽靜的氣氛，從而減少嘈雜感。

（4）塑造梯景

在梯級下的地面上，用小池處置，因池造景，使梯面的裝飾與梯底的水景融成一個完整的景物造型，為梯級下的水景園（如圖9-53）。也可用塑石疊砌，或借意山石為壁，配以壁泉和植物來塑造梯下空間，以形成石景園。最簡單的辦法是用一種或幾種不同的盆栽植物來組成樓梯底的點綴，既創造了氣氛又方便更換。

圖9-53 塑造梯景

a.水景園；b.石景園組景方法

4.室內山石景

在園林中，特別是庭園中，石是一種重要的造景素材。古有「園可無山，不可無石」、「石配樹而華，樹與石而堅」之說，可見園林對石的運用是很講究的。

（1）常見的組景用石

組景中常見的天然素石通稱為品石，目前多採用的有太湖石、錦川石、黃石、蠟石、英石、花崗石等。

太湖石在園景中引用較早，應用較廣。它質堅表潤、嵌空穿眼，紋理縱橫、若隱若現，外形多峰岩壑，如圖9-54a所示。

錦川石外表似松皮狀，其形如筍，又稱石筍或鬆皮石。它有純綠色，也有五色兼備者。錦川石一般只有1公尺左右的長度，如果長大於2公尺者則算得上名貴了。現在錦川石不易求得，近年常以人工水泥砂漿來精心仿作，如圖9-54b所示。

黃石質堅色黃，石紋古拙，中國很多地區均有出產，其中以常州黃山、蘇州堯峰山、鎮江圖山所產品質較佳。用黃石疊山粗獷而富有野趣。

蠟石色黃而表面油潤如蠟，又稱黃蠟石，其外形渾圓可愛，別有趣味。此石常以兩三個大小形狀不同的石頭組成小景，或散置於草坪、池邊或樹叢中，既可供坐歇，又能觀賞，如圖9-54c所示。

英石質堅而潤，色澤微呈灰黑，節理天然，面有大皺小皺、多稜角、稍瑩徹，峭峰如劍戟，如圖9-54d所示。

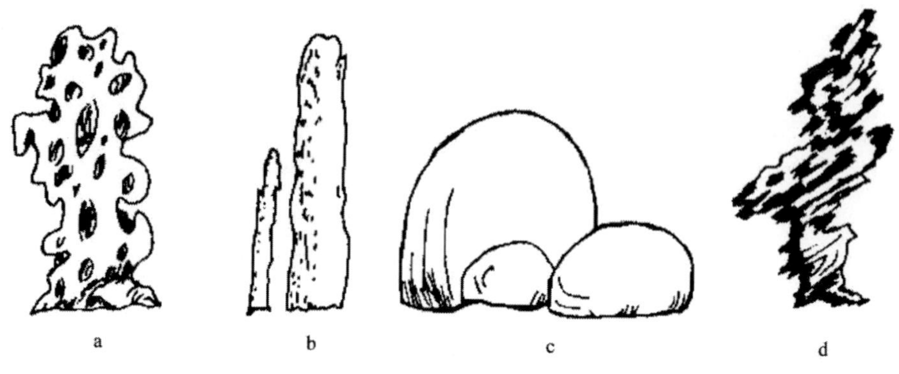

圖9-54 組景用石示意

a.太湖石；b.錦川石；c.蠟石；d.英石

花崗石是園林用石的普通品種，常用作石橋、石桌凳和石雕及其他構件和小品。

（2）室內山石堆疊類型

一般有假山、石壁、壁洞、峰石、散石等。

假山：酒店建築的中廳，空間高大，假山要和中廳的尺度相匹配，忌形體過於高大，頂天立地，使假山完全失去自然感。

石壁：室內布置石壁，應使壁勢剛挺、峭拔，起伏有變，要有懸崖峭壁之勢，要使石壁的重心回到山岩腳下。

石洞：石洞的大小根據功能需要確定，不僅要滿足與空間連接的功能需要，而且要使功能與觀賞相結合，從而構成渾然為一的有機體。

峰石：單獨設置的峰石，要注意峰石的美感，要有動感，同時要考慮重心和平衡，不露人工痕跡。湖石空透，線條柔和，形態多姿，但要注意整體造型效果，不宜瑣碎。黃石渾厚、剛挺，要力求適當變化、美觀耐看。

散石：散石在室內設計中用得較多，量體可根據空間需要設置，配置方式多樣。散石組成大小不等、零散布置的石景，經過精心設計、巧妙布置，能使室內環境富有生機，自然情趣濃郁。

（3）築山型石景的要點

室內景園中的築山型以小巧為多見。其要點有：山型與室內的比例尺寸要適應，山型與水景的配合要自然，山型的砌築位置要得當，以造成視覺中心的作用。

5.室內水局組景

水在庭園中用作組景較為普遍，用於室內組景卻正在開始發展。室內組景中的水局，是由一定的水型和岸型所構成的景域。不同的水型和岸型，可以構造出各種各樣的水局景，不同的水型和岸型，其用材也有所區別。

（1）水型的種類

一般可分為水池、瀑布、溪澗、泉、潭、灘等類型。

水池型：室內景園中的水池有方池、圓池、不規則池、噴水池等。噴水池有平面型、立體型、噴水瀑布型等。這些小池造型精巧，池邊常配以棕竹、龜背竹等植物以及石景等。

瀑布型：通常的做法是將石山疊高，山下挖池作潭，水自高處瀉下。假山上的水源通常是將自來水管裝於其中，需要較大的水量時，可用蓄水箱作水源，然後在瀑布上下配以適當植物。

溪澗型：屬線型水型，水面狹而曲長，水流因勢迴繞。室內溪澗常利用大小水池之間的高低錯落而成。

（2）岸的形式

在水局中水為面、岸為域。室內景園的水局，離不開相應的規劃和塑造。協調的岸型可使水局景更好地呈現水在景園中的特色。岸型包括洲、島、堤、磯、岸各類形式。不同的水型，相應採取不同的岸型；不同的岸型，又可以組成多種變化的水局景。在室內庭園中使用池岸較多，而洲、島、堤則較少採用。

（四）室內小品

室內小品種類很多，如標牌（日曆牌、留言牌、公告牌）、煙灰缸、痰盂、欄杆、架、裝飾燈等。量體雖然不大，作用卻很重要。室內小品和人接觸較多，處在人們的視野之中，它們的造型、量體、質地、色彩與格調必然影響整個室內環境效果，千萬不可因其小而予以忽視。

室內小品的特點是精美、靈巧、布置靈活、不拘一格。每個小品一般有一定功能要求，設計時應巧妙地將其本質結合在造型之中，從而真正造成點綴作用。

四、酒店室內光環境

光是體現室內一切的必備條件，只有透過光才有視覺效果。光所形成的光環境有科學的標準，並有動人的造型效果，正備受酒店設計的重視。

現代酒店室內光環境設計是建築裝飾設計中的重要環節。

（一）室內照明的作用

1.保證室內活動的正常進行

照明最基本的功能是給各種活動場所提供需要的亮度，人們需要在適當的亮度下進行多種室內活動，以發揮最高的效率。客人活動時間越長、工作要求越精細，所需照明的質量就越高。設計者要科學地計算照度，正確地選擇光源和投射方式。

2.改善空間關係，增強空間感染力

照明和燈具布置對創造空間藝術效果有密切的關係。光線的強弱、光的顏色以及光的投射方式可明顯地影響空間感染力。明亮的空間感覺會大些，暗淡的空間會感到小一些。室內照明可以使室內變得有虛有實，並能增強空間的感染力。例如，在一個大的空間裡利用照明方式和燈具形式的不同可以把空間分成幾個虛實不同的區域，使空間具有一定的層次變化。冷暖光的配置對空間也有一定的影響，暖色燈光照明使空間感到溫暖，冷色燈光照明使空間感到涼爽。燈具形式的不同也會影響空間效果，吸頂燈使空間顯得高聳，而吊燈使空間感到低矮。

3.渲染空間氣氛

燈具的形式、亮度和彩度是決定空間氣氛的主要因素。適度愉悅的光線使空間柔和、安靜。私密性較強的空間可以減弱室內的亮度。一盞水晶吊燈可使門廳、客廳等顯得富麗堂皇；旋轉變化的彩色燈光可使空間撲朔迷離，令人難以捉摸。多彩的照明（彩色燈光、霓虹燈）可使室內氣氛更活躍、更生動、更有節日歡樂氣氛。利用變化的燈光投射方向，可使其在牆面或頂面上產生特殊的陰影，利用燈罩的透光部分可以在牆面上產生一定的光影效果，從而增強空間的裝飾氣氛。

4.體現風格與地方特點

中國的宮燈把燈具的實用性和裝飾性很好地統一在一起，充分體現了中國古建築裝飾照明的風格。例如，景德鎮的白瓷薄坯燈罩，具有獨特的瓷都風格。

5.促進身心健康

光線質量對促進人的身心健康有直接的影響。如果一個人長期生活在光線暗淡的空間環境裡，就容易使自己精神疲勞、無力，情緒緊張、驚恐，甚至導致視力減退。如果採光方式和受光材料使用不當，也會對人產生相應的影響。近年來的研究證明，光還影響細胞的再生、激素的分泌以及體溫的波動等。

（二）照明方式和照明種類

燈具均勻布置在頂棚上，在各工作面上的照度均勻，空間任何地方的光線都處在充分明亮的狀態，可使整體空間寬敞、明亮。

為了合理使用能源，可僅在工作需要照明的地方布置光源，或在特殊的工作面上提供集中的光源，如客房裡設置檯燈、床頭燈、落地燈並配有調光裝置以適應工作、休息的需要。根據不同照明需要採用不同的局部照明，能更好地體現室內氣氛和意境。

混合照明是整體照明和局部照明相結合的照明形式，是在整體照明的基礎上，加強了局部照明。混合照明在現代室內設計中應用最為普遍。

按照燈具的散光方式，照明大體可以分為以下五個大類：

1.直接照明

所謂直接照明，就是指光源有90%～100%的光量直接投射到被照物上而只有0～10%的光量是經過光源投射到天花板或其他反射體上後再反射到被照物上的照明方式。一般露明裝設的日光燈和白熾燈都屬這類照明。這種照明的特點是光量大，經常被用於公共性的大空間中使用。另一方面，由於直接外露，它也易產生眩光和陰影，不適於視線直接接觸，所以這種燈的玻璃罩採用半透明的乳白色，以避免光的強射，如圖9-55a所示。

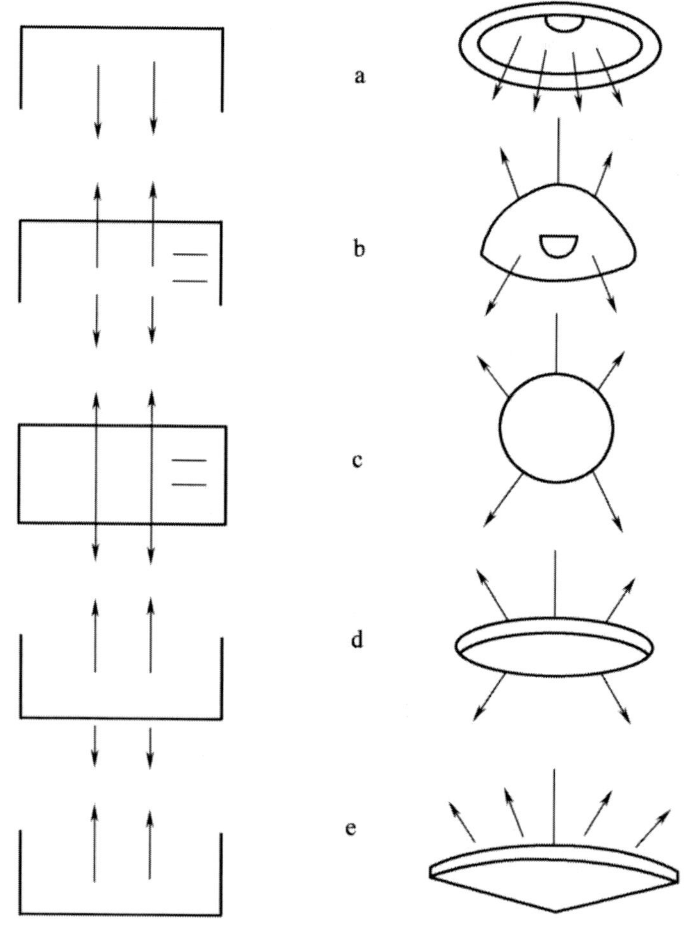

圖9-55 照明的種類

a.直接照明；b.半直接照明；c.普通散光照明；d.半間接照明；e.間接照明

2.半直接照明

所謂半直接照明，是指有60%～90%的光量直接投射在被照物上，而有10%～40%的光量是經過反射後再射到被照物上的照明方式。這種照明的方式與直接照明大體相同。燈具通常上端開口較小，下端開口較大，一般吊燈、檯燈、壁燈等均是這種照明方式，它的光線不刺眼，在辦公室、商場和居室中常用這種照明方式，如圖9-55b所示。

3.普通散光照明

所謂普通散光照明，也叫漫射照明，是指光源40%～60%的光量直接投射在被照物上的照明方式，這種照明光色較差，但光質柔和。普通散光照明燈具，常採用半透明乳白塑膠和毛玻璃外罩。室內的一般吊燈、壁燈和吸頂燈多數屬於這類照明，如圖9-55c所示。

4.半間接照明

所謂半間接照明，是指大約60%以上的直接光線首先照射在牆和頂棚上，只有10%～40%的光波被反射到被照物上的照明方式。各式的反光燈就屬此類照明，如圖9-55d所示。

5.間接照明

所謂間接照明，是指90%～100%的直接光線照到頂棚上後再投射到被照物體上的照明方式。這種光線不刺眼，沒有強烈的陰影，光質柔和而均勻。一般的槽燈和暗設的檐板燈都屬間接照明，如圖9-55e所示。

（三）照明設計的基本原則

室內照明設計在室內的整體設計中占有很大的比重，而且在設計中具有相對的獨立意義並具有自己的特點和要求，因而也就有自己相應的原則。

1.實用性

所謂實用性，就是指無論任何照明都要配合活動性質，使用機能，照明的光源、光質，採光角度，採光距離，採光方向以及家具等整體環境考慮，也就是說，首先應考慮到如何使照明條件有利於人們的生產、活動、學習、休息等各項活動的正常進行。室內照明要有適合的照度，不宜過低或過高，以免由於過高而造成浪費能源和損害人視力的結果，或因照度過低而影響人正常的活動和身體健康。其實，實用性還包含著舒適要求，即滿足人們生理方面對照明條件的要求。

2.藝術性

所謂藝術性，就是有助於室內空間氣氛的表現，使之與環境造型要求和風格相一致。因此，室內照明要能夠豐富空間的層次，顯示設備和陳設的輪廓和造型，設計者對燈光的照度、光質和角度都要精心加以推敲，力求創造出生動感人的室內空間情調和氣氛，從而增強環境藝術的感染力，使人在心理上感到愉悅。

3.安全性

所謂安全性，主要是出於對用電安全的考慮。一般情況下，線路、開關、燈具的設置都需要有可靠的安全措施。諸如：分電盤和分線路一定要有專人管理；電路和配電式要符合安全標準，不允許超載；在危險地方要設置明顯的標誌，以防止漏電、短路等火災和傷亡事故的發生。

（四）室內照明設計的要求

完美的室內設計，應當充分地滿足實用和審美兩方面的要求。在實際工作中，我們把這兩方面的要求具體歸納為：足夠的照度、適當的色溫、合理的燈具選擇、正確的布置方式以及消除可能的光學缺陷。

1.足夠的照度

為保持室內環境具有足夠的亮度水準，使人的眼睛能夠舒適清晰地看清室內的東西，就必須保持有足夠的照度水準。具體的燈具設計問題：燈具的功率及數量的選擇。

2.適當的色溫

良好的室內照明設計，不僅要保證有充分的照度水準，還需要保證有良好的顯色特性。因為自然光與各種人工光源的色溫不同，那麼在日光和燈光或在不同的燈光下，同一物體會顯示出不同的顏色。一般白熾燈的色溫比日光的色溫低，在白熾燈下物體的顏色偏向紅色；而在高壓汞燈下，物體的顏色偏向紫色，說明高壓汞燈的色溫比日光要高。

在大多數室內環境中，要求人工照明燈具的色溫與自然光線的色溫相同或相近，只有這樣才能將物體在自然條件中的顏色正確地複現在室內環境中，這一點在展覽館、博物館建築中尤為重要，否則在其他方面的種種努力都可能因此而付之東流。

人工製造的光源，其光線的光譜與自然光的光譜不可能完全相同，我們透過組合各種不同性質的燈具，使綜合的照明光線的光譜特性在最大限度上接近於自然光線或我們所設想的特殊效果，這種方法稱之為混光照明。

在某些特定的場合，常常要求特殊的色溫，以達到渲染的目的。在公共性的廳堂，就應當使色溫接近或略高於自然光，以保證人們在其中以較高的效率和興致進行各項活動。而在酒吧、夜總會等場所，常選擇極端高或極端低的色溫，以期獲得各種獨特的氣氛。

3.合理的燈具選擇

選擇燈具除注意燈具的形式、構造外，還要合理選擇燈具的發光方式。在現代社會中，照明用電多為交流電，透過燈具的電流方向和強度均在不停地變化，因此，某些燈具所發出的光線是在不停地閃爍著，只是由於這種閃爍的速度極快，使肉眼無法覺察。但若遇到有高速運動的物體存在的場所，這種閃爍的光線會使物體運動的軌跡中斷，物體看起來不是均勻運動，而是在一個點和另一個點之間突然地跳動。因此，這是必須予以注意的問題，在理論上此種情況稱頻閃效應。常用的照明燈具中，以日光燈的頻閃效應較為嚴重。在要求光線穩定的場所，建議選用白熾燈、鹵素燈、氙燈、氬燈等燈具品種為好。

4.正確的布置方式

室內空間中的照明燈具的布置應當均勻合理，習慣上總是把燈安放在房間的中心，但這種布置不能解決實際問題。正確的燈光布置應由室內人們的活動範圍和家具陳設的布置範圍來決定。例如，供人們看書寫字用的燈具應布置在與桌面或與座位有恰當距離的位置（如圖9-56），這樣不僅照明設計能滿足功能要求，而且能加強整體空間的意境和空間層次。

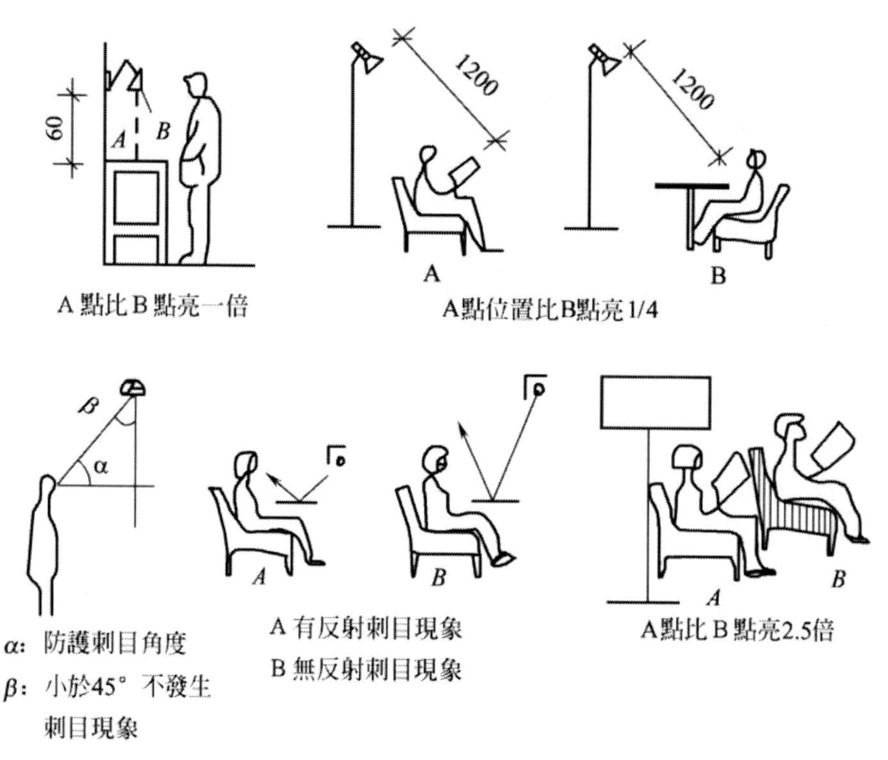

圖9-56 燈具與人體的位置

照明的位置與人的視線和距離有著密切的關係，在此主要是要解決耀眼現象——眩光。眩光的程度與發光體（燈具）相對眼睛的角度有關，角度越小，眩光現象越強，照度損失也越大，如圖9-57所示。

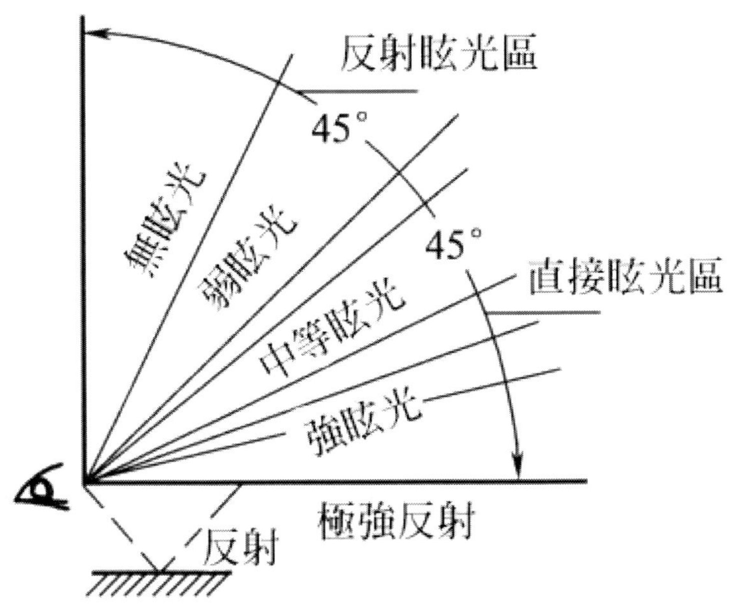

圖9-57 眩光角度

5.消除可能的光學缺陷

在人工照明條件下，要盡量避免眩光，做到這一點是至關重要的。此外，還要注意燈光照明的投射範圍。所謂燈光的投射範圍，就是達到照度標準的範圍有多大，這取決於人們在室內活動的範圍和被照物體的體積與面積。即使是裝飾性照明，也要根據裝飾面積的大小進行設計。投光面積的大小與發光體的強弱、燈具外罩的形式和大小有直接的關係，同時與燈具的高低及投光角度有關，如圖9-58所示。照明的投射範圍可使空間內部形成一定的明、暗區，因而產生一種特定的氣氛。例如，會議室、宴會廳、教室需要均勻的照度；而劇場演出時燈光集中在舞台上，觀眾廳部分或全部成了暗區，把觀眾的注意力全都集中到了舞台，從而烘托了整個劇場的演出氣氛。

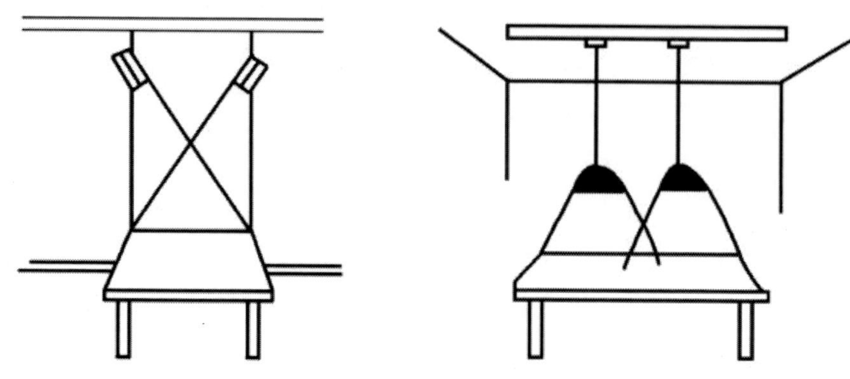

圖9-58 燈具高低與投射角度的關係

五、室內色彩的設計

色彩的世界是豐富多彩的，只要我們有視覺，就總會感到自身處在色彩世界之中。我們有可能在沒有色彩的世界裡，那麼只要停留一分鐘，你便會感到煩躁不堪，那些去過極地（南、北極）的考察隊員在談起無限廣闊而荒涼的北極時說：沒有色彩的世界是多麼令人厭倦啊！在那裡除了白色和陰影外，到處千篇一律。可見，色彩對人們的生存和生活具有重大的意義，色彩不知不覺地改變著人們的心情——引起振奮和歡樂或使人感到苦惱和悲傷。

中國的古建築對色彩的運用非常重視，黃色屋頂、藍綠色的檐口、朱紅色的柱子、白色的基座，在藍天的映襯下美麗動人。中國民間藝術中有著「三分做，七分畫」的口訣，足以說明色彩與造型的關係。現代許多建築裝飾設計師把色彩稱為「最經濟的奢侈品」，其中的內涵也十分深刻。

總之，色彩在我們日常生產中（特別是建築裝飾中）占有特殊的地位。

室內空間的構成元素，同時也就是室內色彩設計的對象。陳放在室內空間中的家具、飾物、織品以及房間各界面的色彩選擇，都是室內色彩設計的內容。

（一）家具色彩

在室內環境中，家具兼有實用和裝飾雙重功能。在中古時代的室內設計中，由於房間的尺度較大，所以家具更多地被看做是「空間」中的陳設品，在造型上將其作為要素來處理，並具有較大的獨立性。因此，舊式家具多半採用濃重的色調，且施以雕刻和彩繪。

人類社會經過了「革命」的洗禮之後，悠閒的中古風度讓位於近、現代生產的快節奏和高效率，室內設計演變也充分表現了這種時代風尚的變遷。由於講究空間在實用中的效率，房間的尺度做得比以前更小，這樣一來，室內陳設的家具占據了室內的大部分空間和牆面，家具在室內設計中所占據的地位也因此而有了變化。在現代的室內設計中，家具常常被處理為室內空間中的界面，在其造型上更多地作為二維的要素處理。從家具與室內其他物品的關係上來看，它更多的是作為室內空間環境的背景，用以襯托其他尺度更小的陳設。因此，現代室內家具的色彩選擇多傾向於淺色或者灰色，在整體上色彩的品種和變化不多，以求統一。

在現代的室內空間中，家具是陳設中的大物件，其色彩往往成為整體室內環境中的色彩基調，所以，室內家具的色調選擇，要以我們對於室內總的色彩格調的考慮為依據。

一定的室內色調對應一定的環境氣氛。我們應依據所設計室內空間的性質來決定其特有的格調，再根據這種格調來選擇家具的色彩。一般來說，淺色格調的家具富有朝氣，深色調的莊重，灰色調的典雅，多種顏色恰當組合則生動活潑。而在實際運用中，淺的灰色調最為常見。

（二）牆面色彩

牆面在室內環境中起著襯托的功能，宜用淡而雅的色調，而且四壁最好是用相同的顏色。牆面在配色上，應著重考慮與家具色彩的協調及反襯。對於淺色的家具，牆面宜採用與家具相近似的色調或顏色；對於深色的家具，牆面宜用淺的灰性色調。在大空間中，也可將一個牆面處理為深色或彩色的牆面，但要力求保證該牆面的完整，此時，該壁面在性質上更接近於一幅壁畫。

另外，牆面顏色的選定還要考慮到環境色調的影響。例如，朝南面的房間由於陽光的作用，宜用中性偏冷的顏色才會使人感到「冷」，這類顏色有綠灰、淺黃綠、淺藍灰等；朝北面的房間則應選用偏暖的顏色，如米黃、奶黃等。

中性色是最常見的壁面顏色，如米白、奶白等。

牆面顏色還忌用環境色調的對比色。若室外有大片的紅牆，室內牆面不宜用綠色和藍色；若室外為大片綠色植物，室內要避免用紅色或橙色。

（三）天棚色彩

天棚的色彩宜用高明度的顏色處理，以顯示上部空間的輕快和高聳感，使人在空間裡有開敞的感覺。一般情況下，出於安定的心理要求，人們往往習慣於上輕下重。如果把兩者的關係倒過來，就會在心理上產生壓抑感。當然，特殊機能和氣氛要求的情形又另當別論了。

（四）地面色彩

地面通常採用與家具牆顏色相近而明度較低的顏色，以期獲得一種穩定感。但在面積狹小的室內，深色的地面反而會使房間顯得更狹小。在這種情況下，要注意使整個室內的色彩具有較高的明度。

室內地面的色彩應與室內空間的大小、地面材料的質感結合起來考慮。大尺度的室內空間可用較深的硬質磨光地面，如深色的花崗石或美術水磨石，大型酒店或演出類公共建築的門廳，常採用這樣的地面處理手法；而在較小的室內空間中，宜用淺色而柔軟的地面材料，如木板、地毯等。

（五）門的色彩

門的顏色有對比色和同一色兩種處理辦法。在正常情況下，門的色彩與牆面應呈對比關係，因為門是人們出入的必經之地，是視覺的重點對象，從機能上說也應當強調它，這是毫無疑問的。但是對於具有臨時需要分隔空間的折疊門或推拉門，則不一定要強調它的對比性，完全可以與牆面採用同一的或近似的顏色處理。如果在空間裡必須設門，而這個門又不適於構圖要求時，則應選擇與牆面相同的顏色，以減弱它的存在意義。

（六）窗的色彩

窗在室內的主要機能首先是為了採光和通風，其次它還具有裝飾空間的意義，所以無論從造型和色彩上都可與牆面做不同的處理，不過在明度上要盡量提高，以利於減弱因逆光而造成的窗櫺和窗框的過暗效果。

（七）其他物品的色彩

窗簾、門簾、床單（罩）、沙發、桌布、掛鏡線等物品的顏色也是室內整體色調的組成部分，應與室內的整體色調相一致，大面積使用的材料更應如此。

在室內設計中遇到的小物體大部分是紡織品，通常建議選擇相同的顏色和質地，並以淡雅的中性色為上選。輕薄平整的面料，其顏色可以鮮豔些，用料小些也無妨；但厚實的面料宜為中性的灰色調，而且尺寸應做得大一些，這樣自然下垂而形成的皺褶會產生一種華貴的效果。玩具、酒具及其他更小的陳設件，其色彩的選擇可以多樣化，但也要注意與整體氣氛的協調問題。不過，更多的時候是利用色彩鮮豔的小物體來打破整體的單調沉悶感，以造成畫龍點睛的效果。

室內的各種陳設物面廣量大，在很大程度上可以造成調節室內色彩環境的作用。根據這些陳設物易換的特點，可以備上幾組相配的物品，根據不同的季節作不同的布置，使室內環境總是充滿著生機。

（八）室內界面的色彩關係

要使室內空間的幾個界面充分發揮作用，界面的色彩設計是十分重要的，它直接影響室內空間的氣氛。如何使不同的色彩部分交接得自然、明確、合理，就要處理好以下幾個界面的關係問題：

1.地面和牆面的關係

踢腳板和牆面處於同一平面時，可以把踢腳板作為地面的一部分延伸上來。一般情況下，踢腳板較牆面凸出。牆面色彩明度較高，而踢腳板作為地面和牆的交接和劃分，其色彩較深，明度也較低，但要用和牆面、地面相協調的色彩。地面的明度較低，一是有穩定感，二是為保持地面的清潔，三是為能更好地突出家具陳設的色彩。

2.頂棚和牆面的關係

牆面是室內空間面積最大的部分，牆面色彩要明快、淡雅，頂棚可用明度稍高的色彩。當頂棚和牆的材料、色彩不一致時，要處理好交接部分的材料和色彩，即線腳的處理，可在兩個界面處設置蓋縫條，也可用掛鏡線或者用凹凸的線腳。

3.同一牆面上不同部分的關係

同一牆面如果採用不同的材料和色彩，其交接處可用形狀不一的蓋縫條。而蓋縫條的寬度不宜太深，其色彩也不能太鮮豔，使蓋縫條既有較強的裝飾性，同時又要與牆面協調。

創造有個性的室內空間環境，是室內色彩的最終目標。仔細分析古往今來的優秀作品，不難發現這樣一個規律，即個性來自於整體中的變化。也就是說，整體性是一切個性的基礎，所以，色彩設計的根本點還是如何獲得室內色彩的整體性，亦即室內色彩環境的均衡與統一，從設計的程序上看，則是從整體色調著手，由大到小，由統一求變化，從而最終達到滿意的效果。

思考題

1.酒店建築規劃設計中為什麼要重視裝飾設計？其含義是什麼？

2.現代酒店建築環境的設計要點是什麼？它的設計要求包括哪些方面？

3.建築裝飾諸元素之間有怎樣的關係？

4.具體闡述建築裝飾設計所涉及的內容。

5.建築裝飾的設計原則是什麼？

6.酒店空間環境設計及環境特徵是什麼？

7.闡述酒店空間環境設計的發展趨勢。

8.舉例說明如何構思酒店室內環境的氛圍和意境。

9.如何構思酒店室內的色彩設計？

第十章 酒店建築造型設計

建築造型是對構成空間實體的塑造。人們對各類建築的內部空間往往有較明確的物質功能、精神功能的追求，對形體的塑造則應用當地的、傳統的建築材料乃至現代先進的各類建築材料進行藝術創作，表現建築的內容與風格以及不同時代、不同地區的人們的某種精神追求。

建築的空間與形體、內容存在不可分割的相互依存的辯證關係，它們的發展亦緊密同步，取決於當時的社會生產力與生活水平、生活方式、人們對建築的功能要求、結構與設備及施工的科學技術程度、社會審美意識、建築思潮等。

建築立於自然和人工環境之中，建築與環境的相互作用使建築設計有從「內」到「外」、再從「外」到「內」的反覆過程，「內與外」的矛盾統一、科學與藝術的高度綜合，賦予建築以生命。

第一節 概述

一、建築造型的藝術處理

建築在滿足人們使用要求的同時，還必須滿足人們的精神要求。物質與精神上的雙重要求，都是創造建築形式的內容依據。一般來說，一定的建築形式取決於一定的建築內容，同時建築形式能反作用於建築內容，並對建築內容起著一定的影響和制約。因此，在對建築進行藝術處理時，應使兩者多樣統一，以取得良好的效果。

多樣統一，是建築藝術形式的普遍準則，同時也是建築創作中的重要原則。達到多樣統一的手段是多方面的，如對比、主從、韻律、重點等形式美的規律，都是經常運用的手段。另外，建築是由各種不同用途的空間和構造細部組成的，它們的形狀、大小、色彩、質感等是各不相同的，這些千差萬別的因素，是構成建築形式美多樣變化的物質基礎。然而，它們之間又有一定的內在聯繫，諸如結構、設備的系統性與功能以及美觀要求的一致性等，這些又是建築藝術形式能夠達到統一的內在條件。所以，建築藝術形式的構圖，要求在建築空間組合中，結合一定的創作意境，巧妙地運用這些內在因素的差別性和一致性，加以有規律、有節奏的處理，使建築的藝術形式達到多樣統一的效果。

不同用途的建築，在建築藝術處理上是有差別的。例如，一般性的建築，像辦公大樓、中小學校、醫院等建築，屬大眾性的建築，它們反映在外觀要求上，只要做到簡明大方、樸素明了就可以了。而對某些居於城市中心的大型建築，如賓館酒店、百貨大樓以及一些重點建造的體育館、展覽館等，不僅在功能要求上比較複雜，而且在建築藝術處理上，其要求也遠比一般性建築要高。此外，紀念性的建築往往功能要求比較簡單，而在藝術性與思想性以及藝術技巧上的要求是相當高的。所以，不同性質的建築，其藝術處理是不同的。大量性與特殊性的、一般性與重點性的、遊覽性與紀念性的等，都應根據具體的情況，做具體的分析，並應與經濟標準相適應。

在考慮建築的藝術處理問題時，還必須弄清建築藝術的特點與形式美的內容。建築藝術不同於其他作品的藝術形式，即建築不能像其他藝術形式那樣再現生活，它只能透過一定的空間和形體、比例和尺度、色彩和質感等方面構成的藝術形象表達某些抽象的思想內容，如莊嚴肅穆、雄偉壯觀、明快華麗、寧靜淡雅、輕鬆活潑等氣氛。這些既是建築藝術的普遍屬性，同樣也是建築藝術形式的特性。這種建築藝術的特點，如宏偉莊嚴的金字塔、規模宏大的羅馬競技場、高聳入雲的教堂、氣勢如虹的凱旋門以及中國氣勢磅　的故宮和萬里長城等古代建築，都在以特有的建築空間和形體的藝術效果，抽象地表達著威嚴宏大的意向。又如，反映現代生活和科學技術成就的高層摩天樓與大跨度大空間的建築物，都說明了建築藝術形式的特殊功能。

另外，建築都具有使用功能和使用空間，這一點也是建築藝術區別於其他藝術品的最大特點。人們在連續的建築空間中活動，所產生的印象及其所構成的綜合藝術效果，是具有時間因素的，因而常稱建築藝術為四個向量的藝術，也叫建築的時空性。

建築藝術的形式美，係指建築藝術形式美的創作規律，或稱之為建築構圖原理。這些規律的形式，是人們透過較長時間的實踐、反覆總結和認識得來的，也是公認的、客觀的美的法則，如統一與變化、對比與微差、均衡與穩定、比例與尺度、視覺與視差等構圖規律。建築師在建築創作中，應當善於運用這些形式美的構圖規律，更加完美地體現出設計意圖和藝術構思。

當然，形式美的規律是隨著時代的進步、日益豐富的實踐經驗而發展的，並應在創作中運用新技術、新工藝，才能在建築藝術構思中創新並設計出技術先進、藝術完美的建築來。

建築的藝術性不僅表現在實體的造型上，同時還表現在空間的藝術氣氛中，而建築空間形式的形成，是和一定的使用功能、創作意境以及一定的空間分割手段相連結的。另外，一定的建築技術水準，對建築的空間形式有著很大的約束性，建築技術的不斷發展，又為創造新的空間形式提供了各種可能性。

從世界範圍來看，由於現代建築的不斷發展，人們對建築空間處理的基本概念，都大大地向前發展了。這促使建築空間藝術形式的發展，固然與新的功能、藝術要求有關，但是建築技術尤其是結構技術的飛躍發展，是不可缺少的重要手段。如今，人類物質文化生活日益複雜，因而促使建築師在建築創作中，進行各種探索和嘗試，尤其對於建築環境藝術方面的問題，是值得建築師研究的。

對於現代建築來說，建築功能的含義更加廣泛了，滿足人們心理和視覺的要求以及改善和美化環境也成了廣義的功能要求。因此，現代建築在空間處理上需要非常注意空間序列的整體感，即總的構思是否滿足了人們活動的連續性和空間藝術的完整性，這是當代建築藝術處理的重點，所以要充分考慮建築空間與環境處理的配合問題，使它們之間能夠達到相互滲透、相互襯托、相互依存和有機的聯繫。

現代建築為了強調與環境的有機結合，不受對稱格局的束縛，常採用因地制宜、變化自然的不對稱格局。它們在空間處理上，不拘泥於個別空間的完整，而側重於整體空間的統一和諧，並注意解決人們在運動中觀賞各個空間所聯繫起來的綜合效果。尤其在室內空間處理上，它們更加強調靈活性、適應性、可變性和科學性，從而打破了傳統的六面體封閉空間的概念，代之以新穎別致、自由多變、生動新奇的空間形式，使建築空間更富有時代精神的氣息。

二、建築的外部造型

建築的室內空間與外部形體，是建築造型藝術處理問題中的矛盾雙方，它們之間是互為依存的，也是不可分割的，因而不能割裂地去解決這個問題。從古至今，優秀的建築典範，其優美的建築藝術形象，總是內部空間合乎邏輯的反映。所以不同性質的公共建築，要求以不同的室內空間來滿足，而不同室內空間的藝術構思則需要一定形式的結構體系來支撐，這必然導致一定形式的外部形體特徵。如高層建築和大跨度建築，紀念性建築與一般性建築，文娛性質的建築與莊嚴性質的建築等，都說明了這些問題。這裡所指的建築室內空間與外部形體統一的問題，絕不是簡單地把室內空間當作內容，把外部形體作為形式去理解，而是理解為建築外部形體的藝術形式，是一定思想內容的反映，而建築形式又常反作用於內容。也只有正確理解這種互補的關係，才能處理好它們之間的藝術關係問題。

在建築創作實踐中，在造型處理上，人們總結出不少有關形式美的規律，下面著重從統一與變化、比例與尺度以及某些視覺方面的問題加以闡述。

建築外部形體的藝術處理，是離不開統一與變化這個構圖原則的，即從變化中求統一、從統一中求變化，並使兩者都得到比較完美的結合，從而達到高度完整的境界。一般應注意構圖中的主要與從屬、對比與協調、均衡與穩定、節奏與韻律等方面的關係。

通常以軸線關係表達主與從的構圖手法。除了古典建築之外，這種方法也常用於莊嚴隆重性質的近代建築。為了表達這個性格，在建築形體處理中，突出中心部分，使整個形體關係達到主次分明的效果。

除上述以軸線的方法表達其構圖中的主從關係之外，還可運用對比的方法。

對比的內容一般有量體之間、線形之間、虛實之間、質感之間以及色彩冷暖濃淡之間的對比等。當然在建築形體組合中，對比的方法經常和其他的藝術處理手法並用，藉以取得相輔相成的效果。

關於量體組合中的主從關係，對稱的布局如此，不對稱的布局也是如此。在不對稱的量體組合中，依然可以運用量體的大小、高低、粗細、橫豎、虛實以及不同材料的質感和色彩等處理手法，強調其量體組合的主從關係。

建築形體組合中，在運用對比手法的同時，還應注意運用協調的處理手法。一般來說，對比的手法易產生個性突出、鮮明強烈的形象感，而協調的手法則易取得相互呼應、調和統一的效果。往往在一座建築中，對比和協調兩種手法綜合運用，才能使形體處理兼備形象生動與完整統一的藝術效果。

在建築的量體處理中，均衡與穩定的問題也是不容忽視的。建築量體上的構圖，有對稱平衡與不對稱平衡、靜態平衡與動態平衡之分。一般對稱的平衡，常表現出端莊嚴肅的氣氛，多用於紀念性建築或其他需要表達雄偉隆重的公共建築。

另外，由於新結構、新材料、新技術的不斷發展，人們對於穩定的概念，特別是對於傳統的概念，有了不少的突破。幾千年前的埃及金字塔，固然給人們以強烈的穩定感，但是在近代建築中以架空第一層與懸挑牆板等手法，再施以濃重的色彩、粗糙的質感以加大光影等辦法，使得底層看上去像堅實的底座，也同樣給人以穩定感。此外，也有一些建築在取得穩定感的同時，常以某種惹人注意的動態形體處理，以突出某些特有的性格和特徵。

建築的量體處理，還存在著節奏與韻律的問題。所謂韻律，常指建築構圖中有組織的變化和有規律的重複，使變化與重複形成有節奏的韻律感，從而給人以美的感覺。在建築中，常用的韻律手法有連續的韻律、漸變的韻律、起伏的韻律、交錯的韻律等。

連續的韻律：這種手法是在建築構圖中，強調一種或幾種組成部分的連續運用和重複出現的有組織排列所產生的韻律感。在設計上，為了克服因過分統一所帶來的單調感，一般在入口部分作重點處理，如特殊的形體、深遠的挑檐、空透的入口、靈活的牆面等與整體造型的韻律形成了鮮明的對照，從而突出了重點，並在統一中體現變化的效果。這種在統一韻律中加強重點裝飾的手法，在公共建築形體處理中是經常採用的。

漸變的韻律：這種韻律的構圖特點是，常將某些組成部分，如量體的大小、高低，色彩的冷暖、濃淡，質感的粗細、輕重等，作有規律的增減，以造成統一和諧的韻律感。

起伏的韻律：這種手法雖然也是將某些組成部分作有規律的增減變化所形成的韻律感，但是它與漸變的韻律有所不同，它在形體處理中，更加強調某一因素的變化，使形體組合或細部處理高低錯落、起伏生動。

交錯的韻律：是指在建築構圖中，運用各種造型因素，如形體的大小、空間的虛實、細部的疏密手法，作有規律的縱橫交錯、相互穿插的處理，從而形成一種豐富的韻律感。

綜上所述，可以看出各種韻律所表現的形式是多種多樣的，但是它們都有一個如何處理好重複與變化的關係問題。顯然，有規律的重複是獲得韻律的應有的條件，但是一定數量的重複，不易形成節奏感，這無疑是應當加以注意的；同樣，只注意重複而忽視了必要的變化，也會產生單調乏味的後果。所以在形體處理中，既要注意有規律的重複，又要有意識地組織有規律的變化，這樣才能更好地解決構圖中的韻律問題。對於大型建築來說，這一點尤其重要。

透過以上所述建築構圖中的主要與從屬、對比與協調、均衡與穩定以及節奏與韻律等的關係，無不說明在公共建築形體處理中，運用各種藝術手法時力求在變化中求統一和在統一中求變化的重要性。

當然，在建築形體處理中，滿足統一與變化構圖原則的同時，還應注意探求良好的比例與尺度的問題。所謂建築形體處理中的「比例」，一般包含兩個方面的概念：一是建築整體或它的某個細部本身的長、寬、高之間的大小關係；二是建築物整體與局部或局部與局部之間的大小關係。而建築物的「尺度」，則是指建築整體和某些細部與人或人們所習見的某些建築細部之間的關係。

在處理建築尺度問題時，一方面要注意建築量體本身的絕對尺寸，另一方面還要運用它與人們習見的某些建築細部所產生的尺度相對感。不同的尺度處理，會產生不同的藝術效果。例如，一座體育館建築，室內擁有大型空間，終日吞吐大量人流，因此要求設置寬大暢通的出入口和大片通透的玻璃窗。而一般的中小學校與上述大空間建築相比，室內空間與門窗都小得多。所以這兩類建築，無論是整個形體，或是局部處理，都表現出全然不同的比例尺度關係。一般來說，前者粗壯些，而後者小巧些。總之，在建築設計的整個過程中，應該全面而統一地考慮比例與尺度的問題，既不可脫離一定的尺度去孤立地推敲比例，也不能拋開良好的比例去單純地考慮尺度問題，更不能置新的技術成就和新的精神要求於不顧，片面地、靜止地追求某種固定的比例和尺度。只有因地制宜地把兩者有機地結合起來，才有可能創造出比較完美的建築形象。

在運用上述有關建築形式美的造型規律時，還應注意解決透視變形和環境對建築形象的影響問題。所謂建築形象的透視變形，緣於人們觀賞建築時的視差所致，即人的視點距建築物越近時感到建築越大，反之感到建築越小。另外，透視仰角越大，建築沿垂直方向的變化越大，前後建築的遮擋越嚴重。考慮到這一因素，推敲比例尺度時，絕不能單純地從面對上研究其大小和形狀，而應把透視變形和透視遮擋考慮進去，這樣才能取得良好的形體效果。這就是說，一定的建築形象和一定的環境相配合是非常重要的，不能忽視在視覺上的相對感。當然，在建築處理中，一定的光感、色感和質感，也是不可忽視的因素。所以在建築創作實踐中，常運用光線明暗、顏色冷暖、質地粗細等對人的視覺所引起的不同的感受，增強各種建築形象的特點和氣氛。一般來說，暖色調給人以親切熱烈的感受，冷色調經常給人以幽靜深沉的感受，亮光易突出材料的質感和色彩，並能使光滑的材料閃閃發光，而使粗糙的材料會因造影導致色澤發暗等。在公共建築設計中，可以運用這些特徵，根據需要來選擇建築形體的構圖效果，使設計意圖能得到更加充分完好的體現。

三、建築的體造型

建築物是實體物質材料建造起來的立體空間，建築造型本質上是體的造型。

與點、線、面相比，體塊具有充實的量體感和重量感；體是在三維空間中實際占有形體的表達，具有明顯的空間感和時空變動感。建築物的體態傾向於從宏觀上反映建築的性質並表明建築的性格特徵。

建築形態的基本形式是規則的幾何體。這是因為建築物是需要大規模就地實施的工程物，它要求建築物盡可能地規則。幾何體準確、規範，符合基本的數學規律，容易實施，它的簡明肯定的外觀可博得廣泛的喜愛。在實際的造型設計中，幾何體的建築形象常為建築師採用。幾何體是構成建築形象的基本元素，是構成建築整體形態的基礎。複雜的建築形體多是由基本幾何體衍生出來的。

建築中常用的基本形體有：方體、稜柱體、角錐體、圓柱體、球體等。它們的性格和表達均與本身的構成元素的性質有關。

圓柱體在物理上表示為一定面積和容積下的最小的形態，具有外形小、體積大的特點，所以圓柱體包容感強。油罐、穀倉一般用圓柱體就是利用了圓柱體包容量大的特點。圓柱體還有向心、集中的特點。

在圓柱體的表達上，包容感不僅具有物理量的聯想，而且也有精神內容的聯想。許多宗教建築採用圓形，表示神所含有的無邊的精神力量。圓體均勻的轉折，表現一種連貫的柔和感。

方體形狀規則，便於視覺度量，體積感明確。相等的90°轉角決定了方體的嚴整、規則、肯定的性格和平易、堅定、肅靜的表達。由於方體具有便於施工、便於使用、便於相互之間聯結的優點，所以方體一直是建築中使用最廣的形式。

角錐體、稜柱體與方體相比規範性少，造型上有較多的變動餘地。角錐體、稜柱體的轉角是稜角體最有表情的部位，常表現出明顯的可指性。

量體感是體表達的根本特徵，量體是實力和存在的標誌。在建築造型設計中，經常利用量體感表示雄偉、莊嚴、穩重的氣氛。為了表示神和君主的威懾力，古代廟宇和宮殿總是採用巨大的量體。建築也常用量體感表示對人力、自然力的歌頌，對豐功偉績的紀念，以喚起人們的重視、敬仰之情。

沿立體的不同方向增加量體會造成不同的視覺效果。垂直方向上的量體表現崇高、尊敬；水平方向上的量體表現廣闊、大度；縱深方向上的量體表現深遠、莫測等。

尺度是決定量體的根本因素。埃及的金字塔、巴黎的凱旋門、樂山的大佛，其感人之處就在於那巨大的尺度。

比例和形體影響量體的表達。以小襯大的對比式尺度關係有利於整體量感的表達。

正方體與長方體相比有更充實的量感；塊狀體比片狀體和線狀體有更充實的量感；圓錐體與角錐體、圓柱體與方柱體、球體與方體相比較，圓體以其轉角作為主要面向的體造型效果。

二片體相對環抱的造型效果有更充實的量感；形體轉折的處理形式也不可忽視，圓轉角比方轉角更有利於量體感的表達。

形體表面的質地、色彩對量體的表達也有一定的影響，不同的質地和色彩也會引起不同的量感聯想。

但是，建築物的量體表現並不始終是有利的，人們對建築形象的要求是豐富多變的，不僅追求偉大與崇高，也追求平凡與親切。不恰當地表現量體會造成笨重、壓迫等不舒服的感覺。在具體的造型設計中，有時必須設法減輕形體固有的沉悶，而增加活躍歡快的氣氛。

在形體表面開洞會削減量體感，而增加活潑感。建築形體是中空的，表面上的孔洞可以將內部空間顯示出來。加大窗洞、暴露內部空間是減輕量體的有效辦法。

形體表面的圖案、花飾會吸引觀者的注意力，減輕觀者對沉重感的體驗。

體在空間方位的變化傳達著不同的視覺語言，垂直與水平、正與斜、間隔與位置都直接影響整體形態的表達。直立的稜柱平放後感覺會完全不同，而且隨著放置角度的變化給人以不同的觀感；角錐體、圓錐體、半球體的正置與倒置會呈現相反的表達；一個正置的方柱其轉角處的指向感一般被忽略，但當其與正方向偏離時，其轉角的指向感會立即明確起來，這是因人們對面對的正方向的角度相對敏感之故。

建築中常用的體造型方法有組合、積聚、分割、切削、變形等。

組合、積聚是由個體結合成整體的方法。其中，基本個體的形體性質、搭配關係、聯結式樣、空間存在形式都是構成整體形態的因素。正是這些可變因素之間千差萬別的關係，構成了不可勝數的新形體。

分割是化整為零的辦法。分割可以增加形態組合的層次，使完整單一的形態變為多元的組合物；分割可以改變形態的比例關係，從而獲得精緻的尺度；分割又是創造新形態的方法，分割後得出的形可以是與原型截然不同的新形體。

分割應盡可能結合建築的材料、構造、功能分區等幾方面的差別進行，從而把外觀造型與建築內容有機地結合起來。當然，也有些分割側重於從形式美上考慮，把完整的體分割成塊的組合，使宏大的建築顯得精巧平易。在設計中，有時還根據環境條件的要求來減小建築物的量體，如在風景區，用分割的方法把整體加以分散，很可能會收到良好的效果。

切削是從整體上切除、挖掉一部分或大部分的方法，從而獲得需要的形態。切削的方法可以理解為去掉多餘的部分或從某一形體中取出有用的部分。

從造型的意義上講，在一個完整的形中切掉一部分既可保持原型的基本特徵，又產生了減缺的變異性，從而造成缺損與完整的對比；同時，切削面與切削面間形成了新轉角等新的造型，從而增加了形式的趣味，並引起聯想。中國的印章，往往刻完後敲掉某邊角，給人以少勝多的美，其手法與建築造型中的切削實有異曲同工之妙。切削具有多方面的造型功能。切削可以造成某種定向作用。完整的圓柱體、圓錐體、球體、正方體等在水平方向上完全對稱的建築形體對周圍環境的作用是均等的，沒有明確的方向性。垂直方向的切削常可造成水平定向作用，由此可以決定建築的主要面向。切削具有局部強調作用。切削造成的缺損部位總是以特殊感引起視覺的注意。切削可以打破規則幾何體的平靜穩定，從而給整個建築造型帶來生機。切削後的建築形體常帶有一定的傾向，並富有動感。

入口設在轉角處的建築常利用切削法避免稜角處逼人的鋒利指向，代之以舒展的水平面，向人展示出歡迎的姿態。

變形是形體透過漸變在從一種形式過渡到另一種形式的過程中構成一種新的形式。各種視覺的、關係的要素都可以是構成變形的因素，如形狀的漸變、方向的漸變、大小的漸變、曲率的漸變、角度的漸變等。

透過變形可以實現形態的轉換，從而得到不同形態的優點，並給人以變化運動的感覺，如方圓轉化可以兼得方形的剛直和曲形的柔美。隨著建築技術的發展，各種體態優美的變形體會層出不窮。

四、建築的面造型

在造型領域中，面具有兩種含義。

面表示物體的外表。在建築中，屋面、牆面、地面、天棚及其構件、家具和建築設施的表面等一系列大大小小的界面向觀眾展示出範圍廣闊、內含豐富的視覺圖像。它好比一頁頁打開的書、一幅幅展板、一張張圖畫。建築形體表面的這種風采各異的展示是建築特有的語言表達。

面又表示扁的、片狀的物體。面在空間環境中表現的明顯特點在於它的大幅度展示的效果。由於面本身具有厚度小和範圍大的對比，因而以面為主的建築造型往往同時兼有宏大與輕盈的感覺。

形狀是面的一個很有表現力的性質。與色彩和質地相比，形狀更多地傾向於實質性的表達。面形狀的創造是建築造型設計中需要經常考慮的構圖要素。建築中常用的面造型法有輪廓線造型法、挖洞法、切削法等。

在平面設計中，輪廓線設計是最直接的面造型方法。設計一個完整的輪廓也就是創造了一個形狀。利用有特點的形狀加以裝飾是後現代建築中常見的手法。

挖洞的打法不僅可以創造出別具風格的形狀，洞口還可以引導人進入另一種空間層次。挖洞法在中國傳統建築中應用很普遍，園林建築的入口常用圍牆挖洞的形式，洞口形狀很有表現力。

切削法在曲面造型中應用較多。曲面含蓄優雅，在空間中常表現出律動感。曲面的運用使建築造型別有魅力，很多屋面運用曲面突出建築形態的特色。建築中常用的規則曲面只有幾種。然而建築師巧妙地運用了切削的方法，創造了很多適合建築要求的新穎別致的造型。體切削也可以認為是面造型的方法之一。利用體的切削形成的新型切削面對人的視覺有一種特別的吸引力。

建築界面的色彩造型具有一定的繪畫性，它一般施加於建築的表層，這就為設計者提供了較大的自由度。建築師利用界面的色彩可以實現用其他造型手段難以達到的效果：表現出不同的風格和情趣；利用色彩可以對建築已有的造型效果進行一定的調節和補充，從而達到美化和加深表達的作用。設計者可以根據意圖在建築形體表面罩上任何色調：在需要統一簡化的地方可以用單一的色彩進行概括；在平板單調的地方可以設計某種賞心悅目的圖形，透過色彩對比使其豐富起來；對建築的重點部位可以施加色彩進行強調。

質地反映界面的形態，是建築界最基本的內容。草坪、砂地、石板路、水磨石、木地板、地毯、磚牆面、石牆面、抹灰面、油漆面、金屬面、鏡面、大理石、壁紙、各種紋理的木材面、織物的表面等，都構成了不同的質地。不同的質地有不同的表達，一些質地給人以良好的觸感，使人感覺舒適；有些質地富有視覺聯想的因素，如大理石、木材面的紋理等，藝術家利用它們本身就足以創造出意味深長的作品；有些質地對環境能做出敏銳的反應，如金屬面、鏡面等；有些質地基本質點形態誘人，富有情趣，如卵石路面等。

界面的質地對人的行為有一定的指示引導作用。地面質地的差別可以提示空間、地域的劃分，特殊的質地會誘人趨近觀賞等。

範圍表示面的量度，範圍感是面的根本特徵。面範圍的大小對面的表達有很大的影響。在一般的可觀範圍內，面的形狀、色彩、質地等均可得到一定的表達。但是，當面的範圍較大、面的輪廓被忽視或不可見時，面的性質主要表現為面表層的視覺屬性：質地、色彩等；反之，如果面的範圍縮小、輪廓形趨近視中心時，形狀感會增強；當面在視野中轉化為點時，則突出地表現其位置的特徵。認識面範圍與表達的這種規律可以使我們在造型設計中自覺地、有針對性地處理形式。在建築中，牆面、天棚等大範圍的面通常是起背景作用的；在設計過程中，主要是從色彩和質地方面考慮它們的襯托效果；作為重點表現的小塊裝飾面，因為其具有圖形的性質，應從形狀、尺度等視覺屬性的各個方面仔細推敲。

將大範圍的面劃分成若干小的面是建築上常用的手法。在建築設計中，面的範圍的劃分具有重要的功能意義和明顯的美學意義，如地面的劃分常結合功能區域、空間範圍的劃分。建築立面也可以用區域劃分的辦法使建築物各個部分的組合關係明朗化。用不同的線型和方式的分割面可以形成繁簡各異、形式多變的圖案，如牆面、地面、天棚的分格、分片。面構成表示面的構造組成關係。面依其空間存在和組合方式不同可以構成各種形式的室內外空間和別有風姿的造面組合的建築造型並具有明顯的輕巧感。面的搭接、穿插、交接、疊加、對位等不同的組合式樣，在建築造型設計中都具有表達意義。但是在傳統的建築中，建築的外觀一般表現成體的效果，埋沒了其由面構成空間形體的內在組合形式，致使建築本身的輕盈感得不到表現。

第二節 酒店建築造型設計的特點與方式

一、酒店建築造型特點

酒店屬商業性居住建築，其造型設計既有建築的共同規律，又有本身的特點。

酒店建築是向旅客提供食宿、休息及進行各種活動的環境，酒店造型不是孤立的註釋內容的藝術創作，它必然與酒店所處環境以及酒店的規模、等級、功能、布局、空間組合等密切相關；受當時建築材料、設備、施工等因素的制約；反映投資與決策者的審美意識、建築師的素養等。

酒店建築造型有以下特點：

（一）商業性與文化性

酒店作為商業建築，其造型力求形象鮮明，從某種意義講，新穎別致的造型本身就是吸引客人的廣告標誌，利於提高客房出租率和公共活動部分的利用率。

因此，在許多酒店造型設計中，整個形體或某些重點部位如商業廣告般突出。

隨著世界旅遊業的發展、社會文化水平的普遍提高，人們對酒店建築的文化性的要求逐步提高，許多酒店造型已突破簡單的形式反映功能的模式，而是提高文化內涵，並對環境做出積極反應。一些規模大、等級高、位於城市中心的酒店已在城市建設或舊城改造中占有重要地位。有關部門從規劃、城市設計、景觀設計等不同角度對這些酒店造型提出各種要求。它們高大挺拔的形體經周圍建築與綠化襯托常是廣場、街道空間的構圖中心或對景，對旅客和市民產生心理影響。

在風景區、度假地的酒店雖層數不高、規模不大，卻與山石湖海、名勝古蹟交融，向旅客表達當地環境、傳統文化的訊息，給人以美好感受。

（二）時代感與環境意識

作為時代的產物、反映技術水準與藝術思潮的窗口，當代酒店不論大小均力求創新、體現強烈的時代感，如新的空間形體、材料、技術等。

同時，新的時空觀念要求酒店建築造型取得外部空間的整體平衡，以強烈的環境意識研究、挖掘、把握當地環境的本質，使之立於環境之中既獨特又和諧；而不顧環境特點的搬用、抄襲，則令人感到乏味。

（三）共性與個性

酒店內部功能的規律性以及同樣的技術、經濟水平導致酒店造型具有類同的共性：整齊劃一的窗扇顯示著統一規格的客房；寬大的雨棚是主要入口所在；高大的裙房常是公共活動部分。但過分強調共性會引起千篇一律的現象，如中國1960、70年代在各地建的酒店都是水平帶形窗的板式客房、缺乏特點。

近幾年來，許多酒店造型在共性的基礎上刻意尋求各種與眾不同之處，強調時代、環境、經營、文化等特徵，即強調個性與可識別性。成功的酒店造型與城市規劃、城市設計結合得很好，在環境中自然而突出；但過分強調個性，忽視環境特點，只追求表現酒店自我，則將顯得孤立而生硬。

二、酒店建築造型設計的方式

在酒店業和建築業高度發達的當代，酒店造型流派異彩紛呈、不一而足。各種建築思潮衝擊著、影響著酒店造型設計，人們的視野更加開闊、更加不拘一格，突破陳套、銳意創新。

（一）裝飾主義傾向

隨著對現代建築簡樸外形的批評以及公眾對酒店造型的豐富多彩的要求，裝飾更多地出現在酒店建築中。現代的裝飾意識、用料、手法已有新的發展，除了運用傳統語言、傳統部件改造利用外，還出現大尺度、大面積的裝飾，如大型雕塑、大色塊飾面等，使酒店造型出現了戲劇性的效果，如圖10-1所示。

（二）解構與錯位

在當代跨學科而引起的解構主義思潮進入建築界之後，有些建築師提出拋棄已確立的意義及文脈史規則，他們的創作趨向分解的觀念，強調打碎、疊合、重組，對傳統的功能與形式的對立統一關係則趨向使兩者疊合、交叉與並列，並用分解和組合的形式表現時間的非延續性。當用這一觀念進行酒店設計時，出現了與以往完全不同的形象（如圖10-2）。希臘的雅典的浮體旅館位於雅典機場附近的薩隆海灣，是一個盤形體建築。其三根桅杆上的色帆用作遮陽，在吃水線處有環形步橋和連接陸地的船板。浮體直徑為65公尺。這種手法創造了非常奇特的造型。

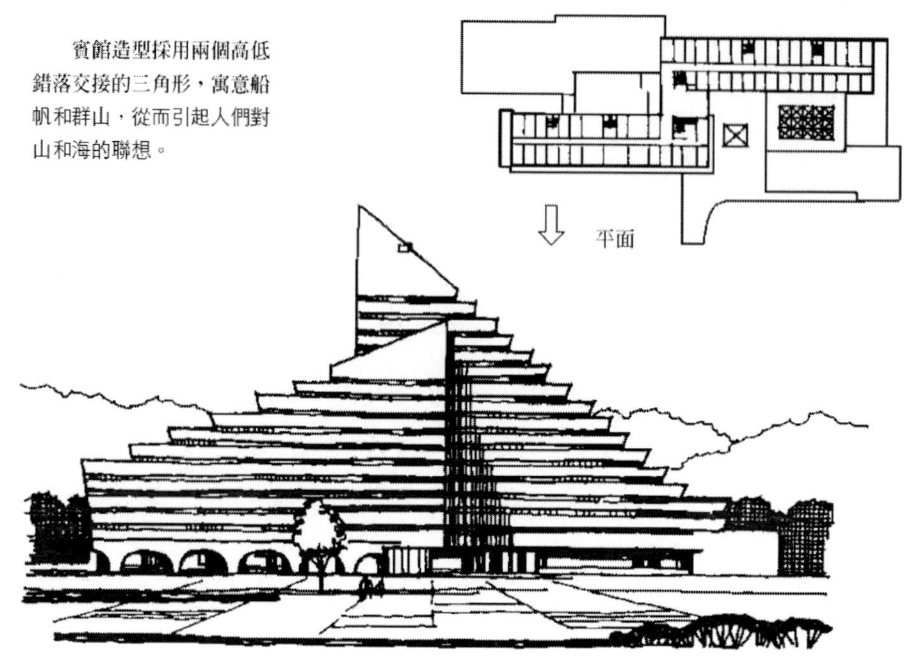

圖10-1 大連開發區銀帆賓館

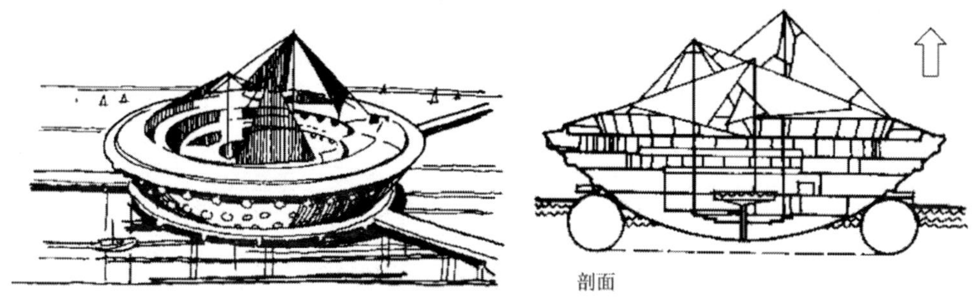

圖10-2 希臘雅典浮體旅館

（三）反思與借鑑

人們對現代建築的簡潔感到不滿足時，把眼光轉向了近代歷史時期，回顧、反思在近代建築中新古典主義、折衷主義及有豐富層次、簡化裝飾的紐約摩天大樓等的設計手法與特點，並將其借鑑到當代酒店設計中，從而增加了造型的語言及表現力。

例如，天津凱悅酒店（如圖10-3）的建築外牆和檐口裝修採用傳統的裝飾，顯得古樸典雅。

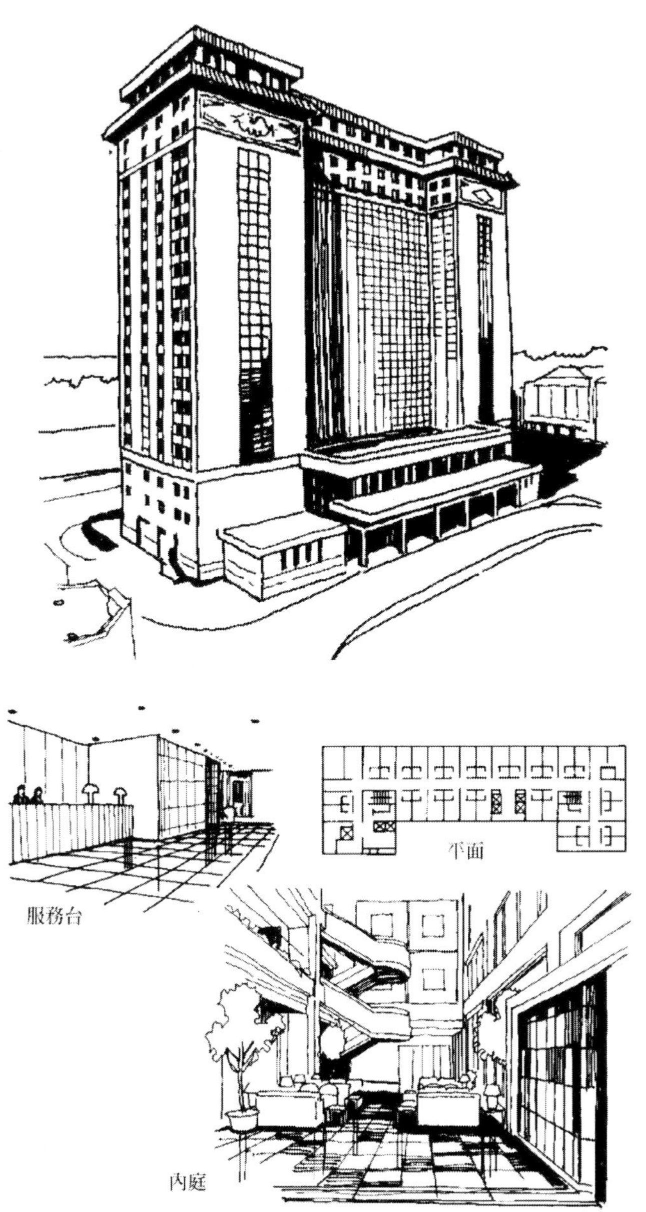

圖10-3 天津凱悅酒店

第三節 中國現代酒店的建築造型

在各類公共建築競相表現時代感和地域文化的潮流中，酒店建築造型的創新意識和可識別性尤為突出。各地已建成一批符合環境特點、經濟技術可行並具有現代功能條件的各式酒店，千姿百態、百花齊放，顯示中國酒店建築設計已達到新的水準。

在這多元化的大趨勢中，酒店建築造型設計的思想與手法可概括為以下三類：

1.以吸收外來建築文化為主，借鑑現代主義及後現代思潮的一些處理手法，造型具國際現代建築的特徵，強調時代感。

2.以吸取傳統建築精華、鄉土文化為主，結合借鑑國際範式，也運用新材料、新技術，具有鮮明的民族風格或地方特色，亦具時代感。

3.既表現傳統文化的神韻，又表現強烈的時代氣息，具有較深沉的建築思想哲理，立意突出。

雖然現代酒店對吸收外來文化和傳統文化有程度和方式方法的差別，側重不一，但都在探索創造現代中國式酒店之路，尋覓國外先進技術與繼承傳統文化的交匯點。

一、以吸取外來建築文化為主的國際現代酒店

近年在中國大中城市中心、經濟特區等地出現了以吸收外來建築文化為主的多層、高層國際現代酒店，運用國際建築思潮中較新的設計思想、手法，採用先進的設備、材料、結構，從造型、色彩、材質、細部處理到室內空間布局、功能、裝修等多方面引進外來文化，使酒店設計較快跟上國際潮流、富有時代氣息，其中不乏新穎獨特的佳作。

例如，大連富麗華大酒店由兩段相向圓弧組成的客房樓頗具動感，立面窗型

自下而上由方塊窗漸變為水平帶形窗，顯得豐富而活躍，如圖10-4。

又如，廣州白天鵝賓館位於廣州沙面西南角，白鵝潭畔，旁臨珠江。建築平面呈梭形，中間部分外凸，裙樓的頂部是屋頂花園，大樓外牆為乳白色，宛如一隻潔白的天鵝遊蕩在珠江水面，如圖10-5。

二、以汲取優秀的傳統建築文化和地方風格為主的現代酒店

中國優秀的傳統建築文化是極其寶貴的歷史遺產，無論是堂皇的宮殿還是簡樸的民居，它們都折射著悠久歷史文化的光輝，在世界建築之林中獨樹一幟。在發展旅遊業、弘揚中華民族文化之時，以傳統的優秀成就為出發點、探索現代中國酒店的造型表現力具有新的意義。然而，現代酒店已有適應現代生活的新功能、新需要，照搬傳統形式勢必脫離今天的生活實際。因此，酒店創作面臨著以當代生活為源泉、把握創新與繼承傳統文化的關係的問題，許多酒店在不同層次汲取傳統文化、地方風格，努力創作「中而新」的現代酒店。

圖10-4 大連富麗華大酒店

（一）以汲取傳統民居形式和地方風格為主

許多中、小型風景區酒店、郊區酒店常以繼承傳統民居、發揚地方風格為特點，有的採用當地民居的建築材料、施工工藝，清新樸素的鄉土風情撲面而來。黃山雲古山莊、張家界青岩山莊、承德避暑山莊內的蒙古包賓館、黃龍風景區瑟爾嵯寨等皆為近年的新作。

香港華威（長州）酒店（如圖10-6）的屋頂汲取了馬來西亞的民族風格並與周圍建築有共同點。

合肥廬陽酒店（如圖10-7）的造型汲取了當地民居的特點，就地取材，充滿了濃郁的鄉土情趣。

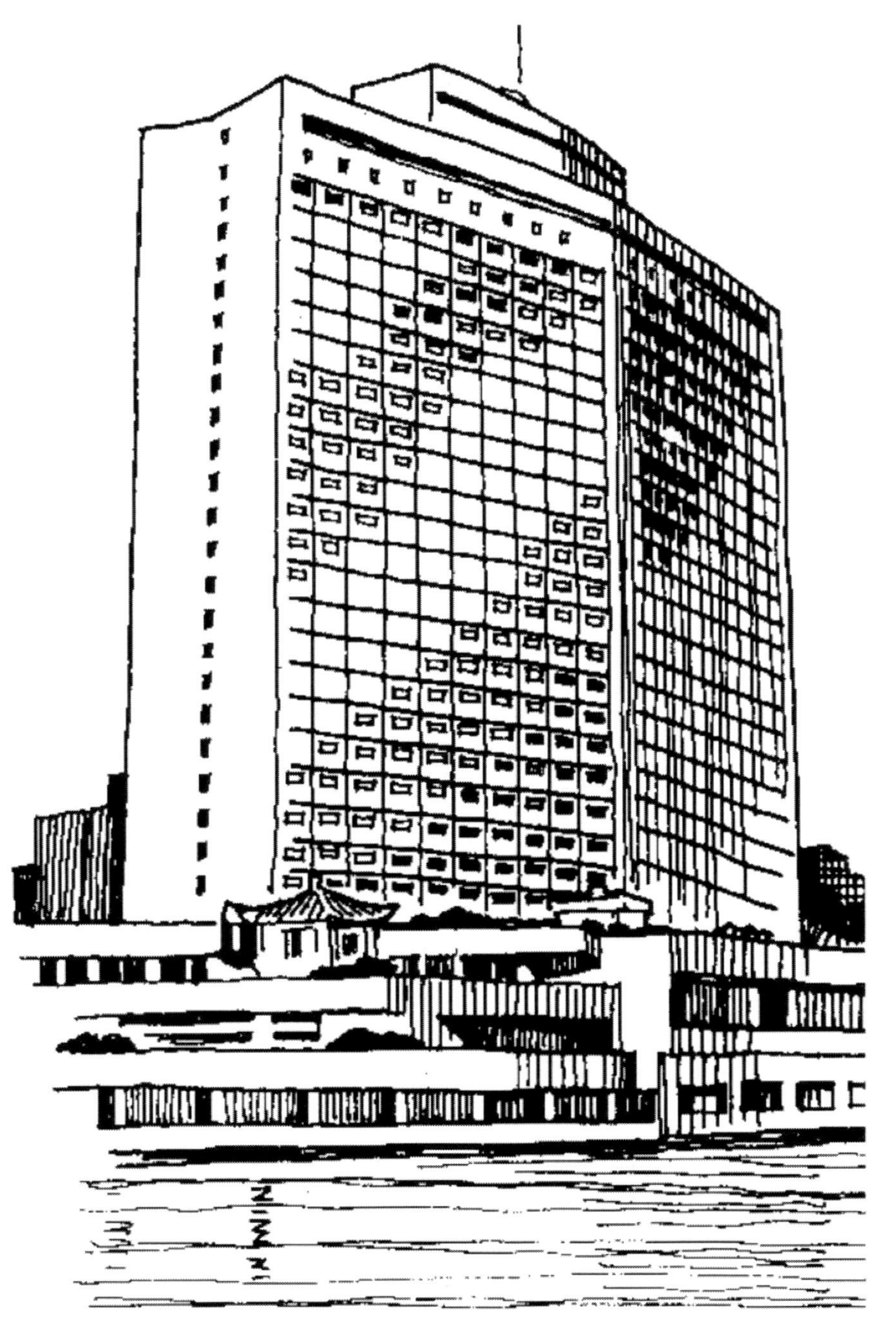

圖10-5 廣州白天鵝賓館

還有許多低層酒店的造型或採用抽象寫意的民居建築符號；或在構件、色彩和屋頂檐部表現當地民居的特點；或取自別墅山莊。

例如，外牆裝飾採用現代立貼式手法的無錫太湖酒店新樓（如圖10-8）、白牆藍綠色琉璃頂的廈門悅華酒店、上海西苑酒店等。北京的太陽島賓館則借鑑哈爾濱市傳統俄羅斯建築語彙，眾多深紅色陡坡頂構圖活潑而均衡，尺度親切，如圖10-9所示。

（二）以汲取傳統宮殿建築形式為主

有的酒店位於著名的宮殿式古建築附近，為突出地方特點、保持文化的延續性，造型採取簡化的宮殿建築形式，為適應現代結構、構造和功能的需要，有的做了高度省略和誇張，已非一般的仿古建築，從而成為形神兼備、繼承與創新共存的現代酒店。

圖10-6 香港華威（長州）酒店

圖10-7 合肥廬陽酒店

例如，西安唐華賓館是大雁塔邊三唐工程中距塔最遠的具有唐風的現代酒店。其總體布局疏朗，借景古塔，造型上那舒展瀟脱的低緩飛檐、簡潔明快的構造有變形而未失傳統建築的邏輯，與名勝古蹟的關係以協調為主，也有一定的新意，如圖10-10所示。

無獨有偶，位於山東曲阜的闕里賓舍為保持古建築群孔廟、孔府的風貌，控制高度，總體採用四合院組合，造型採用傳統形式，還盡量突破舊的制式，使梁柱體系適合鋼筋混凝土的結構規律，端莊而典雅，富文化氣息，如圖10-11所示。

圖10-8 無錫太湖酒店新樓

圖10-9 北京太陽島賓館

在古建築附近的現代酒店透過風格與古建築一致，以求新舊之間統一和諧的關係是慎重而妥善的手法，西安唐華賓館和曲阜闕里賓舍都取得了成功。但是否別無他法？在古建築周圍的現代酒店在特定的條件下是否可能真實地反映各自的歷史？這還值得我們繼續探索。

圖10-10 西安唐華賓館

圖10-11 曲阜闕里賓舍

（三）簡化與提煉

傳統建築的坡頂有優美的曲線和複雜的輪廓線，以當今鋼筋混凝土結構仿造木構屋頂不僅耗資多，而且也費空間，因此人們又探索簡化與提煉的手法，保持傳統建築的部分「形」與「神」，糅合當代建築的特點，亦取得「中而新」的效果。

珠海賓館在平屋頂檐部貼裝飾性青銅器圖案釉面磚，象徵琉璃瓦斜頂。

拉薩酒店是擁有512間客房的多層賓館，造型上簡潔的平屋頂組成不同量體的台階式、檐口收分、山牆的藏式建築處理的簡化、潔白的色彩等，民族化、地方化色彩很濃，並與布達拉宮和周圍重山疊巒遙相呼應，如圖10-12所示。

西安唐城賓館造型設計將傳統無殿頂簡化提煉成「訊息符號」，點綴在高層客房樓頂層窗和主入口兩旁，是裝飾，也是標誌，使具有斜坡頂塊體和圓弧樓梯平台的新穎形體也成了西安古城歷史的載體，十分引人注目，如圖10-13。

圖10-12 拉薩酒店

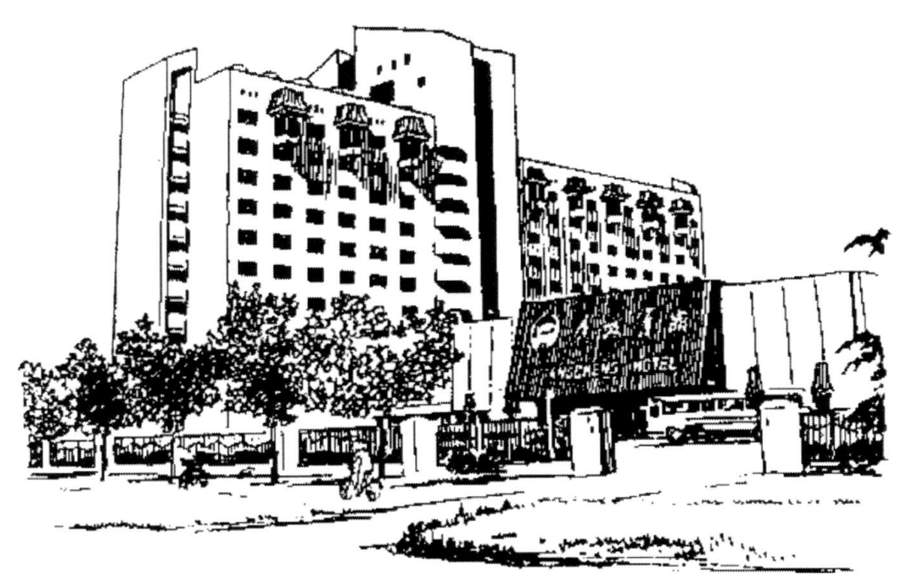

圖10-13 西安唐城賓館

（四）繼承與突破

隨著傳統文化認識的深化、現代設計手法的進步，有的現代酒店造型追求更深層次的「中而新」的境界，取自傳統又不囿於傳統並突破傳統，從而把酒店設計推向了更高水準。

北京王府井酒店距紫禁城僅一公里之遙，處四合院環境中，其造型獨特而不落俗套，既在15層客房樓頂作傳統歇山綠琉璃瓦大屋頂，立面三段體也與北京近代建築精神一致；又運用某些後現代主義的創作手法，以白色牆體為基調，上部配合台階式的轉化與融合，使古老的傳統透出新的生機，如圖10-14。

圖10-14 北京王府井酒店

思考題

1.怎樣進行酒店建築造型的藝術處理？

2.酒店的外部造型設計中如何運用有關形式美的規律？

3.如何理解建築造型概念的內涵？

4.闡述酒店造型的特點及設計方法。

5.闡述中國現代酒店建築造型的思想和方法。

後記：閱讀本書的理由與建議

《酒店規劃設計學》是一門獨立的具有系統綜合性的學科。它研究的對象是酒店功能規劃、文化定位和建築裝飾三項內容。

新建或改造酒店，應全力提倡獨立的、完整的、專業化的「酒店規劃設計」理念，在中國現有的條件下，由專業酒店規劃設計公司負責酒店總規劃設計和總概念設計，再由建築設計院和裝修公司在土建和裝修階段，配合酒店的總規劃設計方案，進行結構、水、電、通訊及內部裝修施工設計。酒店規劃設計更應提倡「創造性思維」的原則，應該盡一切可能「與眾不同、獨出心裁」，堅決摒棄模仿、抄襲或者照搬一些「習慣做法」的俗套。因此，可以說個性、特色是酒店的生命。

總規劃設計方案首先從功能布局規劃開始。酒店是人的生存、生活空間，特別應該塑造成熟豐富並有節奏、有情調的個性化格局；同時，應該十分周到、準確地將酒店客流、物流、服務流、車流、消防、疏散、垃圾、貨運等各項流程以及服務於這些流程的各項設施均考慮周全，將星級標準和酒店規範的各個功能區布置妥當，做到既完善、豐富，又莊重、活潑。

酒店業在建設與改造方面，由於缺乏對酒店專業規劃設計科學的認識，沒有把這一專業科學擺到應有的位置加以重視，同時也沒有強制性規定，又不具備酒店專業規劃設計條件，再加上一些歷史原因和管理體制等深層問題，形成酒店業普遍存在的非專業規劃設計的種種問題。總之，非專業規劃設計從酒店內部的功能、布局、服務設施、文化藝術設計到酒店外部的環境、建築、裝飾、附屬設施的設計，沒有以現代酒店管理科學和其他相關科學為指導進行酒店專業規劃設計，所以給有上述問題的酒店業的經營管理帶來巨大的損失和浪費，從而造成酒店開業的同時就開始改造的局面。這深刻地揭示了非酒店專業規劃設計造成問題的普遍性。

在教學過程中教師應密切聯繫實際，組織學生觀摩酒店並進行案例分析，從而為酒店管理者掌握酒店規劃設計打下理論基礎。

透過學習，可掌握以下主要內容：

1.酒店的規劃設計現狀及發展趨勢、規劃設計的相關要素及設計理念。

2.酒店的功能規劃、流線及面積組成。

3.酒店的基地及選址、總平面設計要求及規劃。

4.酒店客房設計要求、客房的功能和類型及客房層平面類型。

5.餐飲空間設計的規模與布局以及廚房、餐廳、酒吧、咖啡廳、宴會廳、多功能廳的設計，餐飲空間設計及發展趨勢。

6.酒店公共空間構成及面積指標：酒店入口、門廳、樓梯、走廊、總服務台、前台及會議室、商店、健身房、停車場等服務設施的設計。重點掌握酒店空間構成、特徵、流線組織、採光設計。

7.酒店無收益空間設計。

8.酒店室內陳設及陳設品配置及選擇。

9.現代酒店建築環境的設計要點、要求、範圍、內容及原則。酒店環境空間的特徵和發展趨勢。酒店室內環境的設計、營造氛圍和意境、室內綠化與小品、光環境與色彩設計。

10.酒店建築造型的藝術處理，其中包括建築的外部、體及面造型。

國家圖書館出版品預行編目(CIP)資料

酒店規劃設計學 / 郝樹人 編著. -- 第一版.
-- 臺北市 : 崧博出版 : 崧燁文化發行, 2019.02
面 ; 公分
POD版

ISBN 978-957-735-643-7(平裝)

1.旅館業管理 2.建築美術設計

441.444 108001284

書　名：酒店規劃設計學
作　者：郝樹人 編著
發行人：黃振庭
出版者：崧博出版事業有限公司
發行者：崧燁文化事業有限公司
E-mail：sonbookservice@gmail.com
粉絲頁　　網　址：
地　址：台北市中正區重慶南路一段六十一號八樓815室
8F.-815, No.61, Sec. 1, Chongqing S. Rd., Zhongzheng Dist., Taipei City 100, Taiwan (R.O.C.)
電　話：(02)2370-3310 傳　真：(02) 2370-3210
總經銷：紅螞蟻圖書有限公司
地　址：台北市內湖區舊宗路二段121巷19號
電　話:02-2795-3656　傳真:02-2795-4100　網址：
印　刷　：京峯彩色印刷有限公司（京峰數位）

定價：850 元
發行日期：2019年02月第一版
◎ 本書以POD印製發行